高等职业教育"十三五"规划教材

通 信 原 理

（第 2 版）

主　编　李　辉

副主编　孙群中　范兴娟

北京邮电大学出版社
www.buptpress.com

内 容 简 介

　　本书以现代通信系统模型为主线,以数字通信原理与技术为重点,系统地阐述了通信系统的基本组成、基本原理和基本实现方法。全书共9章,内容包括通信系统概述、信号分析、信道与噪声、模拟调制、模拟信号的数字传输、数字基带传输、数字调制、差错控制编码、同步原理等。

　　本书可作为高职高专通信、电子信息类或相近专业的教材,也可作为相关科技人员的参考用书。

图书在版编目(CIP)数据

通信原理 / 李辉主编. -- 2 版. -- 北京：北京邮电大学出版社,2019.8(2025.1重印)
ISBN 978-7-5635-5831-5

Ⅰ. ①通… Ⅱ. ①李… Ⅲ. ①通信原理 Ⅳ.①TN911

中国版本图书馆 CIP 数据核字(2019)第 164681 号

书　　　名：通信原理(第 2 版)
主　　　编：李　辉
责任编辑：彭　楠
出版发行：北京邮电大学出版社
社　　　址：北京市海淀区西土城路 10 号(邮编：100876)
发 行 部：电话：010-62282185　传真：010-62283578
E-mail：publish@bupt.edu.cn
经　　　销：各地新华书店
印　　　刷：河北虎彩印刷有限公司
开　　　本：787 mm×1 092 mm　1/16
印　　　张：19
字　　　数：494 千字
版　　　次：2012 年 2 月第 1 版　2019 年 8 月第 2 版　2025 年 1 月第 3 次印刷

ISBN 978-7-5635-5831-5　　　　　　　　　　　　　　　　　定　价：49.00 元

前　言

随着我国高等教育的空前发展,高校招生规模迅速扩大。为了满足社会对"大专业、宽口径"的人才需求,越来越多的院校开设了"通信原理"课程。为适应高职高专教育的需要,针对高职高专学生的实际情况,依据"必需、够用"理论和重在应用的原则,编者在总结了众多工作在高职高专教育第一线教师的经验和现代通信技术发展成果的基础上编写了本书。本书在引导学生学习上尽量做到"以学生为中心",加强学生和教师之间的互动。根据职业技术教育的特点,本书在编写过程中,既保证了知识的"系统性"和"完整性",又重在"实用性"和"可读性"。本书的编写特点如下。

(1) 在具体内容的阐述上,力求深入浅出、条理清晰、物理概念清楚,避免过深、过难的数学推导,注重结论的物理意义及实际应用。

(2) 列举了生活中的实例加以说明,并加入了说明图片和表格。

(3) 考虑到使用本书的部分学生没有学过"信号与系统",在第 2 章增加了信号分析的内容。

(4) 本书附有大量习题及答案,题型涵盖填空、选择、判断、简答、计算等,使学生通过练习及时巩固所学知识。

(5) 本书在第 1 版的基础上,增加了 SystemView 仿真实例。将仿真技术引入通信原理课程的教学,不仅使复杂的理论易于理解,使抽象的概念变得形象、生动,还可以激发学生的学习兴趣,使学生积极主动地融入教学过程,提高教学质量。

本书共 9 章,各章主要内容如下。

第 1 章通信系统概述,主要介绍了通信的基本概念、通信系统的组成、信息及其度量、通信系统的分类及通信方式、通信系统的主要性能指标和通信系统仿真软件 SystemView。

第 2 章信号分析,主要介绍了信号概述、确知信号分析、随机信号分析和确知信号的时域与频域仿真。

第 3 章信道与噪声,主要介绍了信道概念及分类、信道容量和信道中的噪声。

第 4 章模拟调制,主要介绍了幅度调制(线性调制)原理、角度调制(非线性调制)原理、频分复用和幅度调制与解调仿真。

第 5 章模拟信号的数字传输,主要介绍了脉冲编码调制、增量调制、时分复用和模拟信号数字化仿真。

第 6 章数字基带传输,主要介绍了数字基带传输系统组成、数字基带传输码型及功率谱特性、无码间干扰的数字基带传输系统、数字基带传输系统性能及处理和基带传输仿真。

第 7 章数字调制,主要介绍了幅度键控(ASK)、频率键控(FSK)、相位键控(PSK 和 DPSK)、现代数字调制技术和数字调制系统仿真。

第 8 章差错控制编码,主要介绍了差错控制的基本概念及原理、简单的差错控制编码、线性分组码和汉明码、循环码、卷积码、Turbo 码和信道编译码仿真。

第 9 章同步原理,主要介绍了同步的概念和分类、载波同步、位同步、群同步、网同步和同步仿真。

本书的结构共分为 4 部分:第 1 部分为通信基础知识,包括第 1 章、第 2 章和第 3 章;第 2 部分为模拟通信原理,即第 4 章;第 3 部分为数字通信原理,包括第 5 章、第 6 章、第 7 章和第 8 章;第 4 部分为同步原理,即第 9 章。

本书的编写分工如下:第 1 章、第 2 章、第 4 章仿真实验部分和第 8 章理论部分由李辉老师编写,第 4 章理论部分、第 6 章、第 8 章仿真实验部分和第 9 章由孙群中老师编写,第 3 章、第 5 章和第 7 章由范兴娟老师编写。全书由李辉老师统稿。

本书的编写得到了石家庄邮电职业技术学院电信工程系领导和同事的支持,在此特别感谢孙青华、杨延广、黄红艳、张星、杨斐、张冰玉、何柳青、李丽勇、刘保庆、李建龙等老师。编写过程中我们参考了一些相关文献,在此对这些文献的作者表示感谢。

由于编者水平有限,书中难免存在错误或不足之处,恳请专家和读者不吝指教,提出宝贵意见和建议。

编 者

目　　录

第1章 通信系统概述

本章内容

◇ 通信的基本概念;
◇ 通信系统的组成;
◇ 信息及其度量;
◇ 通信系统的分类及通信方式;
◇ 通信系统的主要性能指标。

本章重点

◇ 数字通信系统的组成;
◇ 信息及其度量;
◇ 衡量数字通信系统的主要性能指标。

本章难点

◇ 信息及其度量。

学习本章目的和要求

◇ 熟悉通信的基本概念和组成通信系统的各部分功能;
◇ 掌握信息量及熵的计算;
◇ 了解通信系统的分类及通信方式;
◇ 掌握数字通信系统有效性和可靠性指标的计算。

1.1 通信的基本概念

通俗地说,通信就是人们在日常生活中相互之间传递信息的过程。在古代,人们通过驿站、飞鸽传书、烽火报警、符号、身体语言、眼神、触碰等方式进行信息传递,到了今天,随着科技的飞速发展,相继出现了无线电、固定电话、移动电话、视频电话、互联网等各种通信方式。通信技术拉近了人与人之间的距离,提高了经济效率,深刻地改变了人类的生活方式。

从古至今,通信的方式多种多样,包括以视觉、声音传递为主的古代的烽火台、击鼓、旗语、现代电信等及以实物传递为主的驿站快马接力、信鸽、邮政通信等。古代通信对远距离来说,最快也要几天的时间。而现代通信往往以电信方式为主,如电报、电话、传真、短信和

1

E-mail 等。

通信(Communication)就是信息的传递,是指由一地向另一地进行信息的传输与交换,其目的是传输消息。随着社会生产力的发展,人们对传递消息的要求不断提升,通信在人类实践过程中使得人类文明不断进步。在各种各样的通信方式中,利用"电"来传递消息的通信方法称为电信(Telecommunication),这种通信具有迅速、准确、可靠等特点,且几乎不受时间、地点、空间、距离的限制,因而得到了飞速发展和广泛应用。

1835 年,美国人莫尔斯发明了电报系统。1844 年,世界上第一个实用公共电报开始发送,从此人类进入了电信时代。1876 年,美国人贝尔发明了电话,将人类从无声的电信时代带入了有声的电信时代。

1. 消息

"消息"一词最早出现于《易经》:"日中则昃,月盈则食,天地盈虚,与时消息。"意思是说,太阳到了中午就要逐渐西斜,月亮圆了就要逐渐亏缺,天地间的事物,或丰盈或虚弱,都随着时间的推移而变化,有时消减,有时滋长。由此可见,我国古代就把客观世界的变化,把它们的发生、发展和结局,把它们的枯荣、聚散、沉浮、升降、兴衰、动静、得失等变化中的事实称为"消息"。到了近代,"消息"逐渐成为一种固定的新闻载体,所以"消息"又叫新闻。

在日常生活中,把关于人或事物的报道称为消息。通信的目的是传输含有信息的消息。在通信系统中传输的是各种各样的消息,而这些被传送的消息有着各种不同的形式,如文字、符号、数据、语言、音符、图片、图像等。所有这些不同形式的消息都是能被人们感觉器官所感知的,人们通过通信,接收到消息后,得到的是关于描述某事物状态的具体内容。

2. 信息

关于信息的定义实在太多了。哲学家从认识论定义;数学家从概率论定义;物理学家说,它是熵;通信专家说,信息是对消息解除不确定度。

1948 年,美国数学家、信息论的创始人香农在题为《通信的数学理论》的论文中指出:"信息是用来消除随机不定性的东西。"1948 年,美国著名数学家、控制论的创始人维纳在《控制论》一书中指出:"信息就是信息,既非物质,也非能量。"

信息是指消息中包含的有意义的内容,它是通过消息来表达的,消息是信息的载体。

3. 信号

信号是消息的物理载体。在通信系统中信号以电(或光)的形式进行处理和传输。电信号最常用的形式是电流或电压。

信号基本上可分为两大类:模拟信号和数字信号。如果信号的幅度随时间作连续的、随机的变化,则称为模拟信号。模拟信号的特性如图 1-1 所示。语音信号就属于模拟信号。

如果信号的幅度随时间的变化只具有离散的、有限的状态,则称为数字信号。与模拟信号相反,数字信号的参量取值是离散变化的。数字信号的特性如图 1-2 所示。

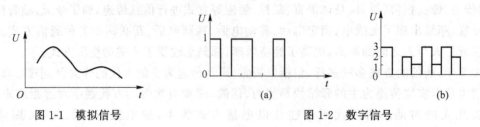

图 1-1　模拟信号　　　　　　　　　图 1-2　数字信号

4. 电信

国际电信联盟(International Telecommunications Union,ITU)是联合国的一个专门机构,也是联合国机构中历史最长的一个国际组织,简称"国际电联"或"电联",下设无线电通信部、标准化部、发展部和电信展览部。国际电联总部设于瑞士日内瓦,其成员包括 191 个成员国和 700 多个部门成员及部门准成员。每年的 5 月 17 日定为"世界电信日",中国于 1920 年加入 ITU。

ITU 对电信的定义是:利用有线、无线、光或者其他电磁系统传输、发射或接收符号、文字、图像、声音或其他任何形式的信息。根据定义,凡是发信者利用电磁系统,包括有线电信系统、无线电信系统、光学通信系统以及其他电磁系统,采用包括符号、文字、图像、声音以及由这些形式组合而成的各种可视、可听或可用的信号,向一个或多个接收者发送信息的过程,都称为电信。

1.2　通信系统的组成

1.2.1　通信系统的模型

通信的任务是将信息从一地传送到另一地,完成信息传送的一系列设备及传输媒介构成通信系统,其基本模型如图 1-3 所示。

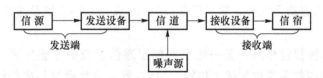

图 1-3　通信系统的基本模型

上述模型是一个基本的点对点通信的模型,它概括地反映了通信系统的共性,根据我们研究对象及所关心的问题不同,将会使用不同形式的、较具体的通信系统模型。对通信原理的讨论就是围绕通信系统的模型而展开的。

从图 1-3 可以看出,通信系统由五部分组成,即信源、发送设备、信道和噪声源、接收设备、信宿。

1. 信源

信源指信息源,即信息的发送者。其作用是把消息转换成原始的电信号,如电话机的送话器、电视摄像机、计算机等都可以看成信源。信源输出的原始电信号,称为基带信号。

2. 发送设备

发送设备是许多电路与系统的总称,其作用是将信源输出的信号进行处理,变换成适合在信道上传送的信号,送往信道,如滤波、调制、放大等,对于数字信号,还有编码、加密等环节。滤波是为了滤除带外噪声,同时防止信号向带外辐射。调制就是用基带信号来控制载波的参量(如幅度、频率、相位等),从而使已调载波携带基带信息的过程,这种携带基带信息的已调信号称为频带信号。放大是将弱信号变成强信号。

3. 信道和噪声源

信道是信号传输的通路,其作用是将来自发送端的信号发送到接收端。信道可分为两种:一种是有线信道,如双绞线、同轴电缆、光缆等;另一种是无线信道,如中长波、短波、微波中继及卫星中继等。

噪声来源于三个方面:一是通信设备内部由于电子作不规则运动而产生的热噪声;二是来自外部的噪声,如雷电干扰、宇宙辐射、邻近通信系统的干扰、各种电器开关通断时产生的短促脉冲等;三是由于信道特性(幅频和相频特性)不理想,使得传输的信号变形失真而产生的干扰。上述前两种噪声与信号是否存在无关,是以叠加的形式对信号形成干扰的,称之为"加性噪声"。最后一种干扰只有信号出现时才表现出来,称之为"乘性干扰"。一般来说,噪声主要来自信道,为了分析方便,将上述三种噪声抽象为一个噪声源并集中在信道中加入。

4. 接收设备

接收设备的功能正好与发送设备相反,它将从收到的含噪信号中恢复提取有用的原始信号。

5. 信宿

信宿与信源相对应,是信息的接收者。其作用是将由接收设备复原的原始信号转换成相应的消息,如电话机中的受话器,其作用就是将对方传送过来的电信号还原成声音。

通信系统传输的消息具有不同的形式,将消息转换成模拟信号在信道上传输的通信方式称为模拟通信,相应的模拟通信系统是按照模拟信号的传输特点设计的。将消息转换成数字信号在信道上传输的通信方式称为数字通信,相应的数字通信系统是按照数字信号的传输特点设计的。

需要指出的是,模拟信号并不是一定要在模拟通信系统中才能传输,任何模拟信号经过模/数变换以后都能在数字通信信道上传输。同样,数字信号通过相应的终端设备转换,也可以在模拟通信系统中进行传输。无论是模拟通信方式还是数字通信方式,在整个通信系统中都有较大一部分是公用的。

1.2.2 模拟通信系统的模型

传输模拟信号的通信系统称为模拟通信系统,其基本模型如图 1-4 所示。

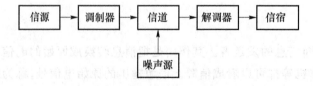

图 1-4 模拟通信系统的基本模型

模拟通信系统传输信息需要两种变换。首先,将信源产生的连续消息变换成原始电信号,接收端收到的信号要反变换成原连续消息。原始电信号由于通常具有频率较低的频谱分量,一般不宜直接传输,因此,模拟通信系统常需要有第二次变换:将原始电信号变换成频带适合信道传输的信号,并在接收端进行反变换,这种变换和反变换通常称为调制和解调。

模拟通信系统传输连续的模拟信号,占用带宽窄,如每路语音信号带宽仅为 4 kHz。在信号的传输过程中,噪声叠加于信号之上,并随传输距离的增加而加强,在接收端很难将信号和噪声分离,系统的抗干扰能力较弱且不适于长距离信号传输。

1.2.3 数字通信系统的模型

传输数字信号的通信系统,称为数字通信系统,其基本模型如图 1-5 所示。

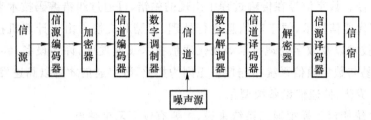

图 1-5 数字通信系统的基本模型

1. 信源编码器与信源译码器

信源编码器是将信源送出的信号进行适当处理,产生周期性符号序列,使其变成合适的数字编码信号。信源编码的作用包含模拟信号的数字化和信源压缩编码两个范畴:一是如果信源输出的信号是模拟信号,信源编码器将对模拟信号进行抽样、量化、编码,使之变成数字信号,从而完成模/数转换任务;二是如果信源输出的是数字信号,这时信源编码器的作用是提高数字信号传输的有效性,去除或减少冗余并压缩原始信号的数据速率。

信源译码器实现信源编码的逆过程,即解压缩和数/模转换。

2. 加密器与解密器

加密器主要用于需要保密的通信系统。加密处理的过程是采用复杂的密码序列,对信源编码输出的数码序列进行人为"扰乱"。

解密器实现的是加密器的逆过程,即从加密的信息中恢复出原始信息。

3. 信道编码器与信道译码器

信号在信道中传输时,会受到各种噪声干扰,引起信号的差错和失真,导致误码。信道编码是为了提高数字信号传输的可靠性,对传输中产生的差错采用的差错控制技术,也称为差错控制编码。即在信号中按一定的编码规则加入冗余码元,以达到在接收端可以检出和纠正误码的目的。

信道译码器完成信道编码器的逆过程,即从编码的信息中恢复出原始信息。

4. 数字调制器与数字解调器

与模拟通信系统的调制器作用一样,数字调制器将数字基带信号变换成适合于信道传输的频带信号。

数字解调器完成数字调制器的逆过程,即将收到的频带信号还原为数字基带信号。

相对于模拟通信系统而言,数字通信系统有如下优点。

(1)抗干扰、抗噪声能力强,无噪声积累。在数字通信系统中,传输的信号是数字信号,以二进制为例,信号的取值只有两个,这样发送端传输的和接收端需要接收和判决的电平也只有两个值。若"1"码时取值为 A,"0"码时取值为 0,传输过程中由于信道噪声的影响,必然会使波形失真。在接收端恢复信号时,首先对其进行抽样判决,才能确定是"1"码还是"0"码,并再生"1""0"码的波形。因此只要不影响判决的正确性,即使波形失真也不会影响再生后的信号波形。而在模拟通信系统中,如果模拟信号累加上噪声后,即使噪声很小,也很难消除。

(2) 便于加密处理,保密性强。数字信号与模拟信号相比,更容易加密和解密。因此,数字通信保密性好。

(3) 差错可控。数字信号在传输过程中出现的差错,可通过纠错编码技术来控制。

(4) 利用现代通信技术,便于对信息进行处理、存储和交换。由于计算机技术、数字存储技术、数字交换技术以及数字处理技术等现代通信技术飞速发展,许多设备、终端接口均是数字信号,因此极易与数字通信系统相连接。正因为如此,数字通信才得以高速发展。

(5) 便于集成化,使通信设备微型化。

数字通信系统相对于模拟通信系统来说,主要有以下两个缺点。

(1) 数字信号占用的频带宽,以电话为例,一路数字电话一般要占用 $20\sim64$ kHz 的带宽,而一路模拟电话仅占用约 4 kHz 的带宽。如果系统传输带宽一定的话,模拟电话的频带利用率要高出数字电话的 $5\sim15$ 倍。

(2) 对同步要求高,系统设备比较复杂。数字通信系统中要准确地恢复信号,必须要求收端和发端保持严格同步。因此数字通信系统及设备一般都比较复杂,体积较大。随着数字集成技术的发展,各种中、大规模集成器件的体积不断减小,加上数字压缩技术的不断完善,数字通信设备的体积将会越来越小。

1.3 信息及其度量

1. 信息量定义

通信的目的在于传递信息。信息是消息中有意义的内容。消息一般指对人或事物情况的报道,其表现形式有语音、文字、数据、图像等。不同形式的消息,可以包含相同的信息。例如,分别用语音和文字传送的天气预报,所含信息内容相同。信息是指消息中含有的有意义的内容,即接收者原来不知而待知的内容。在有效的通信中,信源发送的信号是不确定的,接收者在收到信号后不确定性减小或消失,则接收者从不知到知,从而获得信息。

传输信息的多少用"信息量"来衡量。对于接收者来说,某些消息比另外一些消息传递更多的信息。例如,天气预报部门公布"今年冬天的气候要比去年冬天更冷些",比起"今年冬天的气候将与去年夏天一样热"来说,前一消息包含的信息显然要比后者少些。因为在接收者看来,前一事件很可能发生,不足为奇,但后一事件却极难发生,听后使人惊奇。这表明消息确实有量值的意义。而且可以看出,对接收者来说,事件越不可能发生,越是使人感到意外和惊奇,信息量就越大。

通过概率论可知,事件的不确定程度,可以用其出现的概率来描述。即事件出现的可能性越小,概率就越小,反之,则概率就越大。消息中的信息量与消息发生的概率紧密相关,消息出现的概率越小,则消息中包含的信息量就越大。如果事件是必然的(概率为 1),则它传递的信息量应为零;如果事件是不可能的(概率为 0),则它将有无穷的信息量。

设信源是由 q 个离散符号(事件)$s_1, s_2, \cdots, s_q$ 组成的集合。每个符号的发生是相互独立的,第 i 个符号 s_i 出现的概率是 $P(s_i)$,且 $P(s_i)$ 满足非负、归一性,即 $0 \leqslant P(s_i) \leqslant 1$,$\sum\limits_{i=1}^{q} P(s_i) = 1$,则第 i 个符号 s_i 含有的信息量为

$$I(s_i) = \log_2 \frac{1}{P(s_i)} = -\log_2 P(s_i) \tag{1-1}$$

(1) 信息量 $I(s_i)$ 可以看作接收端未收到消息前,发送端发送消息 s_i 所具有的不确定程度。

(2) 若干个相互独立事件构成的消息,所含信息量等于各独立事件所含信息量之和,也就是说,信息具有可加性。如两个独立事件 s_i 与 s_j 的概率分别为 $P(s_i)$ 和 $P(s_j)$,则 $P(s_i s_j) = P(s_i) P(s_j)$,从而由式(1-1)可得

$$I(s_i s_j) = \log_2 \frac{1}{P(s_i s_j)} = I(s_i) + I(s_j)$$

(3) 信息量的单位与对数的底数有关。底数为 2,信息量的单位为比特(bit);底数为自然数 e,信息量的单位为奈特(nat);底数为 10,信息量的单位为哈特(hart)。通常使用的单位是比特。

(4) 对于二进制信源符号,只有 1 和 0,假设 1 和 0 等概率出现,则有

$$I(0) = I(1) = -\log_2 \frac{1}{2} = 1 \text{ bit}$$

即等概率二进制信源每一符号的信息量为 1 bit。同理,对于四进制,假设信源符号等概率出现,则每符号的信息量是 2 bit,是二进制的 2 倍。依次类推,对于 $M = 2^K$ 进制,假设各信源符号等概率出现,则每符号的信息量是 K bit,符号信息量是二进制的 K 倍。

2. 熵的概念

一般地,信源各符号出现的概率并不相等,即各符号所含的信息量不同。若各符号的出现统计独立,即信源是无记忆的,则平均每符号的信息量为

$$H(S) = \sum_{i=1}^{q} P(s_i) I(s_i) = -\sum_{i=1}^{q} P(s_i) \log_2 P(s_i) \tag{1-2}$$

由于平均信息量 $H(S)$ 同热力学中的熵形式相似,因此又称它为信息熵。熵具有如下性质。

(1) 其物理概念是信源中每个符号的平均信息量,单位是比特/符号。

(2) 熵是非负的。

(3) 当信源符号等概率发生时,熵具有最大值,为

$$H_{\max}(S) = \sum_{i=1}^{q} P(s_i) I(s_i) = \log_2 q \tag{1-3}$$

(4) 当信源符号不等概率发生时,则有 $H(S) < H_{\max}(S)$,并称

$$\frac{H_{\max}(S) - H(S)}{H_{\max}(S)} = 1 - \frac{H(S)}{H_{\max}(S)}$$

为信源冗余,而通过信源编码(压缩编码)可以降低信源的冗余度。

【例 1.3.1】 一离散信源由 0、1、2、3 四个符号组成,它们出现的概率分别为 3/8、1/4、1/4、1/8,且每个符号的出现都是独立的。试求某信息 1022,0102,0130,2130,2120,3210,1003,2101,0023,1020,0201,0312,0321,0012,0210 的信息量。

解

方法一

此消息中,0 出现 23 次,1 出现 15 次,2 出现 15 次,3 出现 7 次,共有 60 个符号,故该消息的信息量为

$$I = 23I(0) + 15I(1) + 15I(2) + 7I(3)$$

$$= 23\log_2\frac{8}{3} + 15\log_2 4 + 15\log_2 4 + 7\log_2 8$$

$$= 113.55 \text{ bit}$$

方法二

用熵的概念来计算,由式(1-2)得

$$H = \frac{3}{8}\log_2\frac{8}{3} + \frac{1}{4}\log_2 4 + \frac{1}{4}\log_2 4 + \frac{1}{8}\log_2 8$$

$$\approx 1.906 \text{ 比特/符号}$$

则该消息的信息量为

$$I = 60H(S) = 60 \times 1.906 = 114.36 \text{ bit}$$

可见,两种算法的计算结果有一定误差,前一种方法是按算术平均的方法,后一种方法是按统计平均的方法。但当消息很长时,用熵的概念来计算比较方便,而且随着消息序列长度的增加,两种计算误差将趋于零。

1.4 通信系统的分类及通信方式

1.4.1 通信系统的分类

根据不同的目的及不同的角度,通信系统有许多不同的分类方法,下面介绍几种常见的通信系统分类体系。

1. 按信号特征分类

按照通信系统中传输的是模拟信号还是数字信号,相应地把通信系统分为模拟通信系统和数字通信系统。

2. 按通信业务分类

根据通信业务的不同,通信系统可以分为电报通信系统、电话通信系统、数据通信系统、图像通信系统等。

3. 按调制方式分类

根据是否采用调制,通信系统可分为基带传输系统和频带传输系统。而频带传输系统又可分为模拟调制系统和数字调制系统。基本的模拟调制方式有 AM(调幅)、FM(调频)和 PM(调相)等,数字调制方式有 ASK(幅移键控)、FSK(频移键控)和 PSK(相移键控)等。

4. 按传输媒介分类

按传输信号的媒介不同,可分为有线通信系统和无线通信系统。有线通信系统是用传输线(如架空明线、双绞线、同轴电缆、光纤等)作为媒介来完成通信的;无线通信系统是依靠电磁波在空间传播(如短波电离层传播、大气对流层散射、微波视距传播、卫星中继等)达到通信的目的的。

5. 按信号复用方式分类

信号复用方式目前主要有四种,即频分复用(FDM)、时分复用(TDM)、码分复用(CDM)和波分复用(WDM)。频分复用是使用不同的频段来传输多路信号;时分复用是使用不同的时隙来传输多路信号;码分复用是使用不同的地址码来传输多路信号;波分复用是使用不同波长的信号共用一根光纤来传输多路信号。

传统的模拟通信系统大都采用频分复用。随着数字通信的发展,时分复用通信系统的应用越来越广泛。码分复用主要用于空间扩频通信系统中,目前主要用于移动通信系统中。波分复用主要用于光纤通信系统中。

1.4.2　通信方式

通信方式是指信息在信道上传送所采取的方式。按信息码元传输的顺序,可以分为并行传输和串行传输;按信息传输的同步方式,可分为异步传输和同步传输;按信息传输的流向和时间关系,可分为单工、半双工和全双工传输。

1. 并行传输和串行传输

(1) 并行传输

并行传输指的是信息码元以成组的方式,在多条并行信道上同时进行传输。发送设备将这些信息位通过对应的数据线传送给接收设备,还可附加一位信息校验位。接收设备同时接收到这些信息,不需要做任何变换就可直接使用。图 1-6(a)给出了一个采用 8 位二进制码构成一个字符进行并行传输的示意图。

并行传输的主要优点如下。

① 系统采用多个信道并行传输,一次传送一个字符,因此收、发双方不存在字符同步问题,不需要额外的措施来实现收、发双方的字符同步。

② 传输速度快,一位(比特)时间内可传输一个字符。

并行传输的主要缺点如下。

① 通信成本高。每位传输要求一个单独的信道支持,因此,如果一个字符包含 8 个二进制位,则并行传输要求 8 个独立的信道的支持。

② 不支持远距离传输。由于信道之间的电容感应,远距离传输时,可靠性较低,因此较少使用。并行传输适于在一些近距离设备之间采用,如计算机和打印机之间的数据传送。

(2) 串行传输

串行传输指的是组成字符的若干位二进制码排列成数据流以串行的方式在一条信道上传输。通常传输顺序为由高位到低位,传完一个字符再传下一个字符,因此收、发双方必须保持字符同步,以使接收方能够从接收的数据比特流中正确区分出与发送方相同的一个个字符,这就需外加同步措施,这是串行传输必须解决的问题。

串行传输只需要一条传输信道,易于实现,是目前远距离传输时主要采用的一种传输方式。串行传输方式如图 1-6(b)所示。串行传输时,信息逐位依次在通信线路上传输,先由计算机内部的发送设备将并行数据经并/串变换电路变换成串行方式,再逐位经传输线到达接收设备,并在接收端将串行数据经串/并变换电路从串行方式重新变换成并行方式,以供接收方使用。

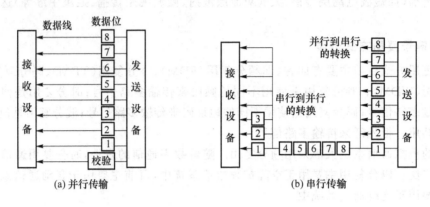

图 1-6　并行传输和串行传输

2. 异步传输和同步传输

在串行传输中,接收端如何从串行信息流中正确区分出发送的每一个字符,即如何解决字符的同步问题,目前有两种主要的方式:异步传输和同步传输。

(1) 异步传输

异步传输方式一般以字符为单位传输,发送每一个字符代码时,都要在前面加上一个起始位,长度为 1 个码元长度,极性为"0",表示一个字符的开始;后面加上一个终止位,长度为 1、1.5 或 2 个码元长度(对于国际电报 2 号码,终止位长度为 1.5 个码元长度,对于国际 5 号码或其他代码,终止位长度为 1 个或 2 个码元长度),极性为"1",表示一个字符的结束。字符可以连续发送,也可以单独发送。当不发送字符时,连续发送"止"信号,即保持"1"状态。因此,每个字符的起止时刻可以是任意的(这正是称为异步传输的原因)。接收方可以根据字符之间从终止位到起始位的跳变,即由"1"→"0"的下降沿来识别一个字符的开始,然后从下降沿以后 $T/2$ 秒(T 为接收方本地时钟周期)开始每隔 T 秒进行抽样,直到抽样完整个字符,从而正确地区分一个个字符,这种字符同步方法又称为起止式同步。图 1-7(a)表示异步传输的情况。

异步传输的优点是实现字符同步比较简单,收、发双方的时钟信号不需要严格同步。缺点是对每个字符都需加入起始位和终止位(即增加 2～3 bit),降低了传输效率。如字符采用国际 5 号码,起始位 1 位,终止位 1 位,并采用 1 位奇偶校验位,则传输效率为 70%。异步传输方式常用于 1 200 bit/s 及其以下的低速信息传输。

(2) 同步传输

同步传输是以固定的时钟节拍来发送数据信号的,因此在一个串行信息流中,各信号码元之间的相对位置是固定的(即同步)。接收方为了从接收到的信息流中正确地区分一个个信号码元,必须建立准确的时钟信号。

在同步传输中,信息的发送一般以组(或帧)为单位,一组或一帧信息包含多个字符代码或多个比特,在组或帧的开始和结束需加上预先规定的起始序列和结束序列作为标志。起始序列和结束序列的形式根据采用的传输控制规程而定,有两种同步方式,即字符同步和帧同步,分别如图 1-7(b)和图 1-7(c)所示。

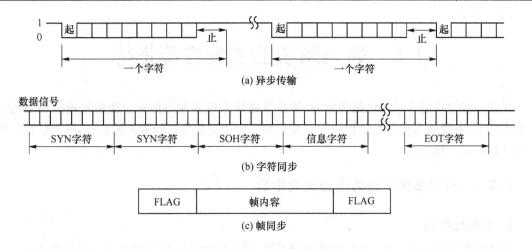

图 1-7 异步传输和同步传输

字符同步在 ASCII 中用 SYN(码型为"0110100")作为"同步字符",以通知接收设备表示一帧的开始;用 EOT(码型为"0010000")作为"传输结束字符",以表示一帧的结束。

帧同步中用标志字节 FLAG(码型为"01111110")来表示一帧的开始或结束。由于帧的发送长度是可变的,而且不能预先决定何时开始帧的发送,故用标志序列来表示一帧的开始和结束。

同步传输方式与异步传输方式相比,由于它发送每一个字符时不需要对每个字符单独加起始位和终止位,只是在一串字符的前后加上标志序列,故具有较高的传输效率,但实现起来比较复杂,通常用于速率达 2 400 bit/s 及以上的信息传输。

3. 单工、半双工和全双工传输

按照信息传送的方向与时间关系,通信方式可分为单工、半双工和全双工 3 种方式,如图 1-8 所示。通信一般总是双向的,有来有往,这里所谓的单工、双工指的是信息传输的方向。

(1) 单工传输

单工传输,是指信息只能单方向传输的工作方式,如图 1-8(a)所示。遥测、遥控、气象数据的收集、计算机与监视器及键盘与计算机之间的信息传输都是单工传输。

(2) 半双工传输

半双工传输,是指通信双方可以在两个方向上进行信息传输,但两个方向的传输不能同时进行,当其中一端发送时,另一端只能接收,反之亦然,如图 1-8(b)所示。无论哪一方开始传输,都使用信道的整个带宽。对讲机和民用无线电都是半双工传输。

(3) 全双工传输

全双工传输,是指通信双方可以在两个方向

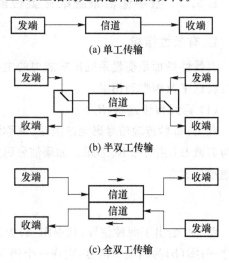

图 1-8 单工、半双工和全双工传输

上同时进行信息传输,即两端都可同时发送和接收信息,如图 1-8(c)所示。电话通信就是一种最常见的全双工通信方式。

1.5 通信系统的主要性能指标

在设计和评价通信系统性能优劣时,要涉及通信系统的性能指标。通信系统的性能指标主要有两个:有效性指标和可靠性指标。有效性指标用于衡量系统的传输效率,可靠性指标用于衡量系统的传输质量。

1.5.1 模拟通信系统的主要性能指标

1. 有效性指标

有效性指信息传输速度,即给定频带情况下,单位时间传输信息的多少。对于模拟通信系统来说,信息传输的有效性通常可用有效传输频带来衡量,即在指定信道内所允许同时传输的最大通路数。这个通路数等于给定信道的传输带宽除以每路信号的有效带宽,在相同条件下,每路所占频带越窄,则允许同时传输的通路数越多。在模拟通信中,每一路信号的有效带宽与调制方式有关,如 FM 波比 AM 波占用频带宽。

2. 可靠性指标

模拟通信系统中信号传输的可靠性通常采用接收端输出信噪比(S/N)来衡量,即输出信号平均功率与噪声平均功率之比。S/N 越高,可靠性越高,反之越低。通常电话要求信噪比是 20~40 dB(分贝),电视则要求 40 dB 以上。信噪比也与调制方式有关,一般情况下,FM 信号比 AM 信号的输出信噪比高得多,所以 FM 传输可靠性高于 AM 传输。

1.5.2 数字通信系统的主要性能指标

1. 有效性指标

有效性指标是衡量系统传输能力的主要指标,通常用 3 个指标来说明:码元传输速率、信息传输速率及频带利用率。

(1) 码元传输速率(R_B)

定义:每秒传输信号码元的数目,又称调制速率、符号速率、波特率。单位:波特(Baud),简写为 B 或 Bd,用符号 R_B 表示。如果信号码元持续时间(时间长度)为 T(单位为 s),那么,码元传输速率公式为

$$R_B = \frac{1}{T} \tag{1-4}$$

图 1-9 给出了两种信号,其中图(a)为二电平信号,即一个信号码元可以取 0 或 1 两种状态之一;图(b)为四电平信号,它在一个码元 T 中可能取 ±3 和 ±1 四种不同的值(状态),因此每个信号码元可以代表四种情况之一。

(2) 信息传输速率(R_b)

定义:每秒传输的信息量。单位:比特/秒(bit/s),用符号 R_b 表示。

比特在数字通信系统中是信息量的单位。在二进制数字通信系统中,每个二进制码元若是等概率传送的,则信息量是 1 bit。所以,一个二进制码元在此时所携带的信息量就是 1 bit。

通常,在无特殊说明的情况下,都把一个二进制码元所传输的信息量视为 1 bit,即指每秒传送的二进制码元数目。在二进制数字通信系统中,码元传输速率与信息传输速率在数值上是相等的,但是单位不同,意义不同,不能混淆。在多进制系统中,多进制的进制数与等效对应的二进制码元数的关系为

$$N = 2^n \tag{1-5}$$

式中,N 是进制数,n 是二进制码元数,这时信息传输速率和码元传输速率的关系为

$$R_b = R_B \log_2 N \ (\text{bit/s}) \tag{1-6}$$

例如,在四进制中($N = 4$),已知码元传输速率 $R_B = 600$ Baud,则信息传输速率 $R_b = 1\,200$ bit/s。

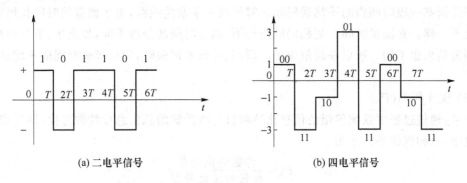

图 1-9 二电平和四电平数据信号

(3) 频带利用率(η)

在比较两个通信系统的有效性时,单看它们的传输速率是不够的,或者说虽然两个系统的传输速率相同,但它们的系统效率可以是不一样的,因为两个系统可能具有不同的带宽,那么,它们传输信息的能力就不同。所以,衡量系统效率的另一个重要指标是系统的频带利用率 η。

η 定义为

$$\eta = \frac{\text{码元传输速率}}{\text{频带宽度}} \ (\text{Baud/Hz}) \tag{1-7}$$

或

$$\eta = \frac{\text{信息传输速率}}{\text{频带宽度}} \ (\text{bit} \cdot \text{s}^{-1} \cdot \text{Hz}^{-1}) \tag{1-8}$$

通信系统所占用的频带越宽,传输信息的能力就越强。系统的频带利用率越高,系统的有效性就发挥得越好。

【例 1.5.1】 某二进制系统 1 分钟传送了 18 000 bit 信息。

(1) 其码元传输速率和信息传输速率各为多少?

(2) 若改用八进制传输,则码元传输速率和信息传输速率各为多少?

解 (1)
$$R_b = \frac{18\,000}{60} = 300 \text{ bit/s}$$
$$R_B = R_b = 300 \text{ Baud}$$

(2)
$$R_b = \frac{18\,000}{60} = 300 \text{ bit/s}$$
$$R_B = \frac{R_b}{\log_2 8} = 100 \text{ Baud}$$

2. 可靠性指标

信号在传输过程中不可避免地受到外界的噪声干扰,信道的不理想也会带来信号畸变,当

噪声干扰和信号畸变达到一定程度时,就可能导致接收的差错。衡量通信系统可靠性的指标是传输的差错率,常用的有误码率、误比特率和误字符率或误码组率。

(1) 误码率(P_e)

定义:通信过程中系统传错的码元数目与所传输的总码元数目之比,即传错码元的概率。记为

$$P_e = \frac{传错码元的个数}{传输码元的总数} \tag{1-9}$$

误码率是衡量通信系统在正常工作状态下传输质量优劣的一个非常重要的指标,它反映了信息在传输过程中受到损害的程度。误码率的大小,反映了系统传错码元的概率的大小。误码率是指某一段时间内的平均误码率。对于同一条通信线路,由于测量的时间长短不同,误码率也不一样。在测量时间长短相同的条件下,测量时间的分布不同,如上午、下午和晚上,它们的测量结果也不同。所以在通信设备的研制、考核及试验时,应以较长时间的平均误码率来评价。

(2) 误比特率(P_b)

定义:通信过程中系统传错的信息比特数目与所传输的总信息比特数之比,即传错信息比特的概率,也称误信率。记为

$$P_b = \frac{传错的比特数}{传输的总比特数} \tag{1-10}$$

误比特率的大小,反映了信息在传输中,由于码元的错误判断而造成的传输信息错误的大小,它与误码率从两个不同层次反映了系统的可靠性。在二进制系统中,误码数目就等于传错信息的比特数,即 $P_e = P_b$。

(3) 误字符率或误码组率

定义:通信过程中系统传错的字符(码组)数与所传输的总字符(码组)数之比,即传错字符(码组)的概率。记为

$$误字符率或误码组率 = \frac{传错的字符数或码组数}{传输的总字符数或总码组数} \tag{1-11}$$

在一些通信系统中,通常以字符或码组作为一个信息单元进行传输,此时使用误字符或误码组率更具实际意义,也易于理解。但由于几个比特表示一个字符或码组,而一个字符或码组中无论错一个或多个比特都算错一个字符或码组,故用误字符率或误码组率评价电路的传输质量并不很确切。

在通信中,有效性指标和可靠性指标这两个要求通常是矛盾的,实际中应根据具体需要尽可能取得满意的结果。例如,在一定可靠性指标下,尽量提高信息传输的速率;或在一定有效性条件下,使信息传输质量尽可能提高。

【例 1.5.2】 在强干扰环境下,某电台在 5 min 内共接收到正确信息量 355 kbit,假设系统信息传输速率为 1 200 bit/s。

(1) 系统的误信率 P_b 是多少?

(2) 若具体指出系统所传数字为四进制信号,其误信率 P_b 是否改变?为什么?

解 (1) 系统 5 min 内传输的总信息量为

$$I = 5 \times 60 \times 1\ 200 = 360\ \text{kbit}$$

所以

$$P_b = \frac{360 - 355}{360} \approx 1.39 \times 10^{-2}$$

（2）由于信息传输速率未变，故传输的总信息量不变，错误接收的信息量也未变，即 P_b 不变。

1.6　通信系统仿真软件 SystemView

1.6.1　SystemView 软件简介

SystemView 是一个简单易学的通信系统仿真软件，主要用于电路与通信系统的设计、仿真，能满足从信号处理、滤波器设计到复杂的通信系统等的要求。SystemView 借助 Windows 窗口环境，以模块化和交互式的界面，为用户提供一个嵌入式的分析引擎。

打开 SystemView 软件后，屏幕上首先出现系统视窗。系统视窗最上边一行为主菜单栏，包括文件（File）、编辑（Edit）等 11 项功能菜单。菜单栏下面是常用快捷功能按钮区，左侧为图符库选择区，如图 1-10 所示。

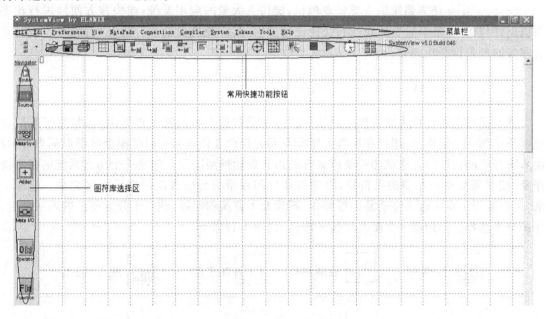

图 1-10　SystemView 软件系统视窗界面

SystemView 由两个窗口组成，分别是系统设计窗口和分析窗口。

系统设计窗口，包括标题栏、菜单栏、工具条、滚动条、提示栏、图符库和设计工作区。所有系统的设计、搭建等基本操作，都是在设计窗口内完成的。分析窗口包括标题栏、菜单栏、工具条、滚动条、活动图形窗口和提示信息栏。提示信息栏显示分析窗口的状态信息、坐标信息和指示分析的进度；活动图形窗口显示输出的各种图形，如波形等。

分析窗口是用户观察 SystemView 数据输出的基本工具，在窗口界面中，有多种选项可以增强显示的灵活性和系统的用途等功能。在分析窗口中最为重要的是接收计算器，利用这个工具可以获得输出的各种数据和频域参数，并对其进行分析、处理、比较，或进一步组合运算。

例如，信号的频谱图就可以很方便地在此窗口观察到。

当需要对系统中各测试点或某一图符块输出进行观察时，通常应放置一个信宿（Sink）图符块，一般将其设置为"Analysis"属性。Analysis 块相当于示波器或频谱仪等仪器的作用，它是最常使用的分析型图符块之一。

在主菜单栏下，SystemView 为用户提供了 16 个常用快捷功能按钮，按钮功能如图 1-11 所示。

图 1-11　常用快捷功能按钮

SystemView 仿真系统的主要特点包括：能仿真大量的应用系统；能快速方便地进行动态系统设计与仿真；具有完备的滤波和线性设计功能；具有先进的信号分析和数据处理功能；具有完善的自我诊断功能等。

1.6.2　SystemView 软件常用图符块

系统视窗左侧竖排为图符库选择区。图符块是构造系统的基本单元模块，相当于系统组成框图中的一个子框图，用户在屏幕上所能看到的仅仅是代表某一数学模型的图形标志（图符块），图符块的传递特性由该图符块所具有的仿真数学模型决定。创建一个仿真系统的基本操作是，按照需要调出相应的图符块，将图符块之间用带有传输方向的连线连接起来。这样一来，用户进行的系统输入完全是图形操作，不涉及语言编程问题，使用十分方便。进入系统后，在图符库选择区排列着 8 个图符块选择按钮，如图 1-12 所示。

图 1-12　图符库的 8 个图符块选择按钮

在上述 8 个按钮中，除双击"加法器"和"乘法器"图符块按钮可直接使用外，双击其他按钮后会出现相应的对话框，应进一步设置图符块的操作参数。

单击图符库选择区最上边的主库（Main Library）开关按钮，将出现选择库开关按钮Option 下的用户代码库（User Code Library）、通信库（Communications Library）、DSP 库（DSP Library）、逻辑库（Logic Library）、射频模拟库（RF/Analog Library）和数学库（Matlab Library）选择按钮，可分别双击选择调用。

1.6.3　SystemView 软件仿真步骤

利用 SystemView 进行具体仿真的步骤如下：

（1）建立通信系统数学模型；

（2）从各种功能库中选取、双击或拖动可视化图符，组建相应的通信系统仿真模型；

（3）根据系统性能指标，设定各模块参数；

（4）设置系统定时参数；

（5）进行系统的仿真，得到具体的仿真波形，并通过分析窗口、动态探针、实时显示观察分析结果。

在具体实现时，可参考下述步骤进行系统仿真。

1．选择设置信源（Source）

双击图 1-12 中的"信源库"按钮，或选中该图符并按住鼠标左键将其拖至设计域内，双击设计窗口中的图符，将出现如图 1-13 所示的信源参数设定对话框。

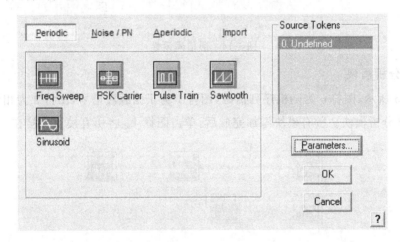

图 1-13　信源参数设定

选择需要的信源后，单击"Parameters"设置信号幅度 AM、频率 F，单击"OK"按钮完成信源的设计。

2．选择设置信宿库（Sink）

当需要对系统中各测试点或某一图符输出进行观察时，通常应放置一个信宿（Sink）图符，一般将其设置为"Graphic"下的"SystemView"属性。"SystemView"属性相当于示波器或频谱仪等仪器的作用，它是最常使用的分析型图符之一。

3．选择设置通信库（Communication Library）

在系统窗下，单击图符库选择区内上端的开关按钮"Navigator"，出现"Main Libraries"和"Optional Libraries"，如图 1-14 所示。单击"Optional Libraries"，再单击其中的图符按钮"Communications"，选择所需的图符块，然后双击移出的图符块，出现通信库（Communication Library）选择设置对话框。

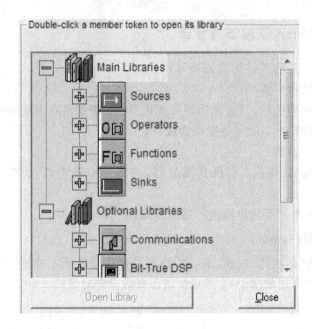

图 1-14　通信库设置

4. 添加分析模块

如图 1-15 所示,图符 0 为随机序列信源,图符 1 为正弦载波信号,图符 2 为相乘器,图符 3 和图符 4 均是分析模块。所有模块添加完成后,单击图标 将所有模块连接在一起。

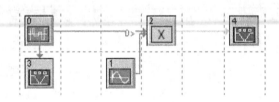

图 1-15　添加分析模块

5. 系统定时(System Time)

在 SystemView 系统窗中完成系统创建输入操作后,首先应对输入系统的仿真运行参数进行设置,因为计算机只能采用数值计算方式。起始点和终止点究竟为何值? 究竟需要计算多少个离散样值? 这些信息必须告知计算机。假如被分析的信号是时间的函数,则从起始时间到终止时间的样值数目就与系统的采样率或者采样时间间隔有关。如果这类参数设置不合理,仿真运行后的结果往往不能令人满意,甚至根本得不到预期的结果。

当在系统窗下完成设计输入操作后,首先单击"系统定时"快捷功能按钮 ,此时将出现系统定时设置(System Time Specification)对话框。用户需要设置几个参数框内的参数,包括以下几条。

① 起始时间(Start Time)和终止时间(Stop Time)

SystemView 基本上对仿真运行时间没有限制,只是要求起始时间小于终止时间。一般起始时间设为 0,单位是秒。终止时间设置应考虑到便于观察波形。

② 采样间隔(Time Spacing)和采样数目(No. of Samples)

采样间隔和采样数目是相关的参数,它们之间的关系为

$$采样数目＝(终止时间－起始时间)×采样率＋1 \tag{1-12}$$

SystemView 将根据这个关系式自动调整各参数的取值。当起始时间和终止时间给定后,一般采样数目和采样率这两个参数只需设置一个,改变采样数目和采样率中的任意一个参数,另一个将由系统自动调整,采样数目只能是自然数。

③ 频率分辨率(Freq. Res.)

当利用 SystemView 进行 FFT 分析时,需根据时间序列得到频率分辨率,系统将根据下列关系式计算频率分辨率:

$$频率分辨率＝采样率/采样数目 \tag{1-13}$$

④ 更新数值(Update Values)

当用户改变设置参数后,需单击一次"Time Values"栏内的"Update"按钮,系统将自动更新设置参数,然后单击"OK"按钮。

⑤ 自动标尺(Auto Scale)

系统进行 FFT 运算时,若用户给出的数据点数不是 2 的整次幂,单击此按钮后系统将自动进行速度优化。

⑥ 系统循环次数(No. of System Loops)

在栏内输入循环次数,对于"Reset system on loop"项前的复选框,若不选中,每次运行时的参数都将被保存,若选中,每次运行时的参数不被保存,经多次循环运算即可得到统计平均结果。应当注意的是,无论是设置或修改参数,结束操作前必须单击一次"OK"按钮,确认后关闭系统定时对话框。系统循环次数设置如图 1-16 所示。

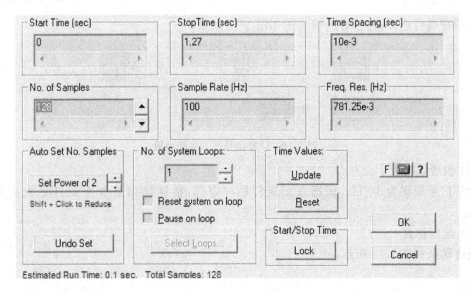

图 1-16　循环次数设置

6. 仿真结果观察

单击按钮 ▶ ,运行系统。单击工具栏上的分析窗(Analysis Window)图标 进入 SystemView 的分析窗,可以得到所有模块频谱图。

1.6.4 SystemView 软件仿真实例

【例 1.6.1】 利用 SystemView 计算信号的平方。

实现步骤如下。

（1）建立通信系统数学模型

建好的系统模型如图 1-17 所示。

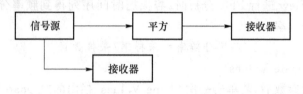

图 1-17 信号平方的数学模型

（2）选择图符块

从基本图符库中选择信号源图符块，选择正弦波信号，参数设定中设置幅度为 1，频率为 10 Hz，相位为 0。

选择函数库，并选择 Algebraic 标签下的 $\boxed{x^a}$ 图符。在参数设定中设置 $a=2$，表示进行 x^2 运算。

放置两个接收器图符，分别接收信号源图符的输出和函数算术运算的输出，并选择 Graphic 标签下的 $\boxed{}$ 图符，表示在系统运行结束后才显示接收到的波形。

（3）连接图符

将图符进行连接，连接好的模型图如图 1-18 所示。

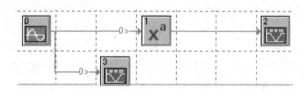

图 1-18 计算信号平方的模型图

（4）设置定时

由于信号频率为 10 Hz，根据奈奎斯特抽样定理，抽样频率至少为 20 Hz，此处可设为 30 Hz。

（5）运行仿真

最终结果如图 1-19 所示。

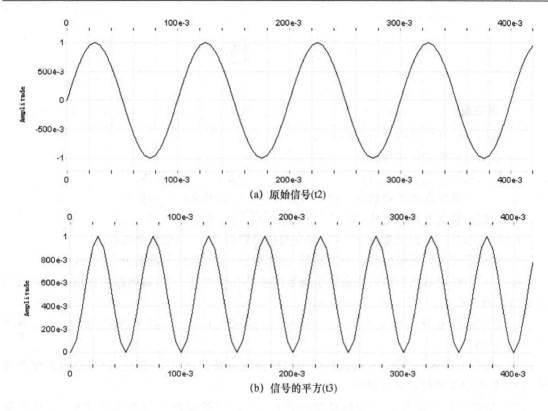

(a) 原始信号(t2)

(b) 信号的平方(t3)

图 1-19 信号平方的波形图

本 章 小 结

1. 通信(communication),就是信息的传递,是指由一地向另一地进行信息的传输与交换,其目的是传输消息。在日常生活中,把关于人或事物的报道称为消息。信息是指消息中包含的有意义的内容,它是通过消息来表达的,消息是信息的载体。信号是消息的物理载体。

2. 通信系统由五部分组成,即信源、发送设备、信道和噪声源、接收设备、信宿。传输模拟信号的通信系统称为模拟通信系统,传输数字信号的通信系统称为数字通信系统。

3. 传输信息的多少用"信息量"来衡量。消息出现的概率越小,则消息中包含的信息量就越大。熵是信源中每个符号的平均信息量。

4. 根据不同的目的及不同的角度,通信系统有许多不同的分类方法。通信方式是指信息在信道上传送所采取的方式。按信息码元传输的顺序,可以分为并行传输和串行传输;按信息传输的同步方式,可分为同步传输和异步传输;按信息传输的流向和时间关系,可分为单工、半双工和全双工传输。

5. 通信系统的性能指标主要有两个:有效性指标和可靠性指标。有效性指标用于衡量系统的传输效率,可靠性指标用于衡量系统的传输质量。衡量数字通信系统有效性的指标包括码元传输速率、信息传输速率及频带利用率,可靠性指标包括误码率、误比特率和误字符率或误码组率。

习　题

一、填空题

1. 利用"电"来传递消息的通信方法称为（　　）。

2. 通信的目的是传输含有（　　）的（　　）。

3. 信息是指消息中包含的（　　）的内容，（　　）是（　　）的载体。

4. （　　）是消息的物理载体。信号可分为（　　）信号和（　　）信号。

5. 通信系统由五部分组成，即（　　）、（　　）、（　　）、（　　）、（　　）。

6. （　　）是信息的发送者，（　　）信号的传输通路，（　　）信息的接收者。

7. 模拟通信系统传输的是（　　）信号，占用带宽（　　），抗干扰能力（　　）。

8. （　　）编码器的作用是提高数字信号传输的有效性，（　　）编码器的作用是提高数字信号传输的可靠性。

9. 数字通信系统传输的是（　　）信号，占用带宽（　　），抗干扰能力（　　），便于（　　），差错（　　）。

10. 消息出现的概率越小，则消息中包含的信息量就越（　　）；反之，消息出现的概率越大，则消息中包含的信息量就越（　　）。

11. 信源中每个符号的平均信息量叫作（　　），当信源符号等概率发生时，它具有最（　　）值。

12. 通信系统按信号特征，分为（　　）通信系统和（　　）通信系统，按是否经过调制，分为（　　）传输系统和（　　）传输系统；按传输媒介不同，分为（　　）通信系统和（　　）通信系统。

13. （　　）是指信息在信道上传送所采取的方式。按信息码元传输的顺序，可分为（　　）传输和（　　）传输；按信息传输的同步方式，可分为（　　）传输和（　　）传输；按信息传输的流向和时间关系，可分为（　　）、（　　）和（　　）传输。

14. 通信系统的性能指标主要有（　　）指标和（　　）指标。（　　）指标用于衡量系统的传输效率，（　　）指标用于衡量系统的传输质量。

二、选择题

1. 在数字通信系统中，传输速率属于通信系统性能指标中的（　　）。
   A. 有效性　　　　　B. 可靠性　　　　　C. 适应性　　　　　D. 标准性

2. 以下属于码元传输速率单位的是（　　）。
   A. Baud　　　　　B. bit　　　　　C. Baud/s　　　　　D. bit/s

3. 符号"0"出现的概率为 0.5，则符号"0"所包含的信息量为（　　）。
   A. 1 bit　　　　　B. 2 bit　　　　　C. 3 bit　　　　　D. 4 bit

4. 信息只能单方向传输的工作方式是（　　）。
   A. 双工　　　　　B. 半双工　　　　　C. 全双工　　　　　D. 单工

三、判断题

（　　）1. 数字信号是指在时间上和幅度取值上都离散的信号。

（　　）2. 事件出现的概率越大表示该事件的信息量越大。

（　　）3. 当离散信源中每个符号等概出现，而且各符号的出现为统计独立时，该信源的平均信息量最大。

（　　）4. 信道编码是为了提高信号传输的有效性。

（　　）5. 并行传输的传输速度快，适合长距离信息传输。

（　　）6. 串行传输可分为同步传输和异步传输。

（　　）7. 同步传输的效率比异步传输的效率低。

四、计算题

1. 某信源符号集由 A、B、C、D、E、F 组成，设每个符号独立出现，其概率分别为 1/4、1/4、1/16、1/8、1/16、1/4，试求该信息源输出符号的平均信息量。

2. 某一数字传输系统传输二进制码元的速率为 2 400 Baud，该系统的信息传输速率是多少？若改为十六进制信号传输，码元传输速率不变，则此时的信息传输速率是多少？

3. 已知某四进制数字传输系统的信息传输速率为 2 400 bit/s，接收端在半小时内共收到 216 个错误码元，试计算该系统的误码率。

第2章 信号分析

本章内容

◇ 信号概述；
◇ 确知信号分析；
◇ 随机信号分析。

本章重点

◇ 周期信号及其频谱；
◇ 非周期信号及其频谱。

本章难点

◇ 傅里叶变换应用。

学习本章目的和要求

◇ 熟悉信号的概念及分类，了解几种常见信号的特点；
◇ 掌握周期信号及其频谱；
◇ 掌握非周期信号及其频谱，理解傅里叶变换；
◇ 了解随机信号分析。

2.1 信 号 概 述

2.1.1 信号的概念

"信号"来源于拉丁文"signum（记号）"一词，其含义甚广。"信号"这一术语不仅出现于科学技术领域之中，在日常生活之中人们每时每刻也都与信号打交道，人们对信号并不陌生。

上课的铃声就是一种信号，火车、船舶的汽笛声，汽车的喇叭声也都是一种信号，这些都是声信号。

道路交叉路口和铁路轨道旁设置的红绿灯光是一种信号，发射信号弹的闪烁亮光也是一种信号，这些都是光信号。

收音机和电视机天线从天空中接收到的电磁波是信号，它们每一级电路的输入、输出电压（voltage）或电流（current）也是信号，这些都是电信号。

除此之外,还有电视机和计算机显示器屏幕上的图像文字信号、交警指挥的手势信号、军舰使用的旗语信号等。

所有这些五花八门的信号,虽然它们的物理表现形式各不相同,但是它们却存在以下两个共同特点。

(1) 无论是声信号、光信号、电信号,还是其他形式的信号,其本身都是一种变化着的物理量,或者说是一种物理体现,这个特点是显而易见的。

(2) 另一个特点则表现为,信号都包含一定意义,也就是说,信号载有被描述、记录或传输的消息中所包含的信息(information)。上课的铃声信号,表示上课时间到了的信息;雷达荧光屏上的光点信号,表示有飞机出现的信息;生物细胞中 DNA 的结构图案信号,表示一定的遗传信息等。

因此可以说,信号就是用于描述、记录或传输的消息(或者说信息)的任何对象的物理状态随时间的变化过程。简单而言,信号就是载有一定信息(或消息)的一种变化着的物理量。也可说,信号就是载有一定信息的一种物理体现。信号是消息(或信息)的表现形式,消息(或信息)则是信号的具体内容。人们相互问讯、发布新闻、广播图像或传递数据,其目的都是要把消息(或信息)借助于一定形式的信号传递出去。

自古以来,人们就在不断地寻求各种方法,将信息(消息)转化为信号,以实现信息(消息)的传输、记忆与处理。我国古代利用烽火台的狼烟报警,希腊人利用火炬位置表示字母符号,就是利用光信号进行信息传递的早期范例。击鼓鸣金报送时刻或传达命令,是利用声信号进行信息传递的例证。以后出现了信鸽、驿站和旗语等传送信息(消息)的各种方法。然而,这些方法无论在距离、速度方面,还是在有效性与可靠性方面,都没有得到较满意的解决。

19 世纪初叶之后,人们开始研究如何利用电信号进行信息(消息)的传送,使人类在信息传输、记忆与处理等诸方面取得了显著的进步和满意的效果。1837 年,莫尔斯(F. B. Morse)发明了电报,使用点、划、空的适当组合构成了所谓的莫尔斯电码,以表示字母和数字。1876 年,贝尔(A. G. Bell)发明了电话,直接将语音变换成电信号沿导线传递。19 世纪末,赫兹(H. Hertz)、波波夫(А. С. попоβ)、马可尼(G. Marconi)等人研究用电磁波传送无线电信号问题。1901 年,马可尼成功地实现了横跨大西洋的长距离无线电通信(即信息传输),从此,传输电信号的通信方式得到了广泛的应用与迅速发展。

现在,电话、电报、无线电广播、电视等利用电信号的通信方式,已成为人们日常生活中不可缺少的内容和手段,不仅实现了遍绕地球的全球电信号通信,而且实现了太阳系范围的电信号通信。

电信号与许多种非电信号之间可以比较方便地相互转换。上课电铃声这种声信号和指挥交通的红绿灯这种光信号,都是由电信号控制和推动而得到的。作为声信号的语言通过话筒变换成电信号,放大之后推动扬声器又将其复原成语言信号,使之在较远处也能被听到。景物图像的光信号通过电视摄像机变成电信号,电视发射台加工处理之后以电磁波形式辐射到空间,远处的电视接收机收到辐射的电磁波后再一次加工处理使之在电视机屏幕上显示原景物的图像信号。

实际应用中常常将各种物理量,如声波动、光强度、机械运动的位移或速度等转换成电信号,以利于远距离的信息传输。经传输后在接收端再将电信号还原成原始的消息。在本书中只研究电信号的各种特性和分析方法。

所谓电信号(以后简称为信号),一般指载有信息的随时间而变化的电压或电流,也可以是电容上的电荷、线圈中的磁通及空间中的电磁波等电量。

2.1.2 信号的分类

为了更好地了解信号的物理特性,常将信号分类后进行研究。信号从不同的角度可以划分为确知信号和随机信号,连续信号和离散信号,能量信号和功率信号等。

1. 确知信号和随机信号

按信号随时间变化的规律来分,信号可分为确知信号和随机信号。

确知信号是指能够表示为确定的时间函数的信号,也称确定性信号。当给定某一时间值时,信号有确定的数值,其所含信息量的不同体现在其分布值随时间或空间的变化规律上。正弦信号、指数信号、各种周期信号等都是确知信号的例子。

随机信号不是时间 t 的确定函数,它在每一个确定时刻的分布值是不确定的,只能通过大量试验测出它在某些确定时刻上取某些值的可能性的分布(概率分布),也称不确定性信号。语音信号、空中的噪声、电路元件中的热噪声电流等,都是随机信号的例子。

上述两大类信号还可根据各自的特点作更细致的划分,如图 2-1 所示。

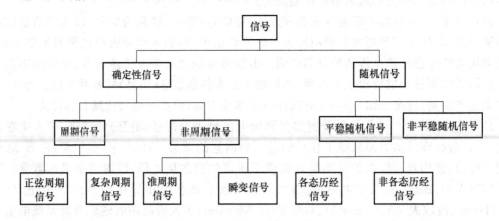

图 2-1 信号的分类

实际传输的信号几乎都是随机信号。因为若传输的是确知信号,则对接收者来说,就不可能由它得知任何新的信息,从而失去了传送消息的本意。但是,在一定条件下,随机信号也会表现出某种确定性,例如,在一段较长的时间内随时间变化的规律比较确定,即可近似地看成是确知信号。确知信号分析是随机信号分析的基础,本书重点分析确知信号的特性。

确知信号分为周期信号和非周期信号。

(1)周期信号

周期信号是指经过一定时间间隔周而复始重复出现、无始无终的信号,可表达为

$$f(t) = f(t \pm nT), \quad n = 0, \pm 1, \pm 2, \cdots \tag{2-1}$$

即信号 $f(t)$ 按一定的时间间隔 T 周而复始、无始无终地变化。式中,T 称为周期信号 $f(t)$ 的周期。这种信号实际上是不存在的,所以周期信号只能是在一定时间内按某一规律性重复变化。

(2)非周期信号

非周期信号是指时域上不周期重复,但仍能用数学表达式表达的确定性信号。

2. 连续信号和离散信号

按自变量 t 取值的连续与否来分,信号有连续时间信号与离散时间信号之分,分别简称为连续信号和离散信号。

连续信号是指对每个实数 t (有限个间断点除外)都有定义的函数。连续信号的幅值可以是连续的,也可以是离散的,图 2-2(a)所示为幅值连续的连续信号,图 2-2(b)所示为幅值离散的连续信号。

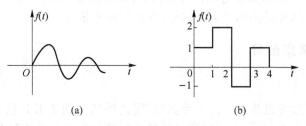

图 2-2　连续信号

离散信号是指仅在某些不连续的时刻有定义的信号。离散信号,可以在均匀的时间间隔上给出函数值,也可以在不均匀的时间间隔上给出函数值。本书只讨论均匀时间间隔。如果 n 表示离散时间,则称函数 $f(n)$ 为离散时间信号或离散序列。如果离散时间信号的幅值是连续的模拟量,则称该信号为抽样信号。图 2-3(a)所示为时间离散、幅值连续的抽样信号,图 2-3(b)所示为时间和幅值均离散的数字信号。

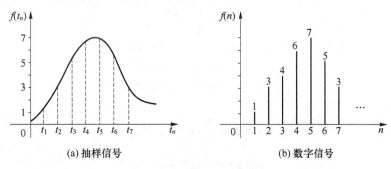

图 2-3　离散信号

3. 能量信号和功率信号

按信号的能量和功率是否有限,分为能量(有限)信号和功率(有限)信号。

要知道信号的能量特性或功率特性,需研究信号(电流或电压)在单位电阻上所消耗的能量或功率。

信号 $f(t)$ 在单位电阻上的瞬时功率为 $|f(t)|^2$,在区间 $-\dfrac{T}{2}<t<\dfrac{T}{2}$ 的能量为

$$\int_{-\frac{T}{2}}^{\frac{T}{2}}|f(t)|^2\mathrm{d}t \tag{2-2}$$

在区间 $t\in\left(-\dfrac{T}{2},\dfrac{T}{2}\right)$ 平均功率为

$$\frac{1}{T}\int_{-\frac{T}{2}}^{\frac{T}{2}}|f(t)|^2\mathrm{d}t \tag{2-3}$$

信号能量定义为在区间 $(-\infty,\infty)$ 信号 $f(t)$ 的平均能量,用字母 W 表示,即

$$W \stackrel{\Delta}{=} \lim_{T \to \infty} \int_{-\frac{T}{2}}^{\frac{T}{2}} |f(t)|^2 \mathrm{d}t \qquad (2\text{-}4)$$

信号功率定义为在区间$(-\infty, \infty)$信号$f(t)$的平均功率,用字母P表示,即

$$P \stackrel{\Delta}{=} \lim_{T \to \infty} \frac{1}{T} \int_{-\frac{T}{2}}^{\frac{T}{2}} |f(t)|^2 \mathrm{d}t \qquad (2\text{-}5)$$

信号的能量 W 和平均功率 P 都是非负的实数。若信号 $f(t)$ 的能量是有限的,即 $0 < W < \infty (P=0)$,则称其为能量有限信号,简称为能量信号;若信号 $f(t)$ 的功率是有限的,即 $0 < P < \infty (W = \infty)$,则称其为功率有限信号,简称为功率信号。

2.1.3　几种常见信号

1. 正弦信号

正弦信号是频率成分最为单一的一种信号,因这种信号的波形是数学上的正弦曲线而得名。任何复杂信号如音乐信号,都可以通过傅里叶变换分解为许多频率不同、幅度不等的正弦信号的叠加。由于余弦信号与正弦信号只是在相位上相差 $\pi/2$,所以将它们统称为正弦信号。正弦信号可记为

$$f(t) = A\sin(\omega t + \theta) \qquad (2\text{-}6)$$

式中,A 为振幅,ω 为角频率(弧度/秒),θ 为初始相角(弧度),此三量为正弦信号的三要素。其波形如图 2-4 所示。

正弦信号是周期信号,其周期 T 与频率 f 及角频率 ω 之间的关系为

$$T = \frac{1}{f} = \frac{2\pi}{\omega} \qquad (2\text{-}7)$$

正弦信号和余弦信号都可以表示成复指数信号,由欧拉公式可知

$$e^{j\omega t} = \cos \omega t + j\sin \omega t$$
$$e^{-j\omega t} = \cos \omega t - j\sin \omega t$$

所以有

$$\sin \omega t = \frac{1}{2j}(e^{j\omega t} - e^{-j\omega t}) \qquad (2\text{-}8)$$

$$\cos \omega t = \frac{1}{2}(e^{j\omega t} + e^{-j\omega t}) \qquad (2\text{-}9)$$

2. 矩形脉冲信号

矩形脉冲信号,也称门函数,其宽度为 τ,高度为 1,通常用符号 $g_\tau(t)$ 来表示,表达式为

$$g_\tau(t) = \begin{cases} 1, & |t| \leqslant \dfrac{\tau}{2} \\ 0, & |t| > \dfrac{\tau}{2} \end{cases} \qquad (2\text{-}10)$$

其波形如图 2-5 所示。

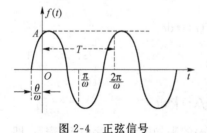

图 2-4　正弦信号

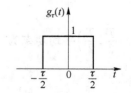

图 2-5　矩形脉冲信号

3. 抽样信号 Sa(t)

抽样信号的函数表达式为

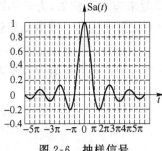

图 2-6　抽样信号

$$Sa(t)=\frac{\sin t}{t} \tag{2-11}$$

抽样信号的波形如图 2-6 所示。由图可知，Sa(t)是偶函数，即 Sa(t)= Sa($-t$)，且 $t=0$ 时，Sa(0)=1，在 t 的正、负两方向振幅都逐渐衰减，$t=\pm\pi,\pm2\pi,\pm3\pi,\cdots,\pm k\pi$ 时，Sa(t)=0。

Sa(t)函数还具有如下性质：

$$\int_{-\infty}^{\infty}Sa(t)dt=\pi \tag{2-12}$$

4. 单位阶跃信号

单位阶跃信号用符号 $u(t)$ 表示，其数学表示式为

$$u(t)=\begin{cases}1, & t>0 \\ 0, & t<0\end{cases} \tag{2-13}$$

其波形如图 2-7 所示，在跳变点 $t=0$ 处，函数值未定义。

延时的单位阶跃信号表示式为

$$u(t-t_0)=\begin{cases}1, & t>t_0 \\ 0, & t<t_0\end{cases} \tag{2-14}$$

其波形如图 2-8 所示（设 $t_0>0$）。

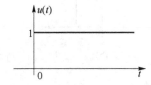

图 2-7　单位阶跃信号

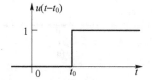

图 2-8　延时的单位阶跃信号

阶跃信号具有鲜明的单边特性，当任意信号 $f(t)$ 与 $u(t)$ 相乘时，将使 $f(t)$ 在 $t=0$ 之前的幅度为 0。例如，将余弦信号 $\cos t$ 与 $u(t)$ 相乘，使其 $t<0$ 的部分变为 0，如图 2-9 所示。

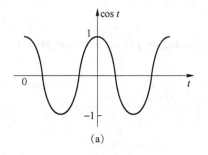

(a)　　　　　　　　　　(b)

图 2-9　$\cos t$ 及 $\cos t \cdot u(t)$ 的波形

5. 单位冲激信号

(1) 单位冲激信号的定义

某些物理现象,需要用一个时间极短,但取值极大的函数模型来描述。例如,力学中瞬间作用的冲击力,电学中电容器中的瞬间充电电流,还有自然界中的雷击电闪等。冲激函数就是以这类实际问题为背景而引出的。

单位冲激函数 $\delta(t)$ 可以定义为,在 $t \neq 0$ 时函数值均为零,而在 $t = 0$ 处函数值为无限大且函数面积为 1,即

$$\begin{cases} \delta(t) = 0 & (t \neq 0) \\ \int_{-\infty}^{\infty} \delta(t) \mathrm{d}t = 1 \end{cases} \tag{2-15}$$

由定义可见,单位冲激信号只在 $t = 0$ 时存在,它对自变量的积分为一单位面积。冲激信号所包含的面积称为冲激信号的强度,单位冲激信号就是指强度为 1 的冲激信号。上式定义是狄拉克(Dirac)首先给出的,因此单位冲激函数 $\delta(t)$ 又称为狄拉克函数,亦称为 δ 函数。

冲激信号用一带箭头的竖线表示,它出现的时间表示冲激发生的时刻,箭头旁边括号内的数字表示冲激强度。图 2-10(a)是表示发生在 $t = 0$ 时刻的单位冲激函数;图 2-10(b)则表示发生在 $t = t_0$ 时刻的单位冲激函数,这是延时的单位冲激函数,其数学表示式为

$$\begin{cases} \delta(t - t_0) = 0 & (t \neq t_0) \\ \int_{-\infty}^{\infty} \delta(t - t_0) \mathrm{d}t = 1 \end{cases} \tag{2-16}$$

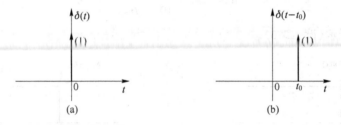

图 2-10 单位冲激函数

(2) 单位冲激信号的性质

① 筛选特性

如果函数 $f(t)$ 在 $t = 0$ 处连续,则

$$f(t)\delta(t) = f(0)\delta(t) \tag{2-17}$$

于是有

$$\int_{-\infty}^{\infty} f(t)\delta(t) \mathrm{d}t = \int_{-\infty}^{\infty} f(0)\delta(t) \mathrm{d}t = f(0) \int_{-\infty}^{\infty} \delta(t) \mathrm{d}t = f(0) \tag{2-18}$$

类似地,对延时的单位冲激信号有

$$f(t)\delta(t - t_0) = f(t_0)\delta(t - t_0) \tag{2-19}$$

和

$$\int_{-\infty}^{\infty} f(t)\delta(t - t_0) \mathrm{d}t = f(t_0) \tag{2-20}$$

② $\delta(t)$ 是偶函数

单位冲激信号是偶对称信号,即 $\delta(t) = \delta(-t)$,证明略。

③ $\delta(t)$ 与单位阶跃信号的关系

单位冲激信号的积分等于单位阶跃信号,即

$$\int_{-\infty}^{t} \delta(\tau)\mathrm{d}\tau = u(t) \tag{2-21}$$

单位阶跃信号的微分等于单位冲激信号,即

$$\frac{\mathrm{d}u(t)}{\mathrm{d}t} = \delta(t) \tag{2-22}$$

2.1.4 信号的时域分析和频域分析

通常,信号可以被看成是一个随时间变化的量,是时间 t 的函数 $x(t)$。在相应的图形表示中,作为自变量出现在横坐标上的是时间。信号的这种描述方法就是信号的时域描述。基于微分方程和差分方程等知识,在时域中对信号进行分析的方法称为信号的时域分析。

对于快速变化的信号,时域描述不能很好地揭示信号特征。此时人们感兴趣的是什么样的幅值在什么频率值或什么频带出现。与此对应,将频率作为自变量,把信号看作是频率 f 的函数 $X(f)$。在相应的图形表示中,作为自变量出现在横坐标上的是频率。信号的这种描述方法就是信号的频域描述。信号在频域中的图形表示又称为信号的频谱,包括幅频谱和相频谱等。幅频谱以频率为横坐标,以幅度为纵坐标;相频谱以频率为横坐标,以相位为纵坐标。基于傅里叶变换理论,在频域中对信号进行分析的方法称为信号的频域分析。

信号分析的主要任务就是要从尽可能少的信号中,取得尽可能多的有用信息。时域分析和频域分析,只是从两个不同角度去观察同一现象。时域分析比较直观,能一目了然地看出信号随时间的变化过程,但看不出信号的频率成分。而频域分析正好与此相反。在工程实际中应根据不同的要求和不同的信号特征,选择合适的分析方法,或两种分析方法结合起来,从同一测试信号中取得需要的信息。

信号时域分析和频域分析的定义和特点如表 2-1 所示。

表 2-1 信号的时域描述与频域描述

定 义	
时域分析:描述信号的幅值随时间的变化规律,可直接检测或记录到信号	频域分析:以频率或角频率作为独立变量的方式,也就是信号的频谱分析
特 点	
直观,可以反映信号随时间的变化过程,但不能揭示信号的频率结构特征	可以反映信号的各频率成分的幅值和相位特征

2.2　确知信号分析

2.2.1 周期信号及其频谱

1. 信号分解为正交函数

信号分解为正交函数的原理与矢量分解为正交矢量的概念相似。例如,在平面上的矢量

V 在直角坐标中可以分解为 x 方向分量和 y 方向分量,如图 2-11(a)所示。如令 V_1、V_2 为各相应方向的正交单位矢量,则矢量 V 可写为

$$V = c_1 V_1 + c_2 V_2 \qquad (2\text{-}23)$$

对于一个三维空间的矢量 V,可以用一个三维矢量集(V_1,V_2,V_3)的分量组合表示,如图 2-11(b)所示,它可写为

$$V = c_1 V_1 + c_2 V_2 + c_3 V_3 \qquad (2\text{-}24)$$

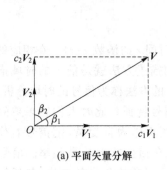 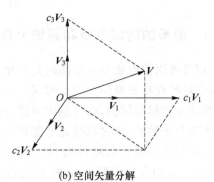

(a) 平面矢量分解　　　　　　　　　(b) 空间矢量分解

图 2-11　矢量分解

空间矢量正交分解的概念可以推广到信号空间,在信号空间找到若干个相互正交的信号作为基本信号,使得信号空间任一信号均可表示成它们的线性组合。

如有定义在(t_1,t_2)区间上的两个函数 $\varphi_1(t)$ 和 $\varphi_2(t)$,若满足

$$\int_{t_1}^{t_2} \varphi_1(t) \cdot \varphi_2(t) \mathrm{d}t = 0 \qquad (2\text{-}25)$$

则称 $\varphi_1(t)$ 和 $\varphi_2(t)$ 在区间(t_1,t_2)内正交。

如有 n 个函数 $\varphi_1(t)$,$\varphi_2(t)$,$\cdots$,$\varphi_n(t)$ 构成一个函数集,当这些函数在区间(t_1,t_2)内满足

$$\int_{t_1}^{t_2} \varphi_i(t) \cdot \varphi_j(t) \mathrm{d}t = \begin{cases} 0, & \text{当 } i \neq j \\ K_i(\text{常数}) \neq 0, & \text{当 } i = j \end{cases} \qquad (2\text{-}26)$$

则称此函数集为在区间(t_1,t_2)内的正交函数集。

将任一函数 $f(t)$ 用这 n 个正交函数的线性组合来近似,可表示为

$$f(t) \approx C_1 \varphi_1(t) + C_2 \varphi_2(t) + \cdots + C_n \varphi_n(t) = \sum_{i=1}^{n} C_i \varphi_i(t) \qquad (2\text{-}27)$$

经证明,$\{1, \cos \Omega t, \cos 2\Omega t, \cdots, \cos n\Omega t, \cdots, \sin \Omega t, \sin 2\Omega t, \cdots, \sin n\Omega t, \cdots\}$ 三角函数集在区间(t_0,$t_0 + T$)内组成正交函数集。

2. 傅里叶级数

(1) 傅里叶级数的三角函数展开式

周期信号满足狄里赫利条件时,就可以表示成上述正交函数集的线性组合。此时:① 在一个周期内,只存在有限数目的极大值和极小值;② 只存在有限个不连续点;③ 在不连续点取值有界,即函数绝对可积。

设有周期信号,它的周期是 T,角频率为 Ω,可分解为

$$f(t) = a_0 + a_1 \cos \Omega t + a_2 \cos 2\Omega t + \cdots + b_1 \sin \Omega t + b_2 \sin 2\Omega t + \cdots$$

$$= a_0 + \sum_{n=1}^{\infty} (a_n \cos n\Omega t + b_n \sin n\Omega t) \qquad (2\text{-}28)$$

式(2-28)即为周期信号的傅里叶级数三角函数展开式。式中,a_0、a_n、$b_n (n=1,2,\cdots)$ 称为傅里

叶系数,其值分别为

$$\begin{cases} a_0 = \dfrac{1}{T}\displaystyle\int_{-\frac{T}{2}}^{\frac{T}{2}} f(t)\,\mathrm{d}t \\[2mm] a_n = \dfrac{2}{T}\displaystyle\int_{-\frac{T}{2}}^{\frac{T}{2}} f(t)\cos n\Omega t\,\mathrm{d}t \\[2mm] b_n = \dfrac{2}{T}\displaystyle\int_{-\frac{T}{2}}^{\frac{T}{2}} f(t)\sin n\Omega t\,\mathrm{d}t \end{cases} \qquad (2\text{-}29)$$

a_0 是此周期函数在一个周期内的平均值,又称直流分量,a_n 是余弦分量的幅值,b_n 是正弦分量的幅值。

　　在工程测试中常见的周期信号(即周期函数)一般都满足狄里赫利条件。

　　为了显示傅里叶级数在工程应用中所具有的物理意义,可将公式(2-28)进行同频率项合并,写成只包含正弦项或只包含余弦项的形式。如果令

$$\begin{cases} A_n = \sqrt{a_n^2 + b_n^2} \\[2mm] \varphi_n = -\arctan\dfrac{b_n}{a_n} \end{cases} \qquad (2\text{-}30)$$

则式(2-28)可简化为

$$f(t) = a_0 + \sum_{n=1}^{\infty} A_n \cos(n\Omega t + \varphi_n) \qquad (2\text{-}31)$$

式(2-31)表明,任何满足狄里赫利条件的周期信号都可分解为直流和许多余弦(或正弦)分量。

　　$A_n \cos(n\Omega t + \varphi_n)$ 称为 n 次谐波,A_n 是 n 次谐波的振幅,φ_n 是其初相角。周期信号可以分解为各次谐波分量。

　　【例 2.2.1】　将图 2-12 所示的正弦周期的方波信号展开为傅里叶级数。

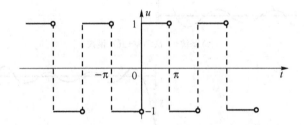

图 2-12　正弦周期的方波信号

　　解　根据图 2-12 所示波形,写出此方波信号的表达式

$$u(t) = \begin{cases} -1, & -\pi \leqslant t < 0 \\ 1, & 0 \leqslant t < \pi \end{cases}$$

利用式(2-29)求得

$$a_n = 0$$

$$b_n = \begin{cases} 0, & n = 2,4,6,\cdots \\[2mm] \dfrac{4}{n\pi}, & n = 1,3,5,\cdots \end{cases}$$

将它们代入式(2-28),得此方波信号的傅里叶级数展开式为

$$f(t) = \frac{4}{\pi}\left[\sin \Omega t + \frac{1}{3}\sin 3\Omega t + \frac{1}{5}\sin 5\Omega t + \cdots + \frac{1}{n}\sin n\Omega t + \cdots\right], \quad n = 1,3,5,\cdots$$

它只含有 1,3,5,…奇次谐波分量。

图 2-13 画出了一个周期的方波组成情况。

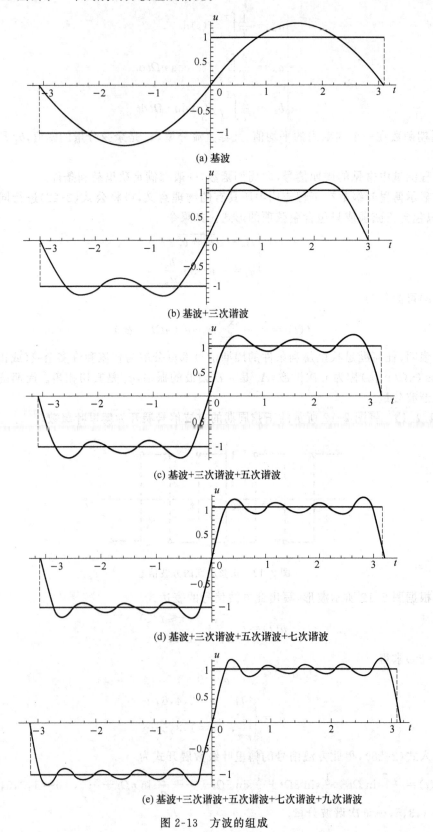

(a) 基波

(b) 基波+三次谐波

(c) 基波+三次谐波+五次谐波

(d) 基波+三次谐波+五次谐波+七次谐波

(e) 基波+三次谐波+五次谐波+七次谐波+九次谐波

图 2-13 方波的组成

由图 2-13 可见,当它包含的谐波分量越多时,波形越接近于原来的方波信号。还可看出,频率较低的谐波分量其振幅较大,它们组成方波的主体,而频率较高的高次谐波振幅较小,它们主要影响波形的细节,波形中所包含的高次谐波越多,波形的边缘越陡峭。

(2) 傅里叶级数的指数形式

傅里叶级数三角函数展开式虽然能够很清楚地表示原函数中所包含的各个谐波分量,但是其积分运算比较复杂,特别是当函数为复杂的函数时,其计算就更为繁杂,有时甚至难以计算,因而经常采用指数形式的傅里叶级数。

由欧拉公式可知

$$\cos \omega t = \frac{1}{2}(e^{j\omega t} + e^{-j\omega t})$$

所以式(2-31)可以写为

$$f(t) = a_0 + \sum_{n=1}^{\infty} \frac{A_n}{2} \left[e^{j(n\Omega t + \varphi_n)} + e^{-j(n\Omega t + \varphi_n)} \right]$$

经推导,得傅里叶级数的指数形式为

$$f(t) = \sum_{n=-\infty}^{\infty} F_n e^{jn\Omega t} \tag{2-32}$$

式(2-32)中,$F_n = |F_n| e^{j\varphi_n}$,称其为复傅里叶系数,简称傅里叶系数,其模为 $|F_n|$,相角为 φ_n。

$$F_n = \begin{cases} a_0, & n=0 \\ \dfrac{1}{2} A_n e^{j\varphi_n}, & n = \pm 1, \pm 2, \cdots \end{cases}$$

$$F_n = \frac{1}{2} A_n e^{j\varphi_n} = \frac{1}{2}(A_n \cos \varphi_n + j A_n \sin \varphi_n) = \frac{1}{2}(a_n - j b_n)$$

将式(2-29)代入上式,得

$$F_n = \frac{1}{T} \int_{-\frac{T}{2}}^{\frac{T}{2}} f(t) e^{-jn\Omega t} \, dt, \quad n \in \mathbf{Z} \tag{2-33}$$

式(2-32)表明,任意周期信号 $f(t)$ 可分解为许多不同频率的虚指数信号 $e^{jn\Omega t}$ 之和,其各分量的复数幅度为 F_n。

3. 周期信号的频谱

(1)周期信号的频谱

如前所述,周期信号可以分解为一系列正弦信号或虚指数信号之和,即

$$f(t) = a_0 + \sum_{n=1}^{\infty} A_n \cos(n\Omega t + \varphi_n)$$

或

$$f(t) = \sum_{n=-\infty}^{\infty} F_n e^{jn\Omega t}$$

为了直观地表示出信号所含分量的振幅,以频率(或角频率)为横坐标,以各谐波的振幅 A_n 或虚指数函数的幅度 $|F_n|$ 为纵坐标,可画出如图 2-14 所示的线图,称为幅度(或振幅)频谱,简称幅度谱。图中每条竖线代表该频率分量的幅度,称为谱线。

需要说明的是,图 2-14(a)中,信号分解为各余弦或正弦分量,图中每一条谱线表示该次谐波的振幅,称为单边幅度谱,而图 2-14(b)中,信号分解为各虚指数函数,图中每一条谱线表示各分量的幅度 $|F_n|$,称为双边幅度谱,其中

$$|F_n| = |F_{-n}| = \frac{1}{2}A_n$$

类似地,也可画出各谐波初相角 φ_n 与频率(或角频率)的线图,如图 2-14(c)、(d)所示,称为相位频谱,简称相位谱。

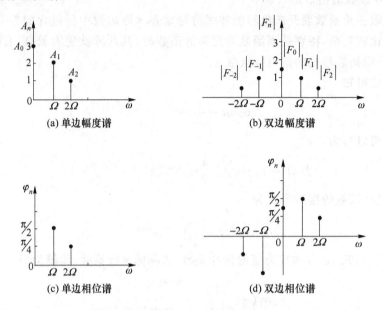

(a) 单边幅度谱 (b) 双边幅度谱

(c) 单边相位谱 (d) 双边相位谱

图 2-14 周期信号的频谱

由图 2-14 可见,周期信号的谱线只出现在频率为 $0, \Omega, 2\Omega, \cdots$ 等离散频率上,即周期信号的频谱是离散谱。

(2) 周期矩形脉冲的频谱

设有一幅度为 1、脉冲宽度为 τ 的周期性矩形脉冲,其周期为 T,如图 2-15 所示,根据式(2-33),可以求得其复傅里叶系数。

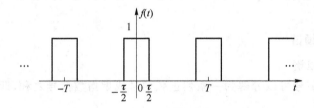

图 2-15 周期矩形脉冲

$$F_n = \frac{1}{T}\int_{-\frac{T}{2}}^{\frac{T}{2}} f(t)\mathrm{e}^{-\mathrm{j}n\Omega t}\,\mathrm{d}t = \frac{1}{T}\int_{-\frac{\tau}{2}}^{\frac{\tau}{2}} \mathrm{e}^{-\mathrm{j}n\Omega t}\,\mathrm{d}t = \frac{1}{T}\frac{\mathrm{e}^{-\mathrm{j}n\Omega t}}{-\mathrm{j}n\Omega}\bigg|_{-\frac{\tau}{2}}^{\frac{\tau}{2}}$$

$$= \frac{1}{T}\frac{\sin\left(\frac{n\Omega\tau}{2}\right)}{n\Omega} = \frac{\tau}{T}\frac{\sin\left(\frac{n\Omega\tau}{2}\right)}{\frac{n\Omega\tau}{2}} = \frac{\tau}{T}\mathrm{Sa}\left(\frac{n\Omega\tau}{2}\right)$$

$$= \frac{\tau}{T}\mathrm{Sa}\left(\frac{n\pi\tau}{T}\right), \quad n \in \mathbf{Z}$$

$$f(t) = \sum_{n=-\infty}^{\infty} F_n e^{jn\Omega t} = \frac{\tau}{T} \sum_{n=-\infty}^{\infty} \mathrm{Sa}\left(\frac{n\pi\tau}{T}\right) e^{jn\Omega t} \tag{2-34}$$

图 2-16 画出了 $T = 4\tau$ 的周期矩形脉冲的频谱。由图可知,周期矩形脉冲信号的频谱具有一般周期信号频谱的共同特点,它们的频谱都是离散的。其仅含有 $\omega = n\Omega$ 的各分量,其相邻两谱线的间隔是 Ω,脉冲周期 T 越长,谱线间隔越小,频谱越稠密;反之,则越稀疏。

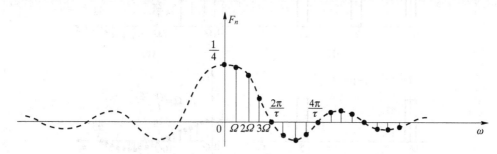

图 2-16 周期矩形脉冲的频谱($T = 4\tau$)

对于周期矩形脉冲而言,其各谱线的幅度按包络线 $\mathrm{Sa}(\omega\tau/2)$ 的规律变化。在 $\omega\tau/2 = m\pi(m = \pm1, \pm2, \cdots)$ 各处,即 $\omega = 2m\pi/\tau$ 各处,包络为零,其相应的谱线,亦即相应的频率分量也等于零。

周期矩形脉冲信号包含无限多条谱线,也就是说,它可分解为无限多个频率分量。实际上,由于各分量的幅度随频率增高而减小,其信号能量主要集中在第一个零点($\omega = 2\pi/\tau$ 或 $f = 1/\tau$)以内。在允许一定失真的条件下,只需传送频率较低的那些分量就够了。通常把 $0 \leqslant f \leqslant 1/\tau$(或 $0 \leqslant \omega \leqslant 2\pi/\tau$)这段频率范围称为周期矩形脉冲信号的频带宽度或信号带宽。

图 2-17 画出了周期相同、脉冲宽度不同的信号及其频谱。由图可见,由于周期相同,因而相邻谱线的间隔相同;脉冲宽度越窄,其频谱包络线第一个零点的频率越高,即信号的带宽越宽,频带内所含分量越多。可见,信号的频带宽度与脉冲宽度成反比。信号周期不变而脉冲宽度减小时,频谱的幅度也相应减小。

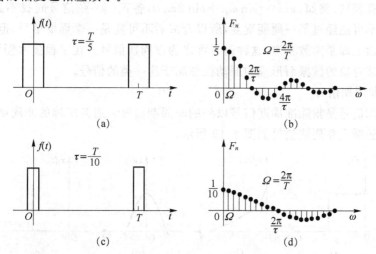

图 2-17 脉冲宽度与频谱的关系

图 2-18 画出了脉冲宽度相同而周期不同的信号及其频谱。由图可见,这时频谱包络线的零点所在位置不变,而当周期增长时,相邻谱线的间隔减小,频谱变密。如果周期无限增长(这

时就成为非周期信号),那么,相邻谱线的间隔将趋近于零,周期信号的离散频谱就过渡到非周期信号的连续频谱。随着周期的增长,各谐波分量的幅度也相应减小。

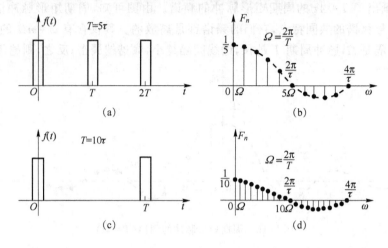

图 2-18   周期与频谱的关系

2.2.2   非周期信号及其频谱

非周期信号是指在时域上不按周期重复出现,但仍可用准确的解析数学关系表达的信号。非周期信号包括准周期信号和瞬变非周期信号两类。

(1) 准周期信号

复杂周期信号可以用傅里叶级数展开成许多以至无限项正(余)弦谐波信号之和,其频谱具有离散性。反之,几个正(余)弦信号叠加是否一定是周期函数,这主要取决于组成此信号的各正(余)弦信号的频率之比。如果组成信号的各正(余)弦信号的频率比是有理数,那么就可以找到它们之间的公共周期,这些正(余)弦信号合成后仍为周期信号。但若各正(余)弦信号的频率比不是有理数,例如,$x(t)=\sin \omega_0 t+\sin 2\pi\omega_0 t$,各正(余)弦信号间找不到公共的周期,它们在合成后不可能经过某一周期重复,所以合成后不可能是一个周期信号,但是这样的一种信号在频域表达上却是离散频谱,这种信号称之为准周期信号。在工程技术领域内,不同的相互独立振源对某对象的激振而形成的振动往往属于这一类的信号。

(2) 瞬变非周期信号

瞬变非周期信号是指除准周期信号以外的非周期信号。通常所称的非周期信号就是指这种信号。常见的瞬变非周期信号如图 2-19 所示。

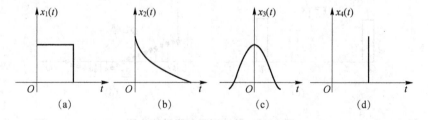

图 2-19   瞬变非周期信号

下面只讨论瞬变信号,在本书以后的叙述中,凡提到的非周期信号均指瞬变信号。

1. 傅里叶变换

为了了解非周期信号的频域描述,可援引周期信号的方法加以解决。将一非周期信号仍当成周期信号处理,认为其周期趋于无穷大。

如设 $f(t)$ 为周期信号,其频谱应为离散的。当认为 $f(t)$ 的周期趋于无穷大时,该信号即成为非周期信号。从频谱图可以看出,周期信号频谱谱线的频率间隔 $\Delta\omega = \Omega = 2\pi/T$,当周期 T 趋于无穷大时,其频率间隔趋于无穷小,所以非周期信号的频谱应该是连续的。

如周期信号 $f(t)$ 在 $(-T/2, T/2)$ 区间内傅里叶级数展开式为

$$f(t) = \sum_{n=-\infty}^{\infty} F_n e^{jn\Omega t}$$

其中

$$F_n = \frac{1}{T}\int_{-\frac{T}{2}}^{\frac{T}{2}} f(t) e^{-jn\Omega t}\, dt$$

将 F_n 代入上式,得

$$f(t) = \sum_{n=-\infty}^{\infty}\left[\frac{1}{T}\int_{-\frac{T}{2}}^{\frac{T}{2}} f(t) e^{-jn\Omega t}\, dt\right] e^{jn\Omega t}$$

$$= \frac{1}{2\pi}\sum_{n=-\infty}^{\infty}\left[\int_{-\frac{T}{2}}^{\frac{T}{2}} f(t) e^{-jn\Omega t}\, dt\right] e^{jn\Omega t}\frac{2\pi}{T}$$

式中,n 取整数 $0, \pm 1, \pm 2, \cdots$,因而各谐波频率 $n\Omega$ 只能取离散值;相邻谐波谱线间的频率增量

$$\Delta\omega = \Omega = \frac{2\pi}{T}$$

于是上式可写成

$$f(t) = \frac{1}{2\pi}\sum_{n=-\infty}^{\infty}\left[\int_{-\frac{T}{2}}^{\frac{T}{2}} f(t) e^{-jn\Omega t}\, dt\right] e^{jn\Omega t}\,\Delta\omega$$

当信号的周期 T 不断增大时,谱线间的频率增量 $\Delta\omega$ 不断减小,即谱线变得愈来愈密。若 $T \to \infty$,则 $\Delta\omega \to 0$,原来只能取离散值的谐波频率 $n\Omega$ 变为可连续取值的连续变量 ω。不仅如此,而且原来在频谱图上代表谐波幅值的谱线高度的含义也发生了本质的变化,这点以后将要提到。

在数学上,$T \to \infty$,就意味着上式中 $\sum \to \int$,$\Delta\omega \to d\omega$,$\int_{-\frac{T}{2}}^{\frac{T}{2}} \to \int_{-\infty}^{\infty}$,于是

$$f(t) = \frac{1}{2\pi}\int_{-\infty}^{\infty}\left[\int_{-\infty}^{\infty} f(t) e^{-j\omega t}\, dt\right] e^{j\omega t}\, d\omega \tag{2-35}$$

将 $\omega = 2\pi f$ 代入上式得

$$f(t) = \int_{-\infty}^{\infty}\left[\int_{-\infty}^{\infty} f(t) e^{-j2\pi ft}\, dt\right] e^{j2\pi ft}\, df \tag{2-36}$$

周期信号可以通过傅里叶级数分解成为无限多项谐波的代数和。与此类似,非周期信号则可通过傅里叶积分"分解"成"无限多项谐波"的积分和。从所起的作用看,傅里叶积分与傅里叶级数类似。

在式(2-35)、式(2-36)括号里的积分中,t 是积分变量,因此积分的结果是一个以角频率 ω 和频率 f 为自变量的函数。记为

$$F(\omega) = \int_{-\infty}^{\infty} f(t) e^{-j\omega t}\, dt \tag{2-37}$$

$$F(f) = \int_{-\infty}^{\infty} f(t) e^{-j2\pi ft} dt \qquad (2\text{-}38)$$

式(2-37)、式(2-38)称为函数 $f(t)$ 的傅里叶变换(FT)。傅里叶变换是把时域函数 $f(t)$ 变换为频域函数 $F(\omega)$ 或 $F(f)$ 的桥梁。

将式(2-37)、式(2-38)分别代入式(2-35)、式(2-36),可得到傅里叶反变换(IFT)公式:

$$f(t) = \frac{1}{2\pi} \int_{-\infty}^{\infty} F(\omega) e^{j\omega t} d\omega \qquad (2\text{-}39)$$

$$f(t) = \int_{-\infty}^{\infty} F(f) e^{j2\pi ft} df \qquad (2\text{-}40)$$

它把经过傅里叶变换后得到的频域 $F(\omega)$ 或 $F(f)$ 再变成时域函数。由此可知,傅里叶变换与傅里叶反变换构成一对傅里叶变换对,即

$$\begin{cases} F(\omega) = \mathscr{F}[f(t)] = \int_{-\infty}^{\infty} f(t) e^{-j\omega t} dt \\ f(t) = \mathscr{F}^{-1}[F(\omega)] = \dfrac{1}{2\pi} \int_{-\infty}^{\infty} F(\omega) e^{j\omega t} d\omega \end{cases}$$

或

$$\begin{cases} F(f) = \mathscr{F}[f(t)] = \int_{-\infty}^{\infty} f(t) e^{-j2\pi ft} dt \\ f(t) = \mathscr{F}^{-1}[F(f)] = \int_{-\infty}^{\infty} F(f) e^{j2\pi ft} df \end{cases}$$

记为

$$f(t) \underset{\text{IFT}}{\overset{\text{FT}}{=\!=\!=\!=}} F(\omega) \text{ 或 } F(f)$$

2. 傅里叶变换与非周期信号的频谱

值得指出的是,傅里叶级数和傅里叶变换虽然都可理解为把一个信号分解为其他简单波形的"叠加",但两者的叠加有着本质的差异。傅里叶级数是离散的叠加,其谐波中存在着一个基本频率 Ω,其余频率是 Ω 的整数倍,所以叠加的结果是一个周期为 $T(T = 2\pi/\Omega)$ 的信号。而傅里叶变换则是"连续的叠加",虽然叠加的每一项 $F(f) e^{j2\pi ft} df$ 都可看成周期函数(周期为 $1/f$),但不存在什么基本频率,因而叠加的结果必然是非周期信号。更为重要的是,$F(f) e^{j2\pi ft} df$ 是一个无穷小量,它表示非周期信号 $f(t)$ 在频率等于 f 处的谐波分量的幅值趋近于零。只有在一定的频带内,该谐波分量才具有一定的大小。由此可知,非周期信号 $f(t)$ 的傅里叶变换 $F(f)$ 本身并不能代表谐波分量的幅值,只有在一定频带内对频率 f 积分后才含有幅值意义。从量纲上看,$F(f)df$ 具有幅值的量纲,而

$$F(f) = \frac{F(f)df}{df}$$

则具有幅值/频率的量纲,或称单位频率上的幅值,即有分布密度的含义,故称 $F(f)$ 为信号 $f(t)$ 的频谱密度。由此看来,非周期信号的频谱具有两大特点:连续性和密度性。因此,非周期信号的频谱应叫频谱密度,不过习惯上仍称频谱。

前面已经提到,周期函数的傅里叶系数是一个复数。与此类似,非周期信号 $f(t)$ 的傅里叶变换 $F(f)$ 是一个以实变量 f 为自变量的复变函数,它可表示为

$$F(f) = F_R(f) + jF_I(f) = |F(f)| e^{j\varphi(f)} \qquad (2\text{-}41)$$

式中:$F_R(f)$——$F(f)$ 的实部;

$F_I(f)$——$F(f)$ 的虚部;

$|F(f)|$——非周期信号 $f(t)$ 的幅值频谱，$|F(f)| = \sqrt{F_R^2(f) + F_I^2(f)}$；

$\varphi(f)$——非周期信号 $f(t)$ 的相位频谱，$\varphi(f) = \arctan\left[\dfrac{F_I(f)}{F_R(f)}\right]$。

由于

$$F(f) = \int_{-\infty}^{\infty} f(t)\mathrm{e}^{-\mathrm{j}2\pi ft}\mathrm{d}t = \int_{-\infty}^{\infty} f(t)\cos 2\pi ft\,\mathrm{d}t - \mathrm{j}\int_{-\infty}^{\infty} f(t)\sin 2\pi ft\,\mathrm{d}t$$

$$F(-f) = \int_{-\infty}^{\infty} f(t)\cos 2\pi ft\,\mathrm{d}t + \mathrm{j}\int_{-\infty}^{\infty} f(t)\sin 2\pi ft\,\mathrm{d}t$$

所以 $F(f)$ 与 $F(-f)$ 是一对共轭复数，其模相等。因此 $F(f)$-f 曲线对称于纵轴，如图 2-20(a)所示，并称为双边谱。为了在工程上应用方便，把负频率半边的谱图折算到正频率半边而得到单边谱图如图 2-20(b)所示，此时的谱图高度为双边谱的 2 倍。

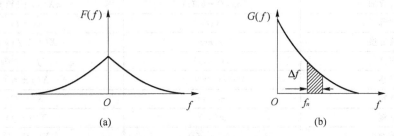

图 2-20　非周期信号的幅值谱密度

图 2-20(b)中的阴影面积(即幅值谱密度在 Δf 区间上的积分)表示非周期信号的 Δf 频带上的谐波分量的幅值，而频率恰好等于 f_n 的谐波分量幅值(0)。可见非周期信号的谐波分量是依一定密度分散在 $0 \sim \infty$ 的连续频带内的，而周期信号的谐波分量则是依一定规律集中在一些离散的频率上，这就是两者的本质差别。

【例 2.2.1】　求如图 2-21(a)所示的单个矩形脉冲的频谱，其中

$$u(t) = \begin{cases} 1, & |t| \leqslant \dfrac{\tau}{2} \\ 0, & |t| > \dfrac{\tau}{2} \end{cases}$$

解　设 $u(t)$ 的傅里叶变换为 $U(f)$，由傅里叶变换定义：

$$U(f) = \int_{-\infty}^{\infty} u(t)\mathrm{e}^{-\mathrm{j}2\pi ft}\mathrm{d}t = \int_{-\frac{\tau}{2}}^{\frac{\tau}{2}} \mathrm{e}^{-\mathrm{j}2\pi ft}\mathrm{d}t = \dfrac{-1}{\mathrm{j}2\pi f}(\mathrm{e}^{-\mathrm{j}2\pi f\tau} - \mathrm{e}^{\mathrm{j}2\pi f\tau})$$

$$= \tau\dfrac{\sin \pi f\tau}{\pi f\tau} = \tau\mathrm{Sa}(\pi f\tau)$$

相应的频谱如图 2-21(b)所示。

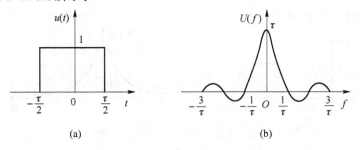

图 2-21　单个矩形脉冲及其频谱

3. 傅里叶变换的性质

如前所述,傅里叶变换是信号分析及处理中,进行时间域和频率域之间变换的一种基本数学工具。当信号在时间域中的变化规律改变后,其在频率域中的变化规律也会对应改变;同样,当信号在频率域中的变化规律改变后,其在时间域中的变化规律也会对应改变。这种改变的对应关系,体现在傅里叶变换的性质中。

傅里叶变换的主要性质有:线性叠加性、对称性、尺度变换、时移性、频移性、卷积定理、微分特性、积分特性、调制特性等。傅里叶变换的主要性质列于表 2-2 中。

表 2-2　傅里叶变换的主要性质

性　质	时　域	频　域
线性叠加	$ax(t)+by(t)$	$aX(f)+bY(f)$
对称	$X(t)$	$x(-f)$
尺度变换	$x(kt)$	$X(f/k)/\|k\|$
时移	$x(t-t_0)$	$X(f)\mathrm{e}^{-\mathrm{j}2\pi ft_0}$
频移	$x(t)\mathrm{e}^{\mp\mathrm{j}2\pi f_0 t}$	$X(f\pm f_0)$
翻转	$x(-t)$	$X(-f)$
共轭	$x^*(t)$	$X^*(-f)$
时域卷积	$x(t)*y(t)$	$X(f)Y(f)$
频域卷积	$x(t)y(t)$	$X(f)*Y(f)$
时域微分	$\mathrm{d}^n x(t)/\mathrm{d}t^n$	$(\mathrm{j}2\pi f)^n X(f)$
频域微分	$(-\mathrm{j}2\pi t)^n x(f)$	$\mathrm{d}^n X(f)/\mathrm{d}t^n$
积分	$\displaystyle\int_{-\infty}^{t} x(\tau)\mathrm{d}\tau$	$X(f)/\mathrm{j}2\pi f$
调制	$x(t)\cos(2\pi f_0 t)$	$\dfrac{1}{2}[X(f+f_0)+X(f-f_0)]$
	$x(t)\sin(2\pi f_0 t)$	$\dfrac{1}{2}[X(f+f_0)-X(f-f_0)]$

4. 几种典型信号的频谱

(1)单位阶跃信号 $u(t)$ 的频谱

对于单位阶跃信号 $u(t)$,其表达式为

$$u(t)=\begin{cases}1, & t>0\\ 0, & t<0\end{cases}$$

求其傅里叶变换,即

$$\mathscr{F}[u(t)]=\pi\delta(\omega)+\mathrm{j}\left(-\frac{1}{\omega}\right)$$

其波形和频谱如图 2-22 所示。

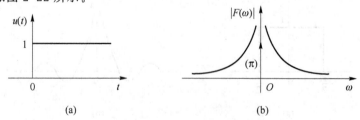

(a)　　　　　　　　　　　　(b)

图 2-22　单位阶跃信号及其频谱

（2）单位冲激信号 $\delta(t)$ 的频谱

单位冲激信号的时域表示式为

$$\delta(t) = \begin{cases} 0, & t \neq 0 \\ \infty, & t = 0 \end{cases}$$

$$\int_{-\infty}^{\infty} \delta(t)\,\mathrm{d}t = 1$$

其傅里叶变换式为

$$\mathscr{F}\left[\delta(t)\right] = 1 \tag{2-42}$$

可见，单位冲激信号的频谱函数是常数 1，它均匀分布于整个频率范围，常称为"均匀谱"或"白色频谱"。其波形和频谱如图 2-23 所示。

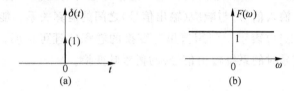

图 2-23　单位冲激信号波形及其频谱

（3）正（余）弦函数的频谱

由于正（余）弦函数不满足绝对可积条件，因此不能直接应用傅里叶积分变换式，而需在傅里叶变换时引入 δ 函数。

根据欧拉公式，正（余）弦函数可写成

$$\sin 2\pi f_0 t = \mathrm{j}\,\frac{1}{2}\left(\mathrm{e}^{-\mathrm{j}2\pi f_0 t} - \mathrm{e}^{\mathrm{j}2\pi f_0 t}\right)$$

$$\cos 2\pi f_0 t = \frac{1}{2}\left(\mathrm{e}^{-\mathrm{j}2\pi f_0 t} + \mathrm{e}^{\mathrm{j}2\pi f_0 t}\right)$$

求得正（余）弦函数的傅里叶变换如下：

$$\sin 2\pi f_0 t \Leftrightarrow \mathrm{j}\,\frac{1}{2}\left[\delta(f+f_0) - \delta(f-f_0)\right] \tag{2-43}$$

$$\cos 2\pi f_0 t \Leftrightarrow \frac{1}{2}\left[\delta(f+f_0) + \delta(f-f_0)\right] \tag{2-44}$$

正（余）弦函数的频谱如图 2-24 所示。

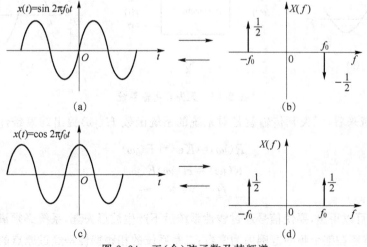

图 2-24　正（余）弦函数及其频谱

5. 傅里叶变换应用于通信系统

傅里叶变换在物理学、电子类学科、数论、组合数学、信号处理、概率论、统计学、密码学、声学、光学、海洋学、结构动力学等领域都有着广泛的应用。本节将简要介绍傅里叶变换在通信系统中的几种主要应用——滤波、调制和抽样。

要分析一个系统,首先要建立描述该系统基本特性的数学模型,然后用数学方法(或计算机仿真等)求出它的解答,并对所得结果赋予实际含义。按数学模型的不同,系统可分为:即时系统与动态系统;连续系统与离散系统;线性系统与非线性系统;时变系统与时不变(非时变)系统等。

系统的输入信号通常称之为激励,输出信号通常称之为响应。要描述一个系统的特性,就是要建立系统的激励(输入信号)与响应(输出信号)之间的运算关系。能描述这种运算关系的函数为系统函数,用 $H(j\omega)$ 表示。利用傅里叶变换的卷积定理可证明,它就是系统冲激响应(当输入信号为冲激信号时的系统输出信号)的傅里叶变换。

(1) 滤波

① 无失真传输

通信系统的一个主要任务就是有效而可靠地传输信号。从信号的角度来看,希望所要传送的信号能够毫无阻碍、毫无畸变地按照一定的方式通过传输系统。例如,信息传输系统,总希望在接收端获得和所发送的信号(语音、图像和数据信号等)完全一样的信号,即实现所谓波形的无失真传输。一般情况下,传输系统的响应波形与激励波形不相同,也就是说信号在传输过程中将产生失真。

所谓无失真传输,是指输出信号是输入信号的准确复制品,这个复制品可以有不同的幅度和出现时间,但是要求其波形形状相同。

图 2-25 所示为一个无失真传输系统。假设输入信号为 $e(t)$,输出信号为 $r(t)$,则无失真传输条件在时域为 $r(t)=Ke(t-t_0)$,式中,K 是一个常数,t_0 是滞后时间。当此条件满足时,输出波形就是输入波形滞后时间 t_0 的复制品,虽然幅度变为原来的 K 倍,但波形形状保持不变。

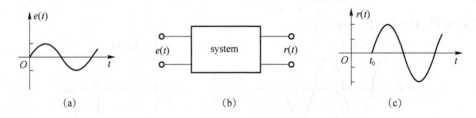

$$\text{(a)} \qquad\qquad \text{(b)} \qquad\qquad \text{(c)}$$

图 2-25 无失真传输系统

如果从频域来看,无失真传输就是对系统的系统函数 $H(j\omega)$ 提出约束条件:

$$R(j\omega)=Ke^{-j\omega t_0}E(j\omega)$$
$$R(j\omega)=H(j\omega)E(j\omega)$$
$$H(j\omega)=Ke^{-j\omega t_0} \tag{2-45}$$

由图 2-26 可以得出,要使信号通过线性系统后不产生波形失真,系统必须满足两个条件:一是系统的幅频特性在整个频率范围内为常数;二是系统的相频特性是经过原点的直线。

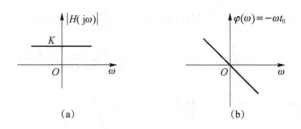

(a)　　　　　　　　　(b)

图 2-26　无失真传输系统的幅频特性及相频特性

② 滤波器

改变信号中各个频率分量的相对大小，或者抑制甚至全部滤除某些频率分量的过程称为滤波，完成滤波功能的系统称为滤波器。

在许多实际问题中，代表信息的信号（有用信号）和干扰或无用信号同时存在，但各自往往处在不同的频率范围，通常采用选择性滤波来选择出有用信号。

让一个或一组频率范围内的信号无失真地通过，而衰减或完全抑制其余频率范围的信号，实现这种功能的系统称为选择性滤波器。

对于线性时不变系统来说，由于输出的频谱是输入的频谱与系统函数的频谱的乘积，所以只要适当选取系统的频率响应函数，就可以完成我们所希望的滤波功能。

在有关滤波的术语中，通常把信号能通过的频率范围称为滤波器的通带，阻止信号通过的频率范围称为阻带，通带的边界频率称为截止频率。

据滤波器通、阻带所处的不同位置，可分为低通滤波器、高通滤波器和带通滤波器等基本滤波器。

③ 理想低通滤波器

所谓的"理想"，指的是把系统的某些特性理想化，从而可以简化运算，还可以加深对一些物理现象的理解。虽然实际系统不可能具有这种理想特性，但是这种理想化对研究系统问题是很有帮助的。

根据需要，理想低通滤波器可以从不同角度进行定义，其中最为常用的是具有矩形幅度特性和线性相移特性的理想低通滤波器模型，如图 2-27 所示。

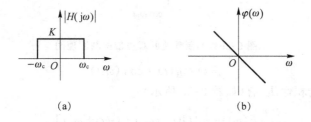

(a)　　　　　　　　　(b)

图 2-27　理想低通滤波器的频率响应特性

理想低通滤波器的传输函数可写为

$$H(j\omega) = \begin{cases} Ke^{-j\omega t_0}, & |\omega| < \omega_c \\ 0, & |\omega| > \omega_c \end{cases} \tag{2-46}$$

对理想低通滤波器的传输函数进行傅里叶反变换，令 $K=1$，不难得到其冲激响应，如图 2-28 所示。

$$h(t) = \frac{1}{2\pi} \int_{-\infty}^{\infty} H(j\omega) e^{j\omega t} \, d\omega = \frac{1}{2\pi} \int_{-\omega_c}^{\omega_c} e^{-j\omega t_0} \, d\omega$$

$$= \frac{1}{2\pi} \frac{e^{j\omega(t-t_0)}}{j(t-t_0)} \Bigg|_{-\omega_c}^{\omega_c} = \frac{\omega_c}{\pi} \frac{\sin\left[\omega_c(t-t_0)\right]}{\omega_c(t-t_0)}$$

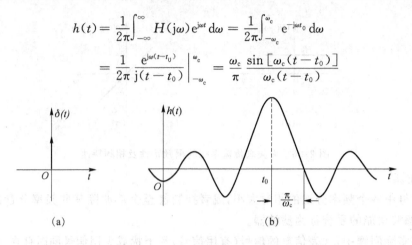

图 2-28　理想低通滤波器的冲激响应

(2) 调制

调制是通信系统传输技术中的核心技术之一。通信系统中大部分信号都需要经过调制后再传输,在接收端再进行解调,恢复原始信号。经过调制,信号搬移到不同的频段上,实现信号的频谱搬移,有利于信号的传输,提高了系统的抗干扰能力。

所谓调制,就是用一个信号(基带信号也称调制信号)去控制另一个信号(载波信号)的某个参量,从而产生已调制信号。载波信号通常选择容易产生和处理的正弦信号,正弦信号有三要素,幅度、频率和相位。因此,调制可分为:

① 调幅,使载波的幅度随着调制信号的大小变化而变化的调制方式;

② 调频,使载波的瞬时频率随着调制信号的大小变化而变化的调制方式;

③ 调相,使载波的相位随着调制信号的大小变化而变化的调制方式。

现以模拟调幅中的抑制载波的双边带调制为例,设输入信号为 $g(t)$,载波为 $\cos \omega_0 t$,输出为 $f(t)$,调制原理如图 2-29 所示。

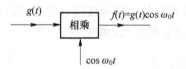

图 2-29　抑制载波的双边带调制原理图

$$f(t) = g(t) \cdot \cos(\omega_0 t) \tag{2-47}$$

根据傅里叶变换的卷积性质,有(如图 2-30 所示)

$$F(\omega) = \frac{1}{2}\left[G(\omega-\omega_0) + G(\omega+\omega_0)\right] \tag{2-48}$$

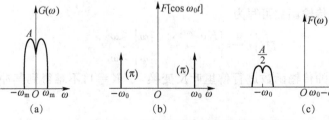

图 2-30　抑制载波的双边带调制频谱图

（3）抽样

所谓抽样，即从信号函数或信号波形中抽取一些样值，并将这些样值集合起来构成一个新信号，这个新信号就是抽样信号。

如果抽样脉冲序列是周期性的冲激函数序列，则称其为冲激抽样；如果抽样脉冲序列是周期性的幅度为 1 的矩形脉冲序列，则称其为矩形脉冲抽样。

冲激抽样即用一个周期冲激序列 $p(t)$ 乘以连续信号 $x(t)$，这样所得到的抽样信号 $x_s(t)$ 为

$$
\begin{aligned}
x_s(t) &= x(t) \cdot p(t) \\
&= x(t) \sum_{n=-\infty}^{\infty} \delta(t - nT_s) \\
&= \sum_{n=-\infty}^{\infty} x(nT_s) \delta(t - nT_s)
\end{aligned}
$$

式中，T_s 为抽样间隔，图 2-31 给出了原信号 $x(t)$、抽样序列 $p(t)$ 以及抽样信号 $x_s(t)$ 的时域及频域波形。由图可见，抽样信号由一系列冲激函数组成，而各个冲激函数的强度等于原函数在各个抽样点的函数值。

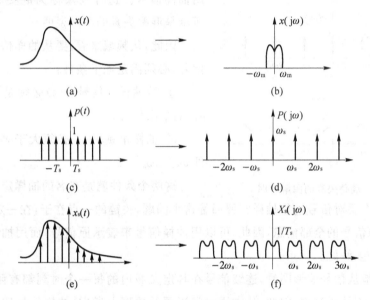

图 2-31　抽样信号的波形及频谱图

显然，如果已知信号 $x(t)$ 的频谱为 $X(j\omega)$，则根据频域卷积性质，并利用周期冲激序列的傅里叶变换不难求得抽样信号 $x_s(t)$ 的傅里叶变换为

$$
\begin{aligned}
X_s(j\omega) &= \frac{1}{2\pi} X(j\omega) * \mathscr{F}\left[\sum_{n=-\infty}^{\infty} \delta(t - nT_s)\right] \\
&= \frac{1}{2\pi} X(j\omega) * \frac{2\pi}{T_s} \sum_{n=-\infty}^{\infty} \delta(\omega - n\omega_s) \\
&= \frac{1}{T_s} \sum_{n=-\infty}^{\infty} X(j(\omega - n\omega_s))
\end{aligned}
$$

这里,$\omega_s = \dfrac{2\pi}{T_s}$,通常称为抽样角频率。

由图 2-31 可以看出,抽样信号的频谱具有周期性,它是原信号的频谱以抽样角频率 ω_s 为间隔周期重复的结果。图 2-31 分别给出了时域信号以及相对应信号的频谱,在这个频谱图中,假设信号 $x(t)$ 是带限信号,且其最高角频率 ω_m 小于抽样角频率 ω_s 的一半,即 $\omega_m < \dfrac{\omega_s}{2}$。在这个条件下,抽样信号的频谱仅仅是原信号频谱的周期重复,其频谱形状未发生变化,仅幅度大小变为原信号频谱的 $\dfrac{1}{T_s}$ 而已。显然,从频谱图上可以直观地看到,如果不满足这个条件,即 $x(t)$ 不是带限信号,或者 $\omega_m < \dfrac{\omega_s}{2}$,则原信号的频谱在以间隔 ω_s 为周期重复的过程中将出现混叠现象,从而使得抽样信号的频谱中不再含有和原信号频谱形状相同的部分,这样,也就无法从抽样信号中恢复出原信号,也无法在系统分析中利用抽样信号。这种现象称为混叠失真。图 2-32 所示是混叠失真的图解说明。

因此,从频域来看,要从抽样信号中恢复出原信号,必须满足如下条件:

① 被抽样的信号 $x(t)$ 必须是最高角频率为 ω_m 的带限信号;

② 抽样角频率 ω_s 必须大于等于两倍的 ω_m,即 $\omega_s \geqslant 2\omega_m$。

这两个条件就是有名的抽样定理。

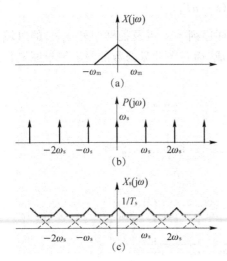

图 2-32 混叠失真的图解说明

那么,为什么要对信号进行抽样? 要回答这个问题,关键的一点在于,在一定的条件下,抽样信号能包含原信号的全部信息,因此,可以用抽样信号来表示原信号,而用抽样信号表示原信号可以得到许多好处。

首先,直观地从信号波形图看,连续信号在其定义域内的每一个时刻都有函数值存在,而抽样信号仅存在于抽样时刻,因此,从占用时间资源的角度上考虑,抽样信号比原信号占用的时间资源少,这样,在同样一个时间段内可以传送更多的信号,这就是时分复用的原理。

其次,利用抽样信号可以将模拟信号转换为数字信号,这就在连续时间信号与离散时间信号之间架起了一座桥梁,从而使得已经在连续系统中得到广泛应用并已成熟的分析方法可用于离散时间系统,而且,在很多方面,离散时间信号的处理往往比连续时间信号更为灵活方便,特别是在计算机技术和数字技术方面已经得到广泛普及和应用。

抽样信号只是原信号中的一部分,从数量上讲,它比原信号少,但在满足抽样定理的条件下,它包含了原信号的全部信息,其信息量和原信号一样多,因此,抽样信号体现了"少就是多"的哲理。

2.3 随机信号分析

2.3.1 基本概念

通信过程是信号和噪声通过通信系统的过程,因此,分析与研究通信系统,总离不开对信号和噪声的分析。通信系统中遇到的信号,通常总带有某种随机性,即它们的某个或几个参数不能预知或不能完全预知(如能预知,通信就失去意义),把这种具有随机性的信号称为随机信号。通信系统中还必然遇到噪声。例如,自然界中的某种电磁波噪声和设备本身产生的热噪声、散粒噪声等,它们更不能预测。凡是不能预测的噪声就统称为随机噪声,或简称为噪声。

从统计数学的观点看,随机信号和噪声统称为随机过程。因而,统计数学中有关随机过程的理论可以运用到随机信号和噪声的分析中来。

1. 随机过程

随机信号是非确定性信号,它不能用确定的数学关系式来描述,不能预测它未来任何瞬时的精确值,任一次观测值只代表在其变动范围内可能产生的结果之一。但其值的变动服从统计规律,描述随机信号必须用概率和统计学的方法。对随机信号按时间历程所作的各次长时间观测记录称为样本函数,记为 $x(t)$,如图 2-33 所示。在有限时间区间上的样本函数称为样本记录。在同一试验条件下,全部样本函数的集合(总体)就是随机过程,以 $\{x(t)\}$ 表示,即

$$\{x(t)\} = \{x_1(t), x_2(t), x_3(t), \cdots, x_n(t)\}$$

虽然随机过程不能用确定的数学关系式表示,但它仍包含一些规律性因素,可以采用数理统计的方法来描述。

随机过程的基本特性可以从幅值域、时差域和频率域进行数学描述。主要的统计参数有均值、方差、均方值、概率密度函数、自相关函数、互相关函数、功率谱密度函数和互谱密度函数等。其中有些统计参数用于描述单

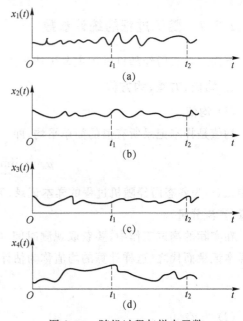

图 2-33　随机过程与样本函数

个随机信号的数据特性,有些统计参数用于描述两个或多个随机信号的联合特性。

随机过程的各种平均值(均值、方差、均方值和均方根值等)是按几何平均来计算的。几何平均的计算不是沿某单个样本的时间轴进行,而在集合中的某时刻 t_i 对所有样本函数的观测值取平均。为了与几何平均相区别,称按单个样本的时间历程进行平均的计算叫作时间平均。

随机过程可分为平稳随机过程和非平稳随机过程。

平稳随机过程就是统计特征参数不随时间变化而改变的随机过程。例如,对某一随机过程的全部样本函数的集合,选取不同的时间 t 进行计算,得出的统计参数都相同,则称这样的

随机过程为平稳随机过程,否则就是非平稳随机过程。

2. 各态历经随机过程

若从平稳随机过程中任取一样本函数,如果该单一样本在长时间内的平均统计参数(时间平均)和所有样本函数在某一时刻的平均统计参数(几何平均)是一致的,则称这样的平稳随机过程为各态历经随机过程。显然,各态历经随机过程必定是平稳随机过程,但是平稳随机过程不一定是各态历经的。

各态历经随机过程是随机过程中比较重要的一种,因为根据单个样本函数的时间平均可以描述整个随机过程的统计特性,从而简化了信号的分析和处理。但是要判断随机过程是否是各态历经随机过程是相当困难的。所以一般的做法是,先假定平稳随机过程是各态历经的,然后再根据测定的特性返回到实际中分析、检验原假定是否合理。由大量事实证明,一般工程上遇到的平稳随机过程大多数是各态历经随机过程。虽然有的不一定是严格的各态历经随机过程,但在精度许可的范围内,也可以当成各态历经随机过程来处理。事实上,一般的随机过程需要足够多的样本(理论上应为无限多)才能描述它,而要进行大量的观测来获取足够多的样本函数是非常困难或做不到的。实际的测试工作常把随机信号按各态历经随机过程来处理,以有限长度样本记录观察分析来推断,估计被测对象的整个随机过程。在测试工作中常以一个或几个有限长度的样本记录来推断整个随机过程,以其时间平均来估计几何平均。

2.3.2 随机过程的统计参数

下面对各态历经随机过程主要统计参数的定义、物理意义等做简要介绍。

1. 均值、方差、均方值

(1)均值

均值是样本记录所有值的简单平均,即

$$\mu_x = \lim_{T \to \infty} \frac{1}{T} \int_0^T x(t) \, dt \tag{2-49}$$

式中,$x(t)$ 为各态历经随机过程的样本记录,T 为样本记录时间。均值反映了随机信号的静态分量(直流分量)。

在实际的测试工作中,要获取观测时间 T 为无限长的样本函数是不可能的,用有限的长度样本记录而代之,这样计算的均值称为估计值,以加注"∧"来区分:

$$\hat{\mu}_x = \frac{1}{T} \int_0^T x(t) \, dt \tag{2-50}$$

(2)方差

方差用以描述随机信号的动态分量,它定义为

$$\sigma_x^2 = \lim_{T \to \infty} \int_0^T [x(t) - \mu_x]^2 \, dt \tag{2-51}$$

方差的大小反映了随机变量对均值的离散程度,即代表了信号的动态分量(交流分量)。其正平方根称为标准差。

方差估计值为

$$\hat{\sigma}_x^2 = \int_0^T [x(t) - \mu_x]^2 \, dt \tag{2-52}$$

（3）均方值

均方值的定义是

$$\psi_x^2 = \lim_{T \to \infty} \frac{1}{T} \int_0^T x^2(t) \, dt \tag{2-53}$$

它描述了随机信号的强度或平均功率。它的正平方根称为均方根值（或称有效值）。

均方值估计值为

$$\hat{\psi}_x^2 = \frac{1}{T} \int_0^T x^2(t) \, dt \tag{2-54}$$

均值、方差和均方值之间有如下关系：

$$\psi_x^2 = \mu_x^2 + \sigma_x^2 \tag{2-55}$$

2. 概率密度函数

概率密度函数是表示信号瞬时值落在某指定区间内的概率。例如，图 2-34 所示的信号 $x(t)$，其值落在区间 $(x, x+\Delta x)$ 内的时间为

$$T_x = \Delta t_1 + \Delta t_2 + \cdots + \Delta t_n = \sum_{i=1}^n \Delta t_i \tag{2-56}$$

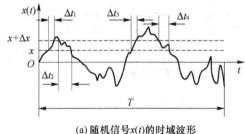
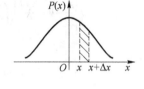

(a) 随机信号 $x(t)$ 的时域波形 　　　　(b) 随机信号 $x(t)$ 的概率密度函数图形

图 2-34　随机信号的概率密度函数

当样本记录时间 T 趋于无限大时，T_x/T 就是幅值落在区间 $(x, x+\Delta x)$ 内的概率，即

$$P(x < x(t) \leqslant x + \Delta x) = \lim_{T \to \infty} \frac{T_x}{T} \tag{2-57}$$

而概率密度函数定义为

$$P(x) = \lim_{\Delta x \to 0} \frac{P(x < x(t) \leqslant x + \Delta x)}{\Delta x} = \lim_{\Delta x \to 0} \frac{1}{\Delta x} \left[\lim_{T \to \infty} \frac{T_x}{T} \right] \tag{2-58}$$

其估计值为

$$\hat{P}(x) = \frac{T_x}{T \Delta x} \tag{2-59}$$

概率密度函数反映了随机信号幅值分布的规律。由于不同的随机信号具有不同的概率密度函数图形，故可根据它识别信号。图 2-35 所示为 4 种典型信号（均值为零）及其概率密度函数图形。图 2-35(a) 为正弦函数及其概率密度函数，图 2-35(b) 为正弦函数加随机信号及其概率密度函数，图 2-35(c) 为窄带随机信号及其概率密度函数，图 2-35(d) 为宽带随机信号及其概率密度函数。

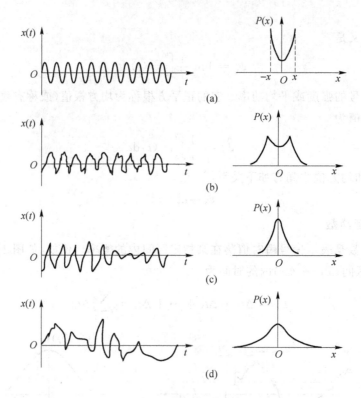

图 2-35 4 种典型信号及其概率密度函数

2.3.3 相关分析

1. 相关

在测试结果的分析中,相关是一个非常重要的概念。所谓"相关"是指变量之间的线性关系。对于确定性的信号来说,两个变量之间可用函数关系来描述,两者一一对应并为确定的数值。两个随机变量之间就不具有这样确定的关系,但是,如果这两个变量之间具有某种内涵的物理联系,那么,通过大量统计就能发现它们之间还是存在着某种虽不精确但却具有相应的表征其特征的近似关系。例如,树高与直径之间不能用确定性函数表述,但是通过大量的统计可以发现,同种树木树高的直径也常常大些,这两个变量之间有一定的线性关系。

图 2-36 表示由两个随机变量 x 和 y 组成的数据点的分布情况。图 2-36(a)中各点分布很散,可以说变量 x 和变量 y 之间是无关的。图 2-36(b)中 x 和 y 虽无确定关系,但从统计结果、总体上看,具有某种程度的线性关系,因此说它们之间有一定的相关关系。

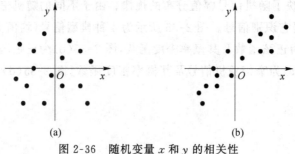

图 2-36 随机变量 x 和 y 的相关性

对于能量型变量 $x(t)$ 和 $y(t)$ 之间的相关程度常用相关系数 ρ_{xy} 表示：

$$\rho_{xy} = \frac{\int_{-\infty}^{\infty} x(t)y(t)\mathrm{d}t}{\sqrt{\int_{-\infty}^{\infty} x^2(t)\mathrm{d}t}\sqrt{\int_{-\infty}^{\infty} y^2(t)\mathrm{d}t}} \tag{2-60}$$

通常，$|\rho_{xy}| \leqslant 1$。当 $|\rho_{xy}| = 1$ 时，说明 $x(t)$ 和 $y(t)$ 两变量是理想的线性相关。$|\rho_{xy}| = 0$ 表示 $x(t)$ 和 $y(t)$ 两变量之间完全无关。

2. 自相关函数

自相关函数 $R_x(\tau)$ 定义为乘积 $x(t)x(t+\tau)$ 的平均值，即

$$R_x(\tau) = \lim_{T \to \infty} \frac{1}{T}\int_0^T x(t)x(t+\tau)\mathrm{d}t \tag{2-61}$$

式中：$x(t)$ 为样本函数；$x(t+\tau)$ 为从 t 移至 τ 后的样本；τ 为时移量，$-\infty < \tau < \infty$。

自相关函数描述了信号的某时刻值与延时一定时间后的值之间的相互关系，它定量地描述了一个信号在时间轴上平移 τ 后所得波形与原波形相似的程度。

若 $x(t)$ 是各态历经过程的样本记录，则自相关函数 $R_x(\tau)$ 的估计值

$$\hat{R}_x(\tau) = \frac{1}{T}\int_0^T x(t)x(t+\tau)\mathrm{d}t \tag{2-62}$$

自相关函数具有以下主要性质。

（1）自相关函数为实偶函数。

（2）在 $\tau = 0$ 时，$R_x(0) = \psi_x^2$，取极大值，即

$$|R_x(\tau)| \leqslant R_x(0)$$

（3）均值为零的随机信号，随着时移量 τ 的增加，自相关函数趋近于零，即

$$\lim_{|\tau| \to \infty} R_x(\tau) = 0$$

（4）周期信号的自相关函数仍是与信号的时域周期相同的周期函数。

图 2-37 所示是 4 种典型信号的自相关函数，从图中亦可看出自相关函数的上述特性。

自相关函数同概率密度函数一样，也可以作为判断信号性质的工具。在工程测试中，自相关函数最主要的应用是检查混淆在随机信号中的确定性周期信号。

3. 互相关函数

若有两个随机信号 $x(t)$ 和 $y(t)$，它们之间的互相关函数定义为

$$R_{xy}(\tau) = \lim_{T \to \infty} \frac{1}{T}\int_0^T x(t)y(t+\tau)\mathrm{d}t \tag{2-63}$$

其估计值为

$$\hat{R}_{xy}(\tau) = \frac{1}{T}\int_0^T x(t)y(t+\tau)\mathrm{d}t \tag{2-64}$$

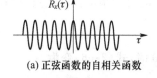

(a) 正弦函数的自相关函数

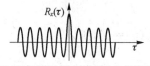

(b) 正弦函数加随机信号的自相关函数

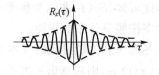

(c) 窄带随机信号的自相关函数

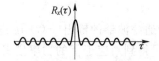

(d) 宽带随机信号的自相关函数

图 2-37　4 种典型信号的自相关函数

此互相关函数描述了两信号之间一般的依赖关系。互相关函数既非偶函数，也非奇函数，是

可正可负的实函数。书写时应注意注脚符号的顺序，$R_{xy}(\tau) \neq R_{yx}(\tau)$。它在 $\tau=0$ 处不一定具有最大值，但可能在 $\tau=\tau_0$ 达到最大值。图 2-38 表示两信号在 τ_0 处相关程度最高。

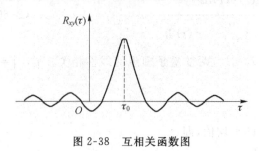

图 2-38　互相关函数图

如果 $x(t)$ 和 $y(t)$ 是两个完全独立无关的信号（即所谓统计独立），且其均值 μ_x、μ_y 中至少有一个为零，则对所有时移量 τ，互相关函数 $R_{xy}(\tau)=0$ 都成立。

如果两随机信号中具有频率相同的周期成分，则其互相关函数即使 $\tau \rightarrow \infty$ 也会出现该频率的周期成分。互相关函数中还包含相位信息。

如果两个周期信号的频率不相同，则其互相关函数

$$R_{xy}(\tau)=0$$

即两个频率不同的周期信号是不相关的。

2.3.4　功率谱分析

1. 功率谱密度函数

若自相关函数 $R_x(\tau)$ 的傅里叶变换存在，则定义 $R_x(\tau)$ 的傅里叶变换

$$S_x(f) = \int_{-\infty}^{\infty} R_x(\tau) e^{-j2\pi f \tau} d\tau \tag{2-65}$$

为 $x(t)$ 的自功率谱密度函数，简称功率谱密度函数、功率谱或自谱。根据傅里叶逆变换，有

$$R_x(t) = \int_{-\infty}^{\infty} S_x(f) e^{j2\pi f \tau} df \tag{2-66}$$

当 $\tau=0$ 时，式(2-66)变为

$$R_x(0) = \int_{-\infty}^{\infty} S_x(f) df$$

因为 $R_x(0) = \psi_x^2$，所以

$$\psi_x^2 = \int_{-\infty}^{\infty} S_x(f) df \tag{2-67}$$

由此可知，$S_x(f)$ 曲线和频率轴所包围的面积就是信号的平均功率。而 $S_x(f)$ 就表示了信号的功率按频率分布的规律。

把各态历经随机过程的样本记录 $x(t)$ 送入中心频率为 f、带宽为 B 的带通滤波器，其输出记为 $[x(t)]_B$，则功率谱密度的估计值

$$\hat{S}_x(f) = \frac{1}{BT} \int_0^T [x(t)]_B^2 dt \tag{2-68}$$

即对带通滤波器的输出 $[x(t)]_B$ 进行平方、平均等运算后，便可得到对应于 f 的功率谱密度。若改变带通滤波器的中心频率，则可得到功率谱密度与频率的关系图。

通常把在 $(-\infty, \infty)$ 频率范围内定义的功率谱 $S_x(f)$ 称为双边功率谱，而把只在 $(0, \infty)$ 频率范围内定义的功率谱 $G_x(f)$ 称为单边功率谱。如图 2-39 所示，二者之间的关系为

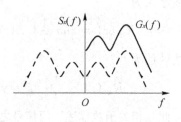

图 2-39　单边和双边功率谱

$$G_x(f) = \begin{cases} 2S_x(f), & 0 \leqslant f \leqslant \infty \\ 0, & \text{其他} \end{cases} \qquad (2\text{-}69)$$

2. 互谱密度函数

如果互相关函数 $R_{xy}(\tau)$ 满足傅里叶变换的条件,则定义 $R_{xy}(\tau)$ 的傅里叶变换

$$S_{xy}(f) = \int_{-\infty}^{\infty} R_{xy}(\tau) e^{-j2\pi f\tau} d\tau \qquad (2\text{-}70)$$

为信号 $x(t)$ 和 $y(t)$ 的互谱密度函数,简称互谱。

互谱和互相关函数构成一对傅里叶变换对,所以二者包含相同的信息,都可用来描述信号之间的相关性,不同点是互相关函数是在时差域上,而互谱密度函数是在频率域上。

像功率密度函数一样,把在 $(-\infty, \infty)$ 频率范围内定义的互谱密度函数 $S_{xy}(f)$ 称为双边互谱,而在 $(0, \infty)$ 频率范围内定义的互谱,称为单边互谱,记为 $G_{xy}(f)$,两者关系为

$$G_{xy}(f) = \begin{cases} 2S_{xy}(f), & 0 \leqslant f \leqslant \infty \\ 0, & \text{其他} \end{cases}$$

2.4　确知信号的时域与频域仿真

2.4.1　周期矩形脉冲信号的时域合成仿真

一个周期信号可分解成直流和无穷多个余弦波的叠加,反过来说,直流和余弦波叠加在一起就是一个周期矩形脉冲。下面通过 SystemView 仿真软件进行周期矩形脉冲信号的合成。对于宽度为 τ、高度为 A、周期为 T_0 的矩形波,设 $T_0 = 1\,\mathrm{s}$,则 $f_0 = 1\,\mathrm{Hz}$,$\tau = \dfrac{T_0}{2}$,$A = 1\,\mathrm{V}$。仿真模型如图 2-40 所示。

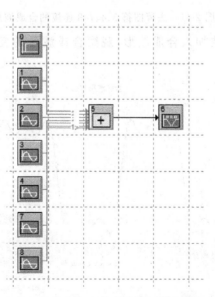

图 2-40　周期矩形脉冲信号合成仿真模型

图 2-40 中,图符 0 是直流信源,幅度 $A_0 = A\tau/T_0 = 0.5$;图符 1 产生幅度 $A_1 = \dfrac{2}{\pi} = 0.6366$ V,频率 $f_1 = 1$ Hz 的余弦信号;图符 2 产生幅度 $A_3 = -\dfrac{2}{3\pi} = -0.2122$ V,频率 $f_3 = 3$ Hz 的余弦信号;图符 3 产生幅度 $A_5 = \dfrac{2}{5\pi} = 0.12734$ V,频率 $f_5 = 5$ Hz 的余弦信号;图符 4 产生幅度 $A_7 = -\dfrac{2}{7\pi} = -0.09094568$ V,频率 $f_7 = 7$ Hz 的余弦信号;图符 7 产生幅度 $A_9 = \dfrac{2}{9\pi} = 0.07073553$ V,频率 $f_9 = 9$ Hz 的余弦信号;图符 8 产生幅度 $A_{11} = -\dfrac{2}{11\pi} = -0.0578745257$ V,频率 $f_{11} = 11$ Hz 的余弦信号。用鼠标双击其中任何一个图符,再单击"参数"按钮,就可进入参数设置表。图符 5 是相加器,完成直流和各余弦波的相加。图符 6 显示合成波形。

先去掉图符 3、4、7、8 与图符 5 之间的连接,即这几个图符产生的余弦波先不参加合成。设置系统的运行时间,将样点数设为 3 000,采样速率设为 1 000 Hz。运行系统,合成波形如图 2-41 所示。

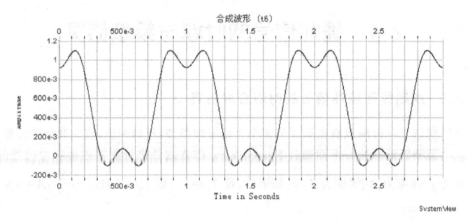

图 2-41　去掉图符 3、4、7、8 连接的合成波形

将图符 3 产生的余弦波加入合成波形,观察合成波形的变化。运行系统,合成波形如图 2-42 所示。

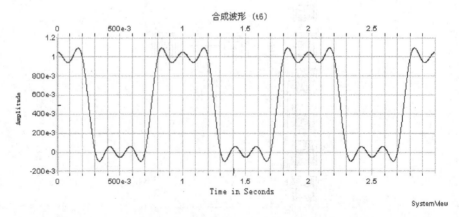

图 2-42　添加图符 3 后的合成波形

用同样的方法,逐个加入图符 4、7、8 产生的余弦波,观察合成波形,合成波形越来越趋近于周期矩形脉冲,如图 2-43 所示。

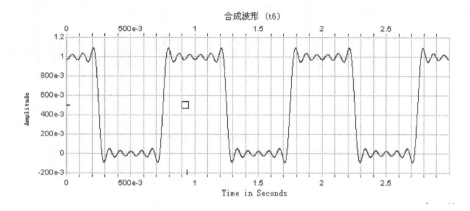

图 2-43　继续添加图符 4、7、8 后的合成波形

2.4.2　周期矩形脉冲信号的时域与频域仿真

打开 SystemView 仿真软件,建立周期矩形脉冲信号的仿真模型,如图 2-44 所示。

图 2-44　周期矩形脉冲的仿真模型

将周期矩形脉冲信号的幅度设为 1 V,频率设为 1 Hz,脉冲宽度设为 0.1 s,相位为 0。单击 SystemView 设计窗口工具栏上的时钟按钮 ⏱,设置样点数为 500,采样速率为 100。单击按钮 ▶,运行系统。时域与频域仿真波形如图 2-45(a)所示。

由图 2-45(a)可见,幅度谱包络的第一个零点在 10 Hz 处,两个零点之间的谱线有 9 条。将图符 0 的脉冲宽度改为 0.05 s,即 $\tau = \dfrac{T_0}{20}$,此时幅度谱包络第一个零点应在 20 Hz 处,两个零点之间的谱线应有 19 条,如图 2-45(b)所示。

2.4.3　非周期矩形脉冲信号的时域、频域仿真

用 SystemView 很容易得到单矩形脉冲信号的幅度谱。建立仿真模型如图 2-46 所示。

图 2-46 中,图符 0、3、4 和 5 构成单矩形脉冲产生器。图符 0 产生一个幅度为 1 V 的阶跃函数,通过图符 5 延迟 0.1 s 后,再由图符 3 对其反相,经图符 4 相加后输出一个幅度为 1 V、宽度为 0.1 s 的矩形脉冲。图符 1 是信宿,可将接收到的数据用波形显示出来,还可以由其他处理器对这些接收数据进行进一步的处理。非周期矩形脉冲信号幅度谱仿真模型中各图符参数配置表如表 2-3 所示。

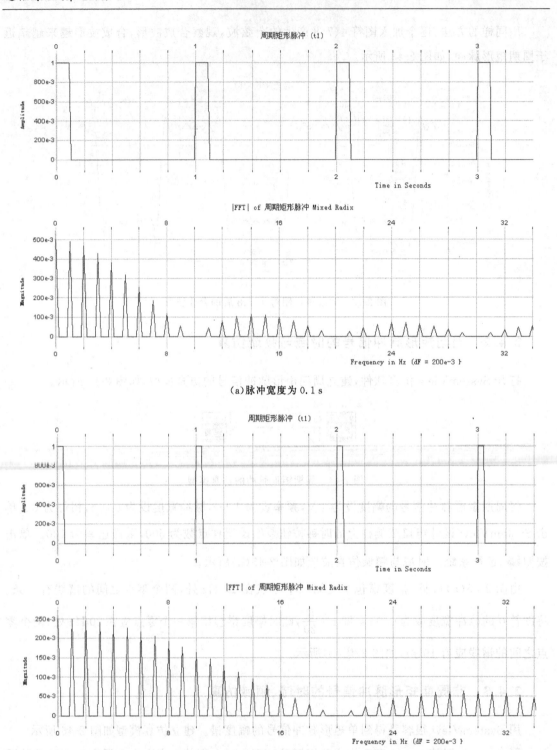

(a)脉冲宽度为 0.1 s

(b)脉冲宽度为 0.05 s

图 2-45　周期矩形脉冲时域与频域仿真波形

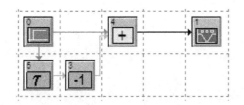

图 2-46　矩形信号幅度谱仿真模型

表 2-3　非周期矩形脉冲信号幅度谱仿真模型中各图符参数配置表

图符编号	库/名称	参数
0	Source/Aperiodic/Step Fct	Amp＝1 V, Start Time＝0, Offset＝0
3	Operator/Gain/Scale/Neqate	
5	OperatorDelays/Delay	Delay Type：Non-Interpolating, Delay＝0.1 s

单击 SystemView 设计窗口工具栏上的时钟按钮 ⏰，设置样点数为 500,采样速率为 100。单击按钮 ▶,运行系统。输出波形的幅度为 1 V,将鼠标放到波形图的脉冲结束处,工具栏上的 x 坐标显示脉冲宽度为 0.1 s。

单击工具栏上的分析窗(Analysis Window)图标 ▦ 进入 SystemView 的分析窗,得到矩形脉冲的幅度谱,宽度为 0.1 s 的矩形脉冲时域与频域仿真波形如图 2-47(a)所示。幅度谱的第一个零点是脉冲宽度的倒数,本例中为 10 Hz。幅度谱有等间隔的零点,间隔为 10 Hz。

单击分析窗工具栏上的系统窗(System Windows)图标 ▦ 返回设计窗。双击图符 5,选择参数按钮,将延迟时间改为 0.2 s,即将矩形脉冲的宽度改为 0.2 s。重新运行系统,再进入分析窗。单击分析窗左上角正在"闪烁"的新的信宿数据(Load New Sink Data)图标,更新重新仿真的数据,得到宽度为 0.2 s 的矩形脉冲的幅度谱如图 2-47(b)所示。幅度谱的第一个零点为 5 Hz(等于脉冲宽度的倒数),幅度谱有等间隔零点,两个零点之间的间隔为 5 Hz。

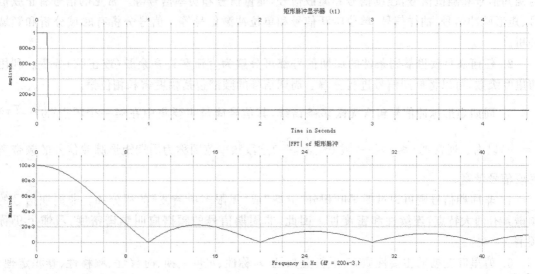

(a) 脉冲宽度为 0.1 s

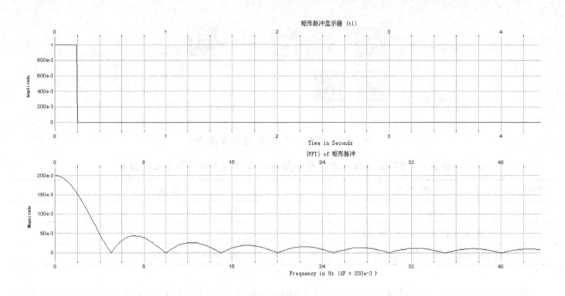

(b) 脉冲宽度为 0.2 s

图 2-47　矩形脉冲的时域、频域仿真波形

　　通过改变图符 5 中的延迟时间可得到不同宽度的矩形脉冲,按照上面的演示方法,可观察不同宽度矩形脉冲的幅度谱。

本 章 小 结

　　1. 信号就是用于描述、记录或传输的消息(或者说信息)的任何对象的物理状态随时间的变化过程。所谓电信号(以后简称为信号),一般指载有信息的随时间而变化的电压或电流,也可以是电容上的电荷、线圈中的磁通及空间中的电磁波等电量。信号从不同的角度可以划分为确知信号和随机信号,连续信号和离散信号,能量信号和功率信号等。常见的信号有正弦信号、矩形脉冲信号、抽样信号、单位阶跃信号和单位冲激信号等。信号分析有时域分析和频域分析。

　　2. 任何满足狄里赫利条件的周期信号都可分解为直流和许多余弦(或正弦)分量。利用傅里叶级数,可以将周期信号进行分解。周期信号的频谱包括幅度谱和相位谱。

　　3. 周期矩形脉冲信号包含无限多条谱线,其信号能量主要集中在第一个零点($\omega = \dfrac{2\pi}{\tau}$ 或 $f = \dfrac{1}{\tau}$)以内。通常把 $0 \leqslant f \leqslant \dfrac{1}{\tau}$(或 $0 \leqslant \omega \leqslant \dfrac{2\pi}{\tau}$)这段频率范围称为周期矩形脉冲信号的频带宽度或信号带宽。

　　4. 非周期信号则可通过傅里叶积分"分解"成"无限多项谐波"的积分和。非周期信号的频谱具有两大特点:连续性和密度性。因此,非周期信号的频谱应叫频谱密度,习惯上仍称频谱。

　　5. 傅里叶变换的主要性质有:线性叠加性、对称性、尺度变换、时移性、频移性、卷积定理、微分特性、积分特性、调制特性等。

　　6. 单位冲激信号的频谱函数是常数 1,它均匀分布于整个频率范围,常称为"均匀谱"或

"白色频谱"。

7. 傅里叶变换在通信系统中的几种主要应用——滤波、调制和抽样。

8. 随机信号是非确定性信号,它不能用确定的数学关系式来描述,不能预测其未来任何瞬时的精确值,任一次观测值只代表在其变动范围内可能产生的结果之一。但其值的变动服从统计规律。

9. 随机过程的主要的统计参数有均值、方差、均方值、概率密度函数、自相关函数、互相关函数、功率谱密度函数和互谱密度函数等。

习　题

一、填空题

1. 按信号随时间变化的规律来分,信号分为(　　)信号与(　　)信号。

2. 按自变量 t 取值的连续与否来分,信号分为(　　)信号与(　　)信号。

3. 按信号的能量和功率是否有限来分,信号分为(　　)信号和(　　)信号。

4. 正弦信号的三要素是(　　)、(　　)和(　　)。

5. 信号分析包括(　　)分析和(　　)分析。

6. 脉冲宽度为 τ、周期为 T 的周期矩形脉冲函数,其频谱中第一个过零点的频率为(　　),当 τ 不变,T 变大,谱线间隔变(　　),谐波分量幅度变(　　);当 T 不变,τ 变窄,第一个零点的频率变(　　),谐波分量幅度变(　　)。

7. 从抽样信号中无失真地恢复出原信号,要求抽样角频率(　　)。

8. 平稳随机过程就是(　　)不随时间变化而改变的随机过程。

9. (　　)的大小反映了随机变量对均值的离散程度;(　　)描述了随机信号的强度或平均功率。

10. (　　)反映了随机信号幅值分布的规律;(　　)是指变量之间的线性关系。

二、选择题

1. 连续周期信号频谱的特点是(　　)。
   A. 周期连续谱　　　　　　　　B. 周期离散谱
   C. 非周期连续谱　　　　　　　D. 非周期离散谱

2. 以下关于冲激函数性质的表达式不正确的是(　　)。
   A. $f(t)\delta(t)=f(0)\delta(t)$　　　　B. $\delta(t)=\delta(-t)$
   C. $\int_{-\infty}^{t}\delta(\tau)\mathrm{d}\tau=u(t)$　　　　D. $\delta(at)=\frac{1}{a}\delta(t)$

3. 要处理一个连续时间信号,对其进行抽样的频率是 3 kHz,要无失真地恢复该信号,则该信号的最高频率可能是(　　)。
   A. 6 kHz　　　　B. 1.5 kHz　　　　C. 3 kHz　　　　D. 2 kHz

4. 若一模拟信号为带限,且对其抽样满足奈奎斯特条件,则只要将抽样信号通过(　　)即可完全无失真地恢复该信号。
   A. 理想低通滤波器　　　　　　B. 理想高通滤波器

    C. 理想带通滤波器   D. 理想带阻滤波器

三、判断题

(   ) 1. 单位冲激信号的积分等于单位阶跃信号。

(   ) 2. 任何周期信号可分解为直流和许多余弦(或正弦)分量。

(   ) 3. 周期信号的频谱是连续的,非周期信号的频谱是离散的。

(   ) 4. 信号的频带宽度与脉冲宽度成正比。

(   ) 5. 周期信号当脉宽一定时,若周期增长,相邻谱线的间隔减小,频谱变密。

(   ) 6. 周期信号可以当成周期趋于无穷大的周期信号处理。

(   ) 7. 单位阶跃信号的频谱均匀分布于整个频率范围。

(   ) 8. 理想低通滤波器实际是不存在的。

(   ) 9. 无失真传输是指输出信号与输入信号完全一样。

(   ) 10. 随机信号不能用确定的数学关系式来描述,没有任何规律可循。

四、计算题

1. 如题图 2-1 所示,已知 $x(t)$ 为宽度 2 ms 的矩形脉冲。

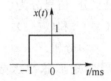

题图 2-1

(1) 写出 $x(t)$ 的傅里叶变换表示式。

(2) 画出它的频谱函数图。

2. 已知 $x(t)$ 为如题图 2-2 所示的周期函数,$\tau = 2$ ms,$T = 8$ ms。

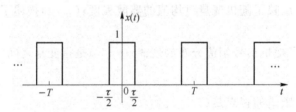

题图 2-2

(1) 写出 $x(t)$ 的傅里叶级数指数形式表达式。

(2) 画出它的振幅频谱图。

3. 已知 $x(t)$ 的频谱函数如题图 2-3 所示,设 $f_0 = 5f_x$,画出 $x(t)\cos 2\pi f_0 t$ 的频谱函数图。

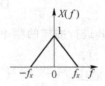

题图 2-3

第 3 章　信道与噪声

本章内容

◇ 信道概念及分类；
◇ 信道容量计算；
◇ 噪声及分类。

本章重点

◇ 信道分类；
◇ 信道容量。

本章难点

◇ 信道容量计算。

学习本章目的和要求

◇ 理解信道概念及其分类方式；
◇ 掌握模拟信道信道容量计算方法；
◇ 了解噪声概念及其对通信系统的影响。

3.1　信道概念及分类

信道是通信系统必不可少的组成部分,信道特性的好坏直接影响通信系统的总特性。本章主要讨论信道概念及分类、信道容量和信道中的噪声等内容。

3.1.1　信道概念

通俗地说,信道指以传输介质为基础的信号通路。通信质量的高低主要取决于传输介质的特性。具体地说,信道一般指由有线或无线电线路提供的信号通路。抽象地说,信道实质是一段频带,允许信号通过,同时又给信号以限制和损害。信道的作用是传输信号。

信道是信号传输的通道,是通信系统的重要组成部分。信道可以是有形的(有线信道),也可以是无形的(无线信道)。

信道的特点包括以下方面:

① 通信系统重要的传输环节;

② 通信系统中噪声的主要来源。

一般地,实际信道都不是理想信道。首先,这些信道具有非理想的频率响应特性;其次,信号通过信道传输时还有噪声和掺杂进去的其他干扰。信道的频率特性及噪声和干扰将影响信息传输的有效性和可靠性。

信道和电路并不等同。信道一般都是用来表示向某一个方向传送信息的媒体。因此,一条通信电路至少包含一条发送信道和(或)一条接收信道。一个信道可以看成是一条电路的逻辑部件。

3.1.2 信道分类

按照传输方式,信道可分为狭义信道和广义信道,如图 3-1 所示。

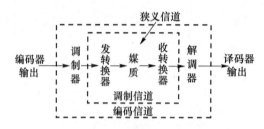

图 3-1 狭义信道和广义信道

1. 狭义信道

狭义信道仅指传输媒介,是发送设备和接收设备之间用以传输信号的传输媒介。通信质量的优差,在很大程度上依赖于狭义信道的特性。狭义信道是直观的,通常可分为有线信道和无线信道两大类。

(1) 有线信道

1) 明线

架空明线是指平行而相互绝缘的架空裸线线路。与电缆相比,它的优点是传输损耗低。但它易受气候和天气的影响,并且对外界噪声干扰较敏感。明线现已逐步被淘汰。

2) 双绞线(对称电缆)

双绞线由两根彼此绝缘的铜线组成,这两根线按照规则的螺线状绞合在一起(也称为对称电缆)。每一对线作为一根通信链路使用。通常将许多这样的线结捆扎在一起,并用坚硬的、起保护作用的护皮包裹成一根电缆。导线材料是铝或铜,直径为 0.4~1.4 mm。将线对绞合起来是为了减轻同一根电缆内的相邻线对之间的串扰,且相邻线对通常具有不同的绞合长度。双绞线实物及内部结构如图 3-2 所示。

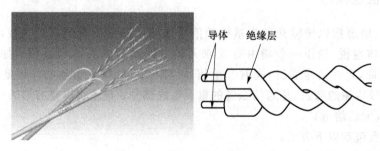

图 3-2 双绞线实物及内部结构

双绞线又分为非屏蔽双绞线(Unshielded Twisted Pair,UTP)和屏蔽双绞线(Shielded Twisted Pair,STP)。UTP 无金属屏蔽材料,只有一层绝缘胶皮包裹,价格相对便宜,组网灵活。STP 外面由一层金属材料包裹,以减小辐射,防止信息被窃听,同时具有较高的数据传输速率,但价格较高,安装也比较复杂。布线中除在某些特殊场合(如受电磁辐射严重、对传输质量要求较高等)使用 STP 外,一般情况下都采用 UTP。

现在使用的 UTP 可分为三类、四类、五类和超五类四种。其中:三类 UTP 用于传统电话线,另外,还用于 10 Mbit/s 以太网,是早期网络中重要的传输介质;四类 UTP 因标准的推出比三类 UTP 晚,而传输性能与三类 UTP 相比并没有提高多少,所以一般较少使用;五类 UTP 因价廉质优而成为快速以太网(100 Mbit/s)的首选介质;超五类 UTP 的用武之地是千兆位以太网(1 000 Mbit/s)。

双绞线是目前应用最广泛的传输介质,一对双绞线可实现 2 Mbit/s 的数据通信。如果缩短传输距离,则传输速率更高,可达几十甚至上百兆比特每秒。现在,双绞线的性能仍然在不断改进和提高,以满足更高的通信要求。

双绞线的优点:由于其结构上的双绞特点,与外界间相互干扰小(抗电磁干扰);带宽较宽,传输特性比较稳定。

双绞线的缺点:双绞线的传输损耗比明线大得多。

双绞线的应用:目前,用户电话接入线主要采用双绞线。

3)同轴电缆

同轴电缆由同轴的两个导体构成,外导体是一个圆柱形的空管(在可弯曲的同轴电缆中,它可以由金属丝编织而成),内导体是金属线(芯线)。它们之间填充着绝缘介质,可能是塑料,也可能是空气。在空气绝缘的情况下,内导体依靠有一定间距的绝缘子来定位。同轴电缆实物及内部结构如图 3-3 所示。

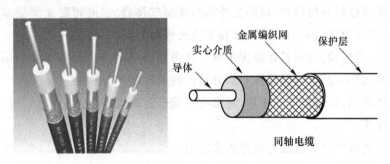

图 3-3　同轴电缆实物及内部结构

同轴电缆分为 50 Ω 的细缆和 75 Ω 的粗缆。细缆(基带同轴电缆)用于基带信号传输,主要用于数字信号传输系统,采用曼彻斯特编码和差分曼彻斯特编码,实验室仪器也是使用细缆;粗缆(宽带同轴电缆)用于宽带信号传输,可以用于数字/模拟信号传输系统,如 CATV 有线电视信号传输,能够同时传输几百套电视节目。

同轴电缆的优点:与外界间相互干扰小(外导体接地,屏蔽作用);带宽大。

同轴电缆的缺点:成本较高(与双绞线比较)。

同轴电缆应用非常广泛。

4) 光纤

光纤(光导纤维的简称)是光纤通信系统的传输介质。由于可见光的频率非常高,约为 10^8 MHz 的量级,因此,一个光纤通信系统的传输带宽远远大于其他各种传输介质的带宽,是目前最有发展前途的有线传输介质。

光纤是一种纤细($2\sim125\ \mu m$)、柔韧、能够传导光线的介质(光导纤维),以光波作为载波的信道。有多种玻璃和塑料可用于制造光纤,使用超高纯二氧化硅熔丝的光纤可得到最低损耗。光纤实物及内部结构如图 3-4 所示。

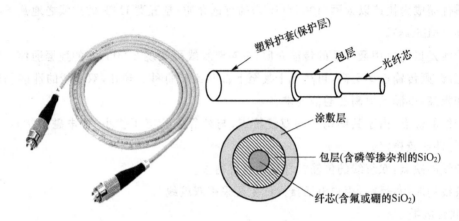

塑料护套(保护层)
包层
光纤芯

涂敷层
包层(含磷等掺杂剂的SiO₂)
纤芯(含氟或硼的SiO₂)

图 3-4　光纤实物及内部结构

光纤呈圆柱形,由纤芯、包层和护套三部分组成。纤芯是光纤最中心的部分,它由一条或多条非常细的玻璃或塑料纤维线构成,每根纤维线都有它自己的包层。由于这一玻璃或塑料包层的折射率比芯线低,因此可使光波保持在纤芯内。环绕一束或多束有包层纤维的塑料护套由若干塑料或其他材料层构成,以防止外部的潮湿气体侵入,并可防止磨损或挤压等伤害。按照传输模式,光纤通常可分为单模光纤和多模光纤两类。

光纤的优点:低传输损耗(长距离无中继)、高带宽(容量大)、抗干扰能力强等。

光纤的缺点:成本较高(完整系统),部分器件技术问题尚需解决。

光纤的主要应用:长距离干线通信,将来有可能全面取代电缆。

(2) 无线信道

无线信道主要由光波和无线电波作为传输载体。

在光波中,红外线、激光是常用的信号载体。前者广泛用于短距离通信,如电视、录像机、空调等家用电器使用的遥控装置;后者可用于建筑物之间的局域网连接,因为它具有高带宽和定向性好的优势,但是,由于受天气、热气流或热辐射等影响,使得它的工作质量存在不稳定性。

由于无线电波传播距离远,能够穿过建筑物,而且既可以全方向传播,又可以定向传播,因此绝大多数无线通信都采用无线电波作为信号传输的载体。为了合理、充分地利用无线电频率资源,根据频率高低的不同(波长的不同),人们将无线电波分为 9 个大波段,见表 3-1。因为不同频率(波长)电磁波的传播特性各异,所以其应用场合也不尽相同。

表 3-1 频率资源划分表

频段名称	频率范围	波长范围	波段名称	传输介质	用　途
甚低频 VLF	3 Hz～30 kHz	10^8～10^4 m	甚长波	有线线对 长波无线电	音频、电话、数据终端、长距离导航、时标
低频 LF	30～300 kHz	10^4～10^3 m	长波		导航、信标、电力线通信
中频 MF	300 kHz～3 MHz	10^3～10^2 m	中波	同轴电缆 中波无线电	调幅广播、移动陆地通信、业余无线电通信
高频 HF	3～30 MHz	10^2～10 m	短波	同轴电缆 短波无线电	移动无线电话、短波广播、军用定点通信、业余无线电通信
甚高频 VHF	30～300 MHz	10～1 m	超短波	同轴电缆 米波无线电	电视、调频广播、空中管制、车辆通信、导航
特高频 UHF	300 MHz～3 GHz	1 m～10 cm	微波	波导 分米波无线电	电视、空间遥测、雷达导航、点对点通信、移动通信、专用短程通信、微波炉、蓝牙技术
超高频 SHF	3～30 GHz	10～1 cm		波导 厘米波无线电	微波接力、雷达、卫星和空间通信、专用短程通信
极高频 EHF	30～300 GHz	1 cm～1 mm		波导 毫米波无线电	微波接力、雷达、射电天文学
紫外线、红外线、可见光	10^5～10^7 GHz	$3×10^{-4}$～$3×10^{-6}$ cm	光波	光纤 激光空间传播	光通信

下面介绍几种主要的无线信道。

1) 短波

短波是指频率为 3～30 MHz 的无线电波。短波的基本传播途径有两个：一个是地波，另一个是天波。短波的波长短，沿地球表面传播的地波绕射能力差，传播的有效距离短。短波以天波形式传播时，在电离层中所受到的吸收作用小，有利于电离层的反射。经过一次反射可以得到 100～4 000 km 的跳跃距离。经过电离层和大地的几次连续反射，传播的距离更远。

地波沿地球表面传播，其传播距离取决于地表介质特性。海面介质的电导特性对于电波传播最为有利，短波地波信号可以沿海面传播 1 000 km 左右；陆地表面介质电导特性差，对电波衰耗大，而且不同的陆地表面介质对电波的衰耗程度不一样（潮湿土壤地面衰耗小，干燥沙石地面衰耗大）。短波信号沿地面最多只能传播几十千米。地波传播不需要经常改变工作频率，但要考虑障碍物的阻挡，这与天波传播是不同的。

短波的主要传播途径是天波。短波信号由天线发出后，经电离层反射回地面，又由地面反射回电离层，可以反射多次，因而传播距离很远（几百至上万千米），而且不受地面障碍物阻挡。但天波是很不稳定的。在天波传播过程中，路径衰耗、时间延迟、大气噪声、多径效应、电离层衰落等因素，都会造成信号的弱化和畸变，影响短波通信的效果。

在短波电离层反射信道中，多径传播现象对信号传输的影响最大，引起多径传播的主要原因如下：

• 电波经电离层的一次反射和多次反射；

• 几个反射层高度不同；

- 地球磁场引起的电磁波束分裂成寻常波与非寻常波;
- 电离层不均匀性引起的漫射现象。

短波通信的主要优点如下:

① 短波是唯一不受网络枢纽和有源中继体制约的远程通信手段,一旦发生战争或灾害,各种通信网络都可能受到破坏,卫星也可能受到攻击,无论哪种通信方式,其抗毁能力和自主通信能力都与短波无法相比;

② 在山区、戈壁、海洋等地区,超短波覆盖不到,主要依靠短波;

③ 与卫星通信相比,短波通信不用支付话费,运行成本低。

短波通信的主要缺点如下:由于电离层的高度和密度容易受昼夜、季节、气候等因素的影响,所以短波通信的稳定性较差,噪声较大。

目前,短波广泛应用于电报、电话、低速传真通信和广播等方面。

尽管当前新型无线电通信系统不断涌现,但短波这一古老和传统的通信方式仍然受到全世界的普遍重视,不仅没有被淘汰,还在快速发展。

2) 地面微波接力

无线电微波通信在数据通信中占重要地位。在 100 MHz 以上的频段内,无线电波几乎按直线进行传播,而且这样的电磁波可以被汇集成一束窄窄的波束,因此它可以通过抛物线形状的天线接收。而微波的频率范围为 300 MHz～300 GHz,在这个范围内,它在空中主要沿直线传播的,可经电离反射到很远的地方。同时,由于微波在空中是直线传播的,而地球表面是个曲面,因此传输距离受到限制。

由于微波是按照近似直线的方式进行传播的,所以,如果两个站点间相距太远,那么地球本身就会阻碍电磁的传输,因此在中间每隔一段距离就需要安装一个中继器来使电磁波传输得更远。中继器间的距离大约与站高的平方根成正比,如果站高为 100 m,则中继器之间的距离可以约为 80 km(距离一般在 50～100 km 之间)。这种微波接力通信可传输电话、电报、图像、数据等信息。地面微波接力传输如图 3-5 所示。

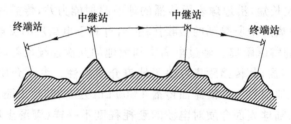

图 3-5   地面微波接力传输

地面微波接力通信的主要优点如下。

① 容量大。由于微波波段频率很高,频段范围也很宽,因此其通信信道的容量很大。

② 质量高。因为工业干扰和电干扰的主要频谱成分比微波频率低得多,对微波通信的危害比对短波和米波通信小得多,因而微波接力通信传输质量较高。

③ 投资小。与相同容量和长度的电缆载波通信比较,微波接力通信建设投资少,见效快。

微波接力通信的缺点如下。

① 容易失真。与代频的无线电传输不同的是,微波并不能很好地穿透建筑物,而且微波即使在发射器处已经会聚,但在空气中仍然会有一些散发。所以在微波通信中,相邻站之间必须直视,不能有障碍物,有时一个天线发射出的信号也会分成几条略有差别的路径到达接收天

线（称为"多径衰减"），因而造成失真。

② 易受环境因素影响。微波的传播性能有时也会受到恶劣气候的影响，如雨水天气。微波只有几厘米的波长，容易被水吸收。

③ 安全性差。与电缆通信系统比较，微波通信的隐蔽性和保密性较差。

④ 维护难度大。对大量中继站的使用和维护要耗费一定的人力和物力。

3) 卫星通信

人造卫星中继信道可视为无线电中继信道的一种特殊形式。卫星中继信道由通信卫星、地球站、上行线路及下行线路构成。其中上行线路与下行线路是地球站至卫星及卫星至地球站的电波传播路径，而信道设备集中于地球站与卫星中继站中。相对于地球站来说，同步卫星在空中的位置是静止的。轨道在赤道平面上的人造同步卫星，当它离地面高度为35 860 km时，可以实现地球上 18 000 km 范围内的多点之间的连接，采用三个适当配置的同步卫星中继站就可以覆盖全球（除南、北两极盲区外）。如图 3-6 所示。

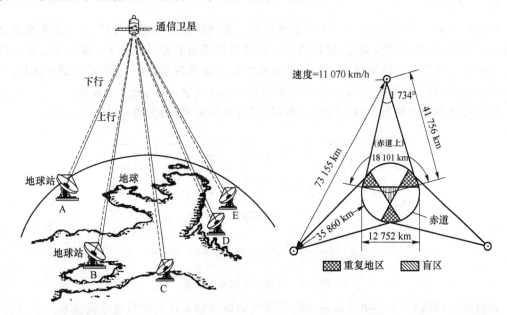

图 3-6　卫星通信

卫星通信的主要优点如下：

① 传输距离远；

② 覆盖地域广；

③ 传播稳定可靠；

④ 传输容量大。

卫星通信的主要缺点如下：

① 技术要求高；

② 一次性投入大。

目前卫星通信广泛用来传输多路电话、电报、数据和电视。

以上介绍了常用的有线和无线传输介质，表 3-2 对各种常用介质的特性及应用进行了比较。

表 3-2　常用传输介质的比较

传输介质	速率	传输距离	性能(抗干扰性)	价格	应用
双绞线	10~1 000 Mbit/s	几十 km	可以	低	模拟/数字传输
50 Ω 同轴电缆	10 Mbit/s	3 km 内	较好	略高于双绞线	基带数字信号
75 Ω 同轴电缆	300~450 MHz	100 km	较好	较高	模拟传输电视、数据及音频
光纤	几十 Gbit/s	30 km 以上	很好	较高	远距离传输
短波	<50 MHz	全球	较差	较低	远程低速通信
地面微波接力	4~6 GHz	几百 km	好	中等	远程通信
卫星	500 MHz	18 000 km	很好	与距离无关	远程通信

2. 广义信道

通信系统中,凡信号经过的一切通道统称为广义信道。可以理解为,广义信道不但包括传输媒介,还包括馈线、天线、调制/解调器、编码/译码器等各种形式的转换、耦合等设备。广义信道主要用于通信系统性能分析。广义信道从消息传输的观点分析问题,把信道范围扩大了。其意义在于仅关注传输结果,不关心传输过程,使通信系统模型及其分析大为简化。

信道可分为调制信道(连续信道)和编码信道(离散信道)两大类,如图 3-7 所示。

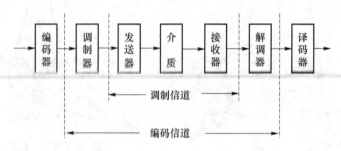

图 3-7　调制信道和编码信道

调制信道:调制信道是指从调制器输出端到解调器输入端的所有电路设备和传输介质,调制信道主要用来研究模拟通信系统的调制、解调问题,故调制信道又称为连续(信号)信道。调制信道中传输的是已调信号,为模拟信道。调制信道又分为恒参信道和随参信道。

图 3-8　信道分类

编码信道:编码信道的范围是从编码器输出端至译码器输入端,编码器的输出和译码器的输入都是数字序列,故编码信道又称为离散信道,主要用于研究数字通信系统。编码信道中传输的是已编信号,为数字信道。编码信道又分为有记忆信道和无记忆信道。

综上所述,信道具体分类情况如图 3-8 所示。

3.1.3　信道模型

1. 调制信道模型

调制信道对信号的影响是由信道的特性及外界干扰造成的,可以用一个二对端(或多对端)的时变线性网络来表示,即只需关心调制信道输入信号与输出信号之间的关系(不涉及信道内部过程)。调制信道模型如图 3-9 所示。

在图 3-9 中,网络输入输出关系可以表示为

$$e_o(t) = f[e_i(t)] + n(t) \qquad (3\text{-}1)$$

图 3-9 调制信道模型

式中,$e_i(t)$ 是输入的已调信号,$e_o(t)$ 是信道总输出波形,$n(t)$ 为加性噪声(或称加性干扰),它与 $e_i(t)$ 不发生依赖关系,即 $n(t)$ 与 $e_i(t)$ 相互独立。$f[e_i(t)]$ 由网络的特性确定,表示 $e_i(t)$ 通过线性网络所发生的线性变换,表示信号通过网络时,输出信号与输入信号之间建立的某种函数关系。

通常,$f[e_i(t)]$ 可以表示为 $k(t) e_i(t)$,此时,$e_o(t) = k(t) e_i(t) + n(t)$,其中 $k(t)$ 表示时变线性网络的特性,称为乘性干扰,乘性噪声是指噪声在信号出现时存在。$k(t)$ 是一个复杂的函数,反映信道的衰减、线性失真、非线性失真、延迟等。$n(t)$ 称为加性噪声,指无论信号是否出现,噪声在任何时间均存在。

当 $k(t) =$ 常数时,该信道称为恒参信道,如同轴电缆;当 $k(t) \neq$ 常数时,该信道称为随参信道,如移动蜂窝网通信信道。

(1)恒参信道

恒参信道指信道的乘性干扰 $k(t)$ 随时间缓变或不变,可以等效为线性时不变网络。各种有线信道和部分无线信道,如卫星通信链路信道,微波中继链路信道,中长波、地面波传播信道都属于恒参信道。

表达式:若信道特性为 $h(t)$,则输出信号可表示为

$$e_o(t) = e_i(t) * h(t) + n(t) \qquad (3\text{-}2)$$

当前大多数的数据通信都是通过恒参信道(或近似恒参信道)进行的,如有线信道、微波信道、卫星信道等都是恒参信道。恒参信道的主要特点是可以把信道等效成一个线性时不变网络,可以使用线性系统分析方法。传输技术主要解决由线性失真引起的符号间干扰(码间干扰)和由信道引入的加性噪声所造成的判断失误。

恒参信道对信号传输的影响主要是线性畸变,线性畸变是由于网络特性不理想所造成的,具体从幅频特性和相频特性两方面进行讨论。

① 幅度-频率畸变

幅度-频率畸变即幅频畸变,是由于信道幅频特性不理想造成的。

② 相位-频率畸变(群迟延畸变)

相位-频率畸变即相频畸变,是由于信道相频特性不理想造成的。理想的相频特性曲线是通过原点的斜率为 k 的一条直线。

所谓相位-频率畸变,是指信道的相位-频率特性偏离线性关系所引起的畸变,信道的相位-频率特性还经常用群迟延-频率特性来衡量。

相位-频率畸变如同幅度-频率畸变一样,也是一种线性畸变。因此,采取相位均衡技术也可以补偿相位-频率畸变。

(2)随参信道

随参指信道的乘性干扰 $k(t)$ 随时间快变化,如短波电离反射、超短波流星余迹散射、多径效应和选择性衰落均属于随参信道。

表达式:

$$e_o(t) = f[e_i(t)] + n(t) = k(t)e_i(t) + n(t) \tag{3-3}$$

式中,$k(t)$ 是依赖于网络特性的乘性噪声(乘性干扰),它与信号是相乘关系,通常 $k(t)$ 只能用随机过程或复杂函数来描述;$n(t)$ 是加性噪声(加性干扰),加性噪声是分散在通信系统中各处噪声的集中表示,加性噪声的主要代表是起伏噪声(包括热噪声、散弹噪声和宇宙噪声等),它是客观存在的。

可见,随参信道对信号的影响有乘性干扰 $k(t)$ 和加性干扰 $n(t)$ 两个因素。

一般地,对乘性干扰 $k(t)$ 和加性干扰 $n(t)$ 的特性进行分析,就可以了解信道对信号的具体影响。乘性干扰会引起信号畸变(影响较大),需采用专门技术予以克服或减少。对于恒参信道,常采用均衡技术;对于随参信道,需采用分集技术。通常讨论系统性能,仅考虑加性噪声。

随参信道对信号传输的影响主要有以下两个方面。

① 一般衰落(频率弥散现象)。由于电离层反射、散射及对流层散射,电波从发射点出发可能经多条路径到达接收点,这种现象称"多径传播"。

② 频率选择性衰落。为分析方便,假设多径传播的路径只有两条,且到达接收点的两路信号具有相同的强度和一个相对时延差。

随参信道的传输媒质具有三个特点:

① 对信号的衰耗随时间而变化;

② 传输的时延随时间而变化;

③ 多径传播。

综上,调制信道具有以下特性:

① 有一对(或多对)输入端和一对(或多对)输出端,为模拟信道;

② 在输入信号的动态范围内,信道是线性的,即满足叠加性;

③ 信号在信道中传输时均被衰减和时延(固定或时变),具有随频率变化的振幅频率特性和相位频率特性;

④ 即使信道输入端无信号输入,在输出端仍有一定的功率输出,这是因为信道内存在着各种噪声。

2. 编码信道模型

编码信道是包括调制信道、调制器以及解调器的信道,它与调制信道模型明显不同,主要是研究信道对所传输的数字信号产生的影响。因此编码信道所关心的是:在经过信道传输之后数字信号是否出现差错以及出现差错的可能性有多少。

编码信道对信号的影响则是一种数字序列的变换,因此编码信道可以用转移概率(条件概率)来描述。信道转移概率 $P(y_j|x_i)$ 是信道输入码元(即发送符号)为 x_i,而信道输出码元(即接收符号)为 y_j 的条件概率:$P(y_j|x_i) = P(y=y_j|x=x_i)$。它表示信道输入端的数字信号序列到输出端发生转移的程度。

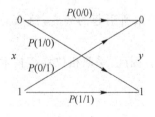

图 3-10 二进制编码信道模型

一般用 $P(0/0)$、$P(1/1)$ 表示正确转移概率,用 $P(0/1)$、$P(1/0)$ 表示错误转移概率,如图 3-10 所示。由图 3-10 可见,$P(1/0)=1-P(0/0)$,$P(0/1)=1-P(1/1)$。

编码信道分为无记忆信道和有记忆信道。在编码信道中,若数字信号的差错是独立的,也就是数字信号的前一个码元差错对后面的码元无影响,则称此信道为无记忆信道。如果前一码元的差错影响到后面码元,则称这种信道为有记忆信道。

编码信道具有的特性为:①有二进制或多进制信道,为数字信道;②编码信道包含调制信道,故调制信道对编码信道的传输质量有影响,但编码信道更看重对所传输的数字信号产生的影响,即经信道传输之后数字信号是否出现差错以及出现差错的可能性有多少。

3.2 信道容量

信道容量是信道的极限传输能力,即信道能够传送信息的最大传输速率。其数学表达式为

$$C = \max R \tag{3-4}$$

式中,R 为信源传输速率,max 表示所有可能的输入概率分布 R 的最大值。

如 3.1.3 节所述,信道可分为调制信道(连续信道)和编码信道(离散信道)两大类。连续信道用于广义信道中的调制信道,其模型用时变线性网络描述;离散信道用于广义信道中的编码信道,其模型用转移概率描述。在连续信道中,信道容量与信号功率大小等因素有关;在离散信道中,信道容量由信道本身的性质所决定。

3.2.1 连续信道信道容量

一般连续信道的容量并不容易计算,当信道为加性信道时,情况要简单一些。

1948 年,香农(Shannon)用信息论的理论推导出了带宽受限且有高斯白噪声干扰的信道的极限信息传输速率。当用此速率进行传输时,可以做到不产生差错。

设信道(调制信道)的输入端加入单边功率谱密度为 n_0(单位:W/Hz)的加性高斯白噪声,信道的带宽为 B(单位:Hz),信号功率为 S(单位:W),则通过这种信道无差错传输的最大信息速率,即信道容量

$$C = B\log_2\left(1 + \frac{S}{n_0 B}\right) \tag{3-5}$$

令 $N = n_0 B$,则

$$C = B\log_2\left(1 + \frac{S}{N}\right) \tag{3-6}$$

式(3-6)就是著名的香农公式,S/N 为信噪比。香农公式表明了当信号与作用在信道上的起伏噪声的平均功率给定时,在具有一定频带宽度 B 的信道上,理论上单位时间内可能传输的信息量的极限数值。

对于式(3-5)、式(3-6),需注意以下三点。

(1) 信噪比 S/N 为实际比值,而不是分贝(dB)。在实际应用中,一般并不直接用其表示信噪比,而是对它取对数变成分贝值,即用公式 $10\lg(S/N)$ 计算。例如,S/N 为 10 时,分贝数是 10;S/N 为 100 时,分贝数是 20;30 dB 对应的 S/N 为 1 000。典型的模拟电话系统分贝值为 30 dB($S/N = 1\,000$),带宽 $B = 3\,000$ Hz,根据公式可得到它的信道容量约为 30 kbit/s。这个值是理论上限,实际的信息(数据)传输速率都要低于 30 kbit/s。

（2）信道容量 C 的单位是 bit/s,而不是波特(码元/秒)。

（3）信道容量三要素为:信道带宽 B、噪声单边功率谱密度 n_0 和信号功率 S。信道容量和这三要素有密切关系。

香农公式主要讨论了信道容量、带宽和信噪比之间的关系,是信息传输中非常重要的公式,也是目前通信系统设计和性能分析的理论基础。

关于信道容量,可以总结出以下四个结论。

（1）当给定 B、S/N 时,信道的极限传输能力(信道容量)C 即确定。当信道实际的传输信息速率 R 小于或等于 C 时,能做到无差错传输(差错率可任意小)。如果 R 大于 C,那么无差错传输在理论上是不可能的。

（2）当信道容量 C 一定时,带宽 B 和信噪比 S/N 之间可以互换。换句话说,要使信道保持一定的容量,可以通过调整带宽 B 和信噪比 S/N 的关系来达到。

（3）增加信道带宽 B 并不能无限制地增大信道容量。当信道噪声为高斯白噪声时,随着带宽 B 的增大,噪声功率 $N=n_0 B$(n_0 为单边噪声功率谱密度)也增大,在极限情况下,

$$\lim_{B \to \infty} C = \lim_{B \to \infty} B\log_2(1+S/N) = \lim_{B \to \infty} B\log_2\left(1+\frac{S}{n_0 B}\right)$$

$$\approx \frac{S}{n_0} \lim_{B \to \infty} \frac{n_0 B}{S}\log_2\left(1+\frac{S}{n_0 B}\right)$$

$$= \frac{S}{n_0}\log_2 e \approx 1.44\frac{S}{n_0} \tag{3-7}$$

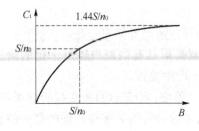

图 3-11　信道容量和带宽的关系

信道容量和带宽之间的关系如图 3-11 所示,可见,随着带宽 B 的不断增大,信道容量 C 趋于有限值 $1.44S/n_0$。由此可见,即使信道带宽无限大,信道容量仍然是有限的。

（4）信道容量 C 是信道传输的极限速率时,由于 $C=\dfrac{I}{T}$(I 为信息量,T 为传输时间),根据香农公式

$$C=\frac{I}{T}=B\log_2(1+S/N)$$

有

$$I=BT\log_2(1+S/N) \tag{3-8}$$

可见,在给定 C 和 S/N 的情况下,带宽与时间也可以互换。

自从香农公式发表后,各种新的信号处理和调制的方法不断出现,其目的都是为了尽可能地接近香农公式所给出的传输速率极限。在实际信道上能够达到的信息传输速率要比香农的极限传输速率低不少。这是因为在实际的信道中,信号还要受到其他一些损伤,如各种脉冲干扰和在传输中产生的失真等。这些因素在香农公式的推导过程中并未考虑。

由于码元的传输速率受奈氏准则的制约,所以要提高信息的传输速率,就必须设法使每一个码元能携带更多比特的信息量。这就需要采用多元制(又称为多进制)的调制方法。例如,当采用 16 元制时,一个码元可携带 4 比特的信息。一个标准电话话路的频带为 $300 \sim 3\,400$ Hz,即带宽为 $3\,100$ Hz。在此频带中接近于理想信道的也就是靠中间的一段,其带宽约为 $2\,400$ Hz。如使码元的传输速率为 $2\,400$ Baud(这相当于每赫兹带宽的码元传输速率为 1 Baud),则信息的传输速率可达到 $9\,600$ bit/s。实际上,要达到这样的信息传输速率必须使

信噪比具有较高的数值。

对于 3.1 kHz 带宽的标准电话信道,如果信噪比 $S/N=2\,500$,那么由香农公式可知,无论采用何种先进的编码技术,信息的传输速率一定不可能超过由式(3-6)算出的极限数值,即 35 kbit/s。目前的编码技术水平与此极限数值相比,差距已经很小了。

香农公式的意义有以下几个方面。

① 信道容量与所传输信号的有效带宽成正比,信号的有效带宽越宽,信道容量越大。

② 信道容量与信道上的信噪比有关,信噪比越大,信道容量也越大,但其制约规律成对数关系。

③ 信道容量 C、有限带宽 W 和信噪比可以相互起补偿作用,即可以互换。应用极为广泛的扩频通信、多相位调制等都是以此为理论基础。

④ 当信道上的信噪比小于 1 时,信道的信道容量并不等于 0,这说明此时信道仍具有传输消息的能力。也就是说,信噪比小于 1 时仍能进行可靠的通信,这对于卫星通信、深空通信等具有特别重要的意义。

⑤ 香农公式是在噪声为加性 WGN 情况下推得的,由于白色高斯噪声是危害最大的信道干扰,因此对不是白色高斯噪声的信道干扰而言,其信道容量应该大于按香农公式计算的结果。

【例 3.2.1】　设模拟电话信道带宽为 3.4 kHz,信道上只存在加性噪声。

(1) 若信道的输出信噪比为 30 dB,求该信道的最大信息传输速率。

(2) 若要在该信道中传输 33.6 kbit/s 的数据,试求接收端要求的最小信噪比。

解　(1) $R_\mathrm{b}=C=B\log_2\left(1+\dfrac{S}{N}\right)=3.4\times10^3\times\log_2(1+10^3)\approx33.9$ kbit/s

(2) $S/N=2^{C/B}-1\approx942.8\approx29.74$ dB

【例 3.2.2】　某一待传输的图像分辨率为 800 像素×600 像素,各像素间统计独立,每像素灰度等级为 8 级(等概率出现),要求用 3 s 传送该图片,且信道输出端的信噪比为 30 dB,试求传输系统所要求的最小信道带宽。

解　每个像素的平均信息量

$$H(x)=\sum_{i=1}^{8}P(x_i)\log_2\frac{1}{P(x_i)}=\log_2 8=3\ 比特/符号$$

一幅图片的平均信息量

$$I=800\times600\times3=1.44\times10^6\ \mathrm{bit}$$

3 s 传送一张图片的平均信息速率

$$R_\mathrm{b}=\frac{I}{t}=\frac{1.44\times10^6}{3}=0.48\times10^6\ \mathrm{bit/s}$$

因为信道容量 $C\geqslant R$,选取 $C=R$,所以信道带宽为

$$B=\frac{C}{\log_2\left(1+\dfrac{S}{N}\right)}=\frac{0.48\times10^6}{\log_2(1+1\,000)}=48.16\ \mathrm{kHz}$$

3.2.2　离散信道信道容量

香农定理是针对噪声信道而言的,它对模拟信道和数字信道都适用。对于无噪声的数字

信道(理想低通信道)而言,则有奈奎斯特(Nyquist)准则指明其信道容量。

奈奎斯特准则指出:频带宽度为 B(Hz)的无噪声数字信道,所能传输的信号的最高码元速率为 $2B$(Baud)(具体内容在第 6 章中详细介绍),则最大信息速率

$$C=2B\log_2 N \tag{3-9}$$

式中,B 为系统频带宽度,N 为码元所能取得的离散值的个数,C 为系统最大信息传输速率(单位:bit/s)。

【例 3.2.3】 设现有一带宽为 3 000 Hz 的无噪声数字信道,用于传输十六进制数据信号,请计算该信道的信道容量。

解 信道容量

$$C=2B\log_2 N=2\times 3\,000\times\log_2 16=24\,000\ \text{bit/s}$$

【例 3.2.4】 某一无噪声数字信道,系统带宽为 500 Hz,信道容量是 3 000 bit/s,求该信道传输符号的进制数。

解 由奈奎斯特准则可知:

$$N=2^{\frac{C}{2B}}=2^{\frac{3\,000}{2\times 500}}=8$$

3.3 信道中的噪声

噪声指通信系统中有用信号以外的有害的干扰性信号。人们通常将周期性的有害信号称为干扰,其他随机的有害信号称为噪声。

图 3-12 对无噪声的正弦信号和有噪声的正弦信号进行了比较。

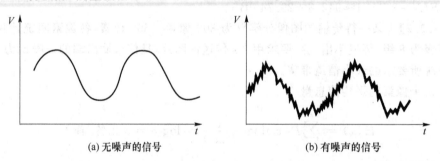

(a) 无噪声的信号　　　　　　　　　(b) 有噪声的信号

图 3-12　无噪声的信号和有噪声的信号

信道中加性噪声的来源一般可以分为以下三方面。

(1) 人为噪声

人为噪声主要来源于无关的其他信号源,如产生火花的机器、电动机中的整流子、汽车点火系统、交流发电设备、电焊设备以及荧光灯等。人为噪声主要以脉冲的形式出现。

(2) 自然噪声

自然噪声指自然界存在的各种电磁波源,如闪电、雷击、大气中的电暴和各种宇宙噪声等。

(3) 内部噪声

内部噪声是系统设备本身产生的各种噪声,如电阻中自由电子的热运动和半导体中载流子的起伏变化等。

某些类型的噪声是确知的。虽然消除这些噪声不一定很容易,但至少在原理上可消除或

基本消除。另一些噪声则往往不能准确预测其波形。这种不能预测的噪声统称为随机噪声。我们关心的是随机噪声。常见的随机噪声可分为以下三类。

(1) 单频噪声

单频噪声是一种连续波的干扰(如外台信号),它可视为一个已调正弦波,但其幅度、频率或相位是事先不能预知的。这种噪声的主要特点是占有极窄的频带,但在频率轴上的位置可以实测。因此,单频噪声并不是在所有通信系统中都存在。

(2) 脉冲噪声

脉冲噪声是突发出现的幅度高而持续时间短的离散脉冲。这种噪声的主要特点是其突发的脉冲幅度大,但持续时间短,且相邻突发脉冲之间往往有较长的安静时段。从频谱上看,脉冲噪声通常有较宽的频谱(从甚低频到高频),但频率越高,其频谱强度就越小。脉冲噪声主要来自机电交换机和各种电气干扰、雷电干扰、电火花干扰、电力线感应等。数据传输对脉冲噪声的容限取决于比特速率、调制解调方式以及对差错率的要求。

应当指出,脉冲噪声虽然对模拟话音信号的影响不大,但是在数字通信中,它的影响是不容忽视的。一旦出现突发脉冲,由于它的幅度大,将会导致一连串的误码,对通信造成严重的危害。IUT-T 关于租用电话线路的脉冲噪声指标是 15 分钟内,在门限以上的脉冲数不得超过 18 个。在数字通信中,通常可以通过纠错编码技术来减轻这种危害。

(3) 起伏噪声

起伏噪声是以热噪声、散弹噪声及宇宙噪声为代表的噪声。这些噪声的特点是,无论在时域内还是在频域内,它们总是普遍存在和不可避免的。

由以上分析可见,单频噪声不是所有的通信系统中都有的,而且也比较容易防止;脉冲噪声由于具有较长的安静期,故对模拟话音信号的影响不大;起伏噪声既不能避免,且始终存在,因此,一般来说,它是影响通信质量的主要因素之一。本书在研究噪声对通信系统的影响时,主要指起伏噪声。

下面介绍通信系统中经常碰到的一些噪声。

1. 白噪声

在通信系统中,经常碰到的噪声之一就是白噪声。所谓白噪声是指它的功率谱密度函数在整个频域($-\infty < \omega < +\infty$)内是常数,即服从均匀分布,如图 3-13 所示。之所以称它为"白"噪声,是因为它类似于光学中包括全部可见光频率在内的白光。凡是不符合上述条件的噪声,称为有色噪声。

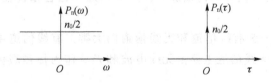

图 3-13　白噪声的功率谱密度和自相关函数

噪声的功率在整个频率轴上均匀分布,或者说功率谱密度为常数,则此噪声称为白噪声。

白噪声的功率谱密度函数通常被定义为

$$P_{\mathrm{n}}(\omega) = \frac{n_0}{2} \qquad (-\infty < \omega < +\infty) \tag{3-10}$$

式中,n_0 是一个常数,单位为 W/Hz。若采用单边频谱,即频率在 0~$+\infty$ 的范围内,白噪声的

功率谱密度函数又常写成

$$P_n(\omega) = n_0 \qquad (0 < \omega < +\infty) \tag{3-11}$$

实际上完全理想的白噪声是不存在的,通常只要噪声功率谱密度函数均匀分布的频率范围远远超过通信系统工作频率范围时,就可近似认为是白噪声。例如,热噪声的频率可以高到 10^{13} Hz,且功率谱密度函数在 $0 \sim 10^{13}$ Hz 内基本均匀分布,因此可以将它看成白噪声。

2. 高斯白噪声

在实际信道中,另一种常见的噪声是高斯噪声。所谓高斯噪声是指它的概率密度函数服从高斯分布(即正态分布)的一类噪声。其一维概率密度用数学式表示如式 3-12 所示:

$$p(x) = \frac{1}{\sqrt{2\pi}\sigma} \exp\left[-\frac{(x-a)^2}{2\sigma^2}\right] \tag{3-12}$$

式中,a 为噪声的数学期望值,也就是均值;σ^2 为噪声的方差。

通常,通信信道中噪声的均值 $a = 0$。由此可得到一个重要的结论:在噪声均值为零时,噪声的平均功率等于噪声的方差。证明如下。

因为噪声的平均功率

$$P_n = \frac{1}{2\pi}\int_{-\infty}^{+\infty} P_n(\omega)\mathrm{d}\omega = R(0) \tag{3-13}$$

而噪声的方差为

$$\sigma^2 = D[n(t)] = E\{[n(t) - E(n(t))]^2\}$$
$$= E\{n^2(t)\} - [E(n(t))]^2 = R(0) - a^2 = R(0) \tag{3-14}$$

所以有

$$P_n = \sigma^2 \tag{3-15}$$

上述结论非常有用,在通信系统的性能分析中,常常通过求自相关函数或方差的方法来计算噪声的功率。

本 章 小 结

1. 信道指以传输介质为基础的信号通路。通信质量的高低主要取决于传输介质的特性。

2. 按照传输方式,信道可分为狭义信道和广义信道。狭义信道仅指传输媒介,是发送设备和接收设备之间用以传输信号的传输媒介。广义信道不但包括传输媒介,还包括各种形式的转换、耦合等设备。

3. 狭义信道通常可分为有线信道和无线信道两大类。有线信道主要包括明线、双绞线、同轴电缆、光导纤维等。无线信道主要由无线电波和光波作为传输载体,主要包括短波、地面微波接力、卫星通信等。

4. 通信系统中,凡信号经过的一切通道统称为广义信道。广义信道通常可分为调制信道和编码信道两大类。

5. 调制信道对信号的影响是由信道的特性及外界干扰造成的,可以用一个二对端(或多对端)的时变线性网络来表示,即只需关心调制信道输入信号与输出信号之间的关系(不涉及信道内部过程)。编码信道是包括调制信道、调制器以及解调器的信道,它与调制信道模型明显不同,主要是研究信道对所传输的数字信号产生的影响。因此编码信道所关心的是:在经过信道传输之后,数字信号是否出现差错以及出现差错的可能性有多少。

6. 信道容量指信道能够传送的最大信息量。香农公式指出了带宽受限且有高斯白噪声干扰的信道的极限信息传输速率的计算方法。香农公式主要讨论了信道容量、带宽和信噪比之间的关系,是信息传输中非常重要的公式,也是目前通信系统设计和性能分析的理论基础。

7. 噪声指通信系统中有用信号以外的有害的干扰性信号。通常将周期性的有害信号称为干扰,其他随机的有害信号称为噪声。

8. 按照信道中加性噪声的来源,一般分为人为噪声、自然噪声和内部噪声。

习　题

一、填空题

1. 按照传输方式,信道可分为狭义信道和(　　)。

2. 双绞线又分为非屏蔽双绞线 UTP 和(　　)。

3. 广义信道通常可分为(　　)和编码信道两大类。

4. 调制信道分为(　　)和随参信道。

5. 根据香农公式,当信道容量一定时,信道的带宽越宽,则对(　　)要求就越小。

6. 信道容量 C 一定时,(　　)和信噪比 S/N 之间可以互换。

7. 噪声指通信系统中有用信号以外的有害的干扰性信号,通常将周期性的有害信号称为干扰,其他随机的有害信号称为(　　)。

8. 按照信道中加性噪声的来源,一般分为(　　)、(　　)和内部噪声。

二、选择题

1. 根据信道传输参数的特性,信道可分为恒参信道和随参信道,恒参信道的正确定义是(　　)。
   A. 信道的参数不随时间变化
   B. 信道的参数不随时间变化或随时间缓慢变化
   C. 信道的参数随时间变化
   D. 信道的参数随时间快速变化

2. 以下信道属于随参信道的是(　　)。
   A. 电缆信道　　　　　　　　　B. 短波信道
   C. 光纤信道　　　　　　　　　D. 微波中继信道

3. 连续信道的信道容量将受到"三要素"的限制,其"三要素"是(　　)。
   A. 带宽、信号功率、信息量　　　B. 带宽、信号功率、噪声功率谱密度
   C. 带宽、信号功率、噪声功率　　D. 信息量、带宽、噪声功率谱密度

4. 以下不能无限制地增大信道容量的方法是(　　)。
   A. 无限制提高信噪比　　　　　B. 无限制减小噪声
   C. 无限制提高信号功率　　　　D. 无限制增加带宽

5. 根据香农公式,以下关系正确的是(　　)。
   A. 信道容量一定,信道的带宽越宽,信噪比的要求越小

    B. 信道的容量与信道的带宽成正比

    C. 信道容量一定,信道的带宽越宽,信噪比的要求越高

    D. 信道的容量与信噪比成正比

三、判断题

(   ) 1. 调制信道是包括编码信道、调制器以及解调器的信道。

(   ) 2. 调制信道又称为连续信道,编码信道又称为离散信道。

(   ) 3. 编码信道只需关心调制信道输入信号与输出信号之间的关系(不涉及信道内部过程)。

(   ) 4. 调制信道所关心的是:在经过信道传输之后,数字信号是否出现差错以及出现差错的可能性有多少。

(   ) 5. 增加信道带宽 B 并不能无限制地增大信道容量。

(   ) 6. 当信道上的信噪比小于 1 时,信道不具有传输消息的能力。

四、简答题

1. 比较明线、双绞线、同轴电缆和光导纤维的优缺点。

2. 比较调制信道与编码信道的特性。

3. 何为香农公式中的"三要素",简述信道容量与"三要素"的关系。

五、计算题

1. 某信源集包含 32 个符号,各符号等概出现,且相互统计独立。现将该信源发送的一系列符号通过一带宽为 4 kHz 的信道进行传输,要求信道的信噪比不小于 26 dB。试求:

(1) 信道容量;

(2) 无差错传输时的最高符号速率。

2. 设视频的图像分辨率为 320 像素×240 像素,各像素间统计独立,每像素灰度等级为 256 级(等概率出现),每秒传送 25 幅画面,且信道输出端的信噪比为 30 dB,试求传输系统所要求的最小信道带宽。

第4章 模拟调制

本章内容

◇ 模拟调制的概念；

◇ 幅度调制的原理；

◇ 角度调制的原理；

◇ 频分复用。

本章重点

◇ 幅度调制的原理；

◇ 频分复用。

本章难点

◇ 频分复用。

学习本章目的和要求

◇ 掌握模拟调制的基本概念和作用；

◇ 掌握幅度调制和角度调制原理；

◇ 掌握频分复用原理。

调制使用的基带信号是指信源直接产生的信号，基带是指信源信号的固有频带。

在通信中，经常用信源的基带信号作为调制信号去改变载波信号某些参量，称为调制；把产生的已调信号在匹配的信道上进行传输；然后，在信宿那里再对已调信号进行处理，还原出原来的基带信号，称为解调。需要注意，通常把调制和解调统称为调制。

载波信号是确知的周期性信号，本身不携带信息。载波信号可以看作交通工具，调制前相当于还没有乘客，调制后即有了乘客。也就是说，调制前载波信号中不包含信息，调制后的已调信号承载了信息。调制过程中已调信号的某些参量会跟随基带信号的变化而变化，如常用的正弦波载波信号（$S(t)=A\cos(\omega_c t+\phi_0)$）中的振幅（$A$）、频率（$\omega_c=2\pi f_c$）和初相位（$\phi_0$）等参量。

为什么要进行调制呢？一般地，调制的主要目的或作用有以下几点。

（1）通过频率变换以匹配信道的频谱特性，可传播更远距离，有利于接收。

（2）通过提高频率，可以减小无线通信中天线的尺寸，方便制造、安装和使用。

（3）实现多路复用。如通过频分复用，可以在同一信道传输多路信号而互不混叠。

（4）通过扩展频谱，可以有效抑制传输中的噪声，提高抗干扰性能。

总之,调制对系统的传输有效性和传输可靠性有着很大的影响,调制方式往往决定了一个通信系统的性能。

信源的基带信号为模拟信号则称为模拟调制,信源的基带信号为数字信号则称为数字调制。载波信号为正弦波信号的称为正弦载波调制,载波信号为脉冲信号的称为脉冲载波调制。本章讲述的就是采用正弦波为载波的模拟调制。

模拟调制方式主要有如下两类。

(1) 幅度调制。有完全调幅(AM)、双边带调制(DSB)、单边带调制(SSB)及残留边带调制(VSB)等方式。

(2) 角度调制。有调频(FM)、调相(PM)两种。因为相位的变化率就是频率,所以调相波和调频波是密切相关的。

4.1　幅度调制(线性调制)原理

4.1.1　幅度调制的一般模型

定义　幅度调制指用调制信号去控制正弦载波的振幅,使其按调制信号的规律变化的过程。

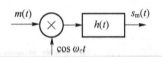

图 4-1　幅度调制的一般模型

一般模型如图 4-1 所示。

幅度调制时,为简单起见,设定载波信号为 $c(t) = \cos \omega_c t$(取 $A=1, \phi_0 = 0$),调制信号为 $m(t)$,则在时域和频域,幅度调制分别用式(4-1)和式(4-2)表示:

$$s_m(t) = [m(t) \cos \omega_c t] * h(t) \tag{4-1}$$

$$S_m(\omega) = \frac{1}{2} [M(\omega + \omega_c) + M(\omega - \omega_c)] H(\omega) \tag{4-2}$$

从时域看,幅度调制已调波的波形是先经过调制信号 $m(t)$ 与载波信号 $c(t)$ 相乘,然后再经过滤波器滤波而得到的,而滤波器输出 $s_m(t)$ 等于其输入信号 $m(t) \cos \omega_c t$ 与冲激函数 $h(t)$ 的卷积。

从频域看,幅度调制已调波的频谱是将调制信号的频谱 $M(\omega)$ 搬移到以载波信号的谱线为中心的位置上,然后再和滤波器的频谱 $H(\omega)$ 相乘而得到的。由于理想的滤波器的频谱 $H(\omega)$ 在通带内幅度恒定,因此幅度调制过程只是将调制信号的频谱进行线性搬移,所以幅度调制是线性调制。

根据实际通信需要,可选择不同的滤波器,于是就有了相应的不同的调制方式。下面分别予以介绍。

4.1.2　完全调幅(AM)

1. AM 信号的表达式、频谱及带宽

若假设滤波器为全通网络,即 $h(t) = \delta(t)$,$H(\omega) = 1$,故滤波器可省略。完全调幅原理图见图 4-2。

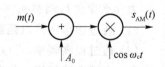

图 4-2　完全调幅原理图

完全调幅的表达式见式(4-3)和式(4-4)：

$$s_{AM}(t) = [A_0 + m(t)]\cos \omega_c(t) = A_0 \cos \omega_c(t) + m(t)\cos \omega_c(t) \tag{4-3}$$

$$S_{AM}(\omega) = \pi A_0 [\delta(\omega + \omega_c) + \delta(\omega - \omega_c)] + \frac{1}{2}[M(\omega + \omega_c) + M(\omega - \omega_c)] \tag{4-4}$$

完全调幅过程的时域和频域示意图见图 4-3。

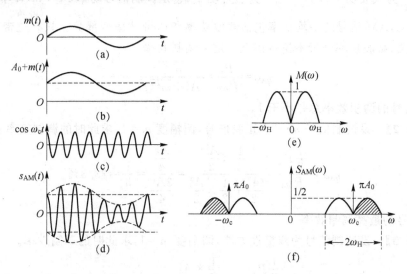

图 4-3　完全调幅过程的时域和频域示意图

从图 4-3 可见，当 $A_0 + m(t) \geqslant 0$ 时，将调幅波 $s_{AM}(t)$ 的峰值用虚线相连所得的包络线与调制信号 $m(t)$ 的波形相一致。为了保证包络检波时不发生失真，必须满足：

$$A_0 + m(t) \geqslant 0,\ \text{即}\ A_0 \geqslant |m(t)|_{\max} \tag{4-5}$$

此时 $s_{AM}(t)$ 的最小振幅总是大于等于零，从而保证了完全调幅信号的包络与调制信号的变化规律一致。

调幅度

$$m = \frac{A(t)_{\max} - A(t)_{\min}}{A(t)_{\max} + A(t)_{\min}} \tag{4-6}$$

式中，$A(t) = A_0 + m(t)$ 是已调信号的振幅。因为 $A(t) = A_0 + m(t) \geqslant 0$，所以 $m \leqslant 1$，当 $m = 1$ 时称为满调幅。

AM 信号是带有载波的双边带信号，它的带宽为基带信号带宽的两倍，即

$$B_{AM} = 2B_m = 2f_H$$

【例 4.1.1】　已知调幅波 $s_{AM}(t) = (15 + 3\cos 2\pi F t + 2\cos 6\pi F t)\cos 2\pi f_c t$，求该调幅波的调幅度和带宽。

解　(1) $m = \dfrac{A(t)_{\max} - A(t)_{\min}}{A(t)_{\max} + A(t)_{\min}} = \dfrac{20 - 10}{20 + 10} = \dfrac{1}{3} = 33.3\%$

(2) $B_{AM} = 2B_m = 2f_H = 2 \times 3F = 6F$

2. AM 信号的功率分配和调制效率

$s_{AM}(t)$ 的功率为

$$P_{AM} = \overline{s_{AM}^2(t)} = \overline{[A_0 + m(t)]^2 \cos^2 \omega_c t}$$

$$= \overline{A_0^2 \cos^2 \omega_c t} + \overline{m^2(t)\cos^2 \omega_c t} + \overline{2A_0 m(t)\cos^2 \omega_c t}$$

一般情况下信号的直流功率为 0，即 $\overline{m(t)}=0$。又知 $\overline{\cos \omega_c t}=0$，$\overline{\cos^2 \omega_c t}=\dfrac{1}{2}$，故有

$$P_{AM}=\frac{A_0^2}{2}+\frac{\overline{m^2(t)}}{2}=P_c+P_s \tag{4-7}$$

式中，$P_c=\dfrac{A_0^2}{2}$ 为载波功率；$P_s=\dfrac{\overline{m^2(t)}}{2}$ 为边带功率，它是调制信号功率 $P_m=\overline{m^2(t)}$ 的一半。

由此可见，AM 信号的平均功率包括载波功率和边带功率两部分。只有边带功率分量与调制信号有关，载波功率分量不携带信息。定义调制效率

$$\eta_{AM}=\frac{P_s}{P_{AM}}=\frac{\overline{m^2(t)}}{A_0^2+\overline{m^2(t)}} \tag{4-8}$$

显然，AM 信号的调制效率总是小于 1。

【例 4.1.2】 设调制信号 $m(t)$ 为正弦信号，调幅度 $m=1$，求此时的调制效率 η_{AM}。

解
$$\eta_{AM}=\frac{\dfrac{1}{2}P_m}{P_{AM}}=\frac{\dfrac{1}{2}\times\dfrac{A_0^2}{2}}{\dfrac{A_0^2}{2}+\dfrac{1}{2}\times\dfrac{A_0^2}{2}}=\frac{\dfrac{A_0^2}{4}}{\dfrac{3A_0^2}{4}}=\frac{1}{3}=33.3\%$$

这是模拟信号的最高调制效率。

【例 4.1.3】 设调制信号为双极性方波，调幅度 $m=1$，求此时的调制效率。

解
$$\eta_{AM}=\frac{\dfrac{1}{2}P_m}{P_{AM}}=\frac{\dfrac{1}{2}\times A_0^2}{\dfrac{A_0^2}{2}+\dfrac{1}{2}\times A_0^2}=\frac{1}{2}=50\%$$

这是数字信号的最高调制效率。

3. AM 信号的解调

调制的逆过程叫作解调。AM 信号的解调方法有两种：包络检波法(非相干检波法)和相干解调法。

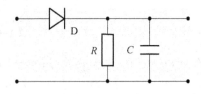

图 4-4　包络检波法电路图

（1）包络检波法

包络检波法通常包括整流(全波或半波整流)和滤波(低通)两个处理过程。

这里介绍的包络检波法电路很简单，由二极管 D、电阻 R 和电容 C 组成，如图 4-4 所示。二极管 D 起到半波整流作用，而电阻 R 和电容 C 形成低通滤波器。

包络检波法电路要求 RC 满足如下条件：

$$\frac{1}{\omega_c}\ll RC\ll\frac{1}{\omega_H} \tag{4-9}$$

这样，在输入信号正半周期，对电容 C 充电，由于二极管 D 导通，很快包络检波器的输出接近输入信号的峰值，然后二极管 D 截止，RC 回路的电容 C 开始放电，但放电速度很慢，不等包络检波器的输出下降多少，又开始了下一个充电周期。于是利用快充慢放原理，包络检波器的输出与输入信号的包络十分相近，如图 4-5 所示。即

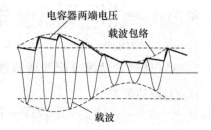

图 4-5　包络检波法波形图

$$m_o(t) \approx A_0 + m(t) \tag{4-10}$$

若包络检波器的输入信号是高频等幅波,则包络检波器的输出是直流电压(因此也可用于数字幅度调制)。

(2)相干解调法

所谓相干解调就是用接收机产生的相干载波与接收到的调幅波相乘,要求相干载波与发端载波同频同相(即为同步载波信号),然后通过低通滤波器(LPF)分离出调制信号$m_o(t)$。如图 4-6 所示。

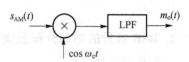

图 4-6　AM 相干解调原理图

相干解调的时域表示,首先通过乘法器将相干载波与接收到的调幅波相乘:

$$s_{AM}(t) \cdot \cos \omega_c t = [A_0 + m(t)]\cos^2 \omega_c t$$

$$= \frac{1}{2}[A_0 + m(t)] + \frac{1}{2}[A_0 + m(t)]\cos 2\omega_c t \tag{4-11}$$

然后用一个低通滤波器,就可以无失真地恢复原始的调制信号:

$$m_o(t) = \frac{1}{2}[A_0 + m(t)] \tag{4-12}$$

请注意解调器输出 $m_o(t)$ 与原调制信号 $m(t)$ 的区别。通过隔直和放大处理,即可由 $m_o(t)$ 得到 $m(t)$,所以对模拟信号来说,二者可看成是等价的。

4.1.3　抑制载波的双边带调制(DSB)

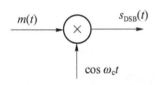

图 4-7　DSB 调制原理图

完全调幅的缺点是调制效率低,其功率中的大部分消耗在不携带信息的直流分量上。如果将这部分直流分量完全取消,则效率可以提高到 100%,这就是抑制载波的双边带调制(DSB-SC),简称 DSB。DSB 调制原理图如图 4-7 所示。

1. DSB 信号的表达式、频谱及带宽

DSB 的时域和频域表达式为

$$s_{DSB}(t) = m(t)\cos \omega_c t, \quad \overline{m(t)} = 0 \tag{4-13}$$

$$S_{DSB}(\omega) = \frac{1}{2}[M(\omega + \omega_c) + M(\omega - \omega_c)] \tag{4-14}$$

DSB 调制过程的时域和频域示意图如图 4-8 所示。

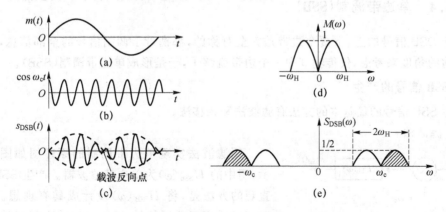

图 4-8　DSB 调制过程的时域和频域示意图

由图 4-8 可见,DSB 信号不能进行包络检波,需采用相干解调;除不含有载频分量离散谱外,DSB 信号的频谱由上下对称的两个边带组成。故 DSB 信号是不带载波的双边带信号,它的带宽为基带信号带宽的两倍。

$$B_{DSB} = B_{AM} = 2B_m = 2f_H \tag{4-15}$$

2. DSB 信号的功率分配及调制效率

DSB 信号的功率为

$$P_{DSB} = P_s = \frac{1}{2}\overline{m^2(t)} = \frac{1}{2}P_m \tag{4-16}$$

显然,DSB 信号的调制效率为 100%。即

$$\eta_{DSB} = \frac{P_s}{P_{DSB}} = \frac{\frac{1}{2}\overline{m^2(t)}}{\frac{1}{2}\overline{m^2(t)}} = 100\% \tag{4-17}$$

3. DSB 信号的解调

DSB 信号只能采用相干解调,其解调原理与 AM 的相干解调相同,如图 4-9 所示。

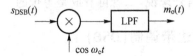

图 4-9　DSB 相干解调原理图

类似地,乘法器输出为

$$s_{DSB}(t) \cdot \cos\omega_c t = m(t)\cos^2\omega_c t$$
$$= \frac{1}{2}m(t) + \frac{1}{2}m(t)\cos 2\omega_c t \tag{4-18}$$

经低通滤波器滤除高次项,得

$$m_o(t) = \frac{1}{2}m(t) \tag{4-19}$$

4.1.4　单边带调制(SSB)

由于 DSB 信号的上、下两个边带是完全对称的,都携带了调制信号的全部信息,因此,从信息传输的角度来考虑,仅传输其中一个边带就够了,于是形成单边带调制(SSB)。

1. SSB 信号的产生

产生 SSB 信号的最基本的方法有滤波法和相移法。

(1) 滤波法

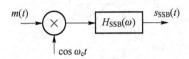

图 4-10　滤波法 SSB 调制原理图

用滤波法实现单边带调制的原理图如图 4-10 所示,图中的 $H_{SSB}(\omega)$ 为单边带滤波器。产生 SSB 信号最直观的方法是,将 $H_{SSB}(\omega)$ 设计成具有理想高通特性 $H_H(\omega)$ 或理想低通特性 $H_L(\omega)$ 的单边带滤波器,从而

只让所需的一个边带通过,而滤除另一个边带。产生上边带信号时 $H_{SSB}(\omega)$ 即为 $H_H(\omega)$,产生下边带信号时 $H_{SSB}(\omega)$ 即为 $H_L(\omega)$。如图 4-11 所示。

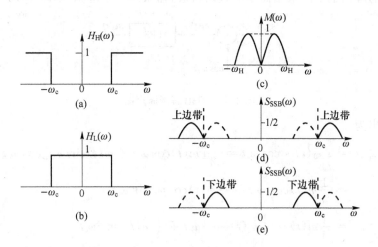

图 4-11 SSB 调制频谱示意图

(2) 相移法

用相移法实现单边带调制的原理图如图 4-12 所示。

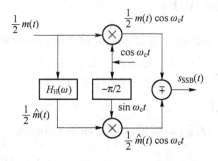

图 4-12 相移法 SSB 调制原理图

可以证明,SSB 信号的时域表示式为

$$s_{SSB}(t)=\frac{1}{2}m(t)\cos \omega_c t \mp \frac{1}{2}\hat{m}(t)\sin \omega_c t \tag{4-20}$$

式中,"-"对应上边带信号,"+"对应下边带信号,$\hat{m}(t)$ 是 $m(t)$ 的希尔伯特变换,$\hat{m}(t)=m(t)*\frac{1}{\pi t}$。

2. SSB 信号带宽、功率和调制效率

$$B_{SSB}=\frac{1}{2}B_{DSB}=B_m=f_H \tag{4-21}$$

$$P_{SSB}=\frac{1}{2}P_{DSB}=\frac{1}{4}\overline{m^2(t)} \tag{4-22}$$

$$\eta_{SSB}=\frac{P_s}{P_{SSB}}=\frac{\frac{1}{4}\overline{m^2(t)}}{\frac{1}{4}\overline{m^2(t)}}=100\% \tag{4-23}$$

3. SSB 信号的解调

SSB 信号的解调也不能采用简单的包络检波,需采用相干解调,如图 4-13 所示。

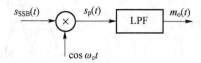

图 4-13　SSB 解调原理图

乘法器输出为

$$s_{\mathrm{p}}(t) = s_{\mathrm{SSB}}(t) \cdot \cos \omega_c t = \frac{1}{2}[m(t)\cos \omega_c t \mp \hat{m}(t)\sin \omega_c t]\cos \omega_c t$$

$$= \frac{1}{2}m(t)\cos^2 \omega_c t \mp \frac{1}{2}\hat{m}(t)\cos \omega_c t \sin \omega_c t$$

$$= \frac{1}{4}m(t) + \frac{1}{4}m(t)\cos 2\omega_c t \mp \frac{1}{4}\hat{m}(t)\sin 2\omega_c t \tag{4-24}$$

经低通滤波后的解调输出为

$$m_{\mathrm{o}}(t) = \frac{1}{4}m(t) \tag{4-25}$$

4.1.5　残留边带调制(VSB)

残留边带调制是介于单边带调制与双边带调制之间的一种调制方式,它既克服了 DSB 信号占用频带宽的问题,又解决了单边带滤波器不易实现的难题。

在残留边带调制中,除了传送一个边带外,还保留了另外一个边带的一部分。

1. 残留边带信号的产生

残留边带调制原理图和 $H_{\mathrm{VSB}}(\omega)$ 频谱示意图如图 4-14、图 4-15 所示。

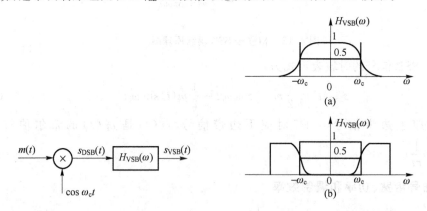

图 4-14　VSB 调制原理图　　　　图 4-15　$H_{\mathrm{VSB}}(\omega)$ 频谱示意图

从图 4-15 可见,残留边带滤波器 $H_{\mathrm{VSB}}(\omega)$ 的边沿关于 $(\pm\omega_c,0.5)$ 成奇对称,设 α 为滚降系数,则

$$\alpha = \frac{B_{\mathrm{VSB}} - B_{\mathrm{SSB}}}{B_{\mathrm{SSB}}} = \frac{B_{\mathrm{VSB}} - B_{\mathrm{m}}}{B_{\mathrm{m}}} = \frac{B_{\mathrm{VSB}} - f_{\mathrm{H}}}{f_{\mathrm{H}}}$$

故

$$H_{\text{VSB}}(\omega+\omega_c)+H_{\text{VSB}}(\omega-\omega_c)=C, \quad C\text{ 为常数},|\omega|\leqslant\omega_H \tag{4-26}$$

$$S_{\text{VSB}}(\omega)=\frac{1}{2}[M(\omega-\omega_c)+M(\omega+\omega_c)]H_{\text{VSB}}(\omega) \tag{4-27}$$

2. SSB 信号带宽、功率和调制效率

$$B_{\text{VSB}}=\frac{(1+\alpha)}{2}B_{\text{DSB}}=(1+\alpha)B_m=(1+\alpha)f_H, \quad \alpha\text{ 为滚降系数} \tag{4-28}$$

$$\frac{1}{4}\overline{m^2(t)}=P_{\text{SSB}}\leqslant P_{\text{VSB}}\leqslant P_{\text{DSB}}=\frac{1}{2}\overline{m^2(t)} \tag{4-29}$$

$$\eta_{\text{VSB}}=\frac{P_s}{P_{\text{VSB}}}=100\% \quad (P_{\text{VSB}}=P_s) \tag{4-30}$$

3. 残留边带信号的解调

VSB 信号的解调也需采用相干解调,如图 4-16 所示。

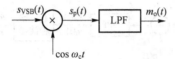

图 4-16　VSB 解调原理图

乘法器输出为

$$S_p(\omega)=\frac{1}{2}[S_{\text{VSB}}(\omega-\omega_c)+S_{\text{VSB}}(\omega+\omega_c)] \tag{4-31}$$

$$S_p(\omega)=\frac{1}{4}H_{\text{VSB}}(\omega-\omega_c)[M(\omega-2\omega_c)+M(\omega)]+$$

$$\frac{1}{4}H_{\text{VSB}}(\omega+\omega_c)[M(\omega)+M(\omega+2\omega_c)] \tag{4-32}$$

$$M_o(\omega)=\frac{1}{4}M(\omega)[H_{\text{VSB}}(\omega-\omega_c)+H_{\text{VSB}}(\omega+\omega_c)]=\frac{C}{4}M(\omega), \quad C\text{ 为常数} \tag{4-33}$$

4.1.6　线性调制系统的抗噪声性能分析

本节将要研究的问题是,信道存在加性高斯白噪声时各种线性调制系统的抗噪声性能。

1. 通信系统抗噪性能分析模型

首先建立通信系统抗噪性能分析模型,如图 4-17 所示。图 4-17 中 $n_i(t)$ 为窄带高斯噪声,可以表示为

$$n_i(t)=n_c(t)\cos\omega_0 t-n_s(t)\sin\omega_0 t \tag{4-34}$$

$$\overline{n_c^2(t)}=\overline{n_s^2(t)}=\overline{n_i^2(t)}=N_i \tag{4-35}$$

其功率为 $N_i=n_0 B$,n_0 为噪声功率谱密度。

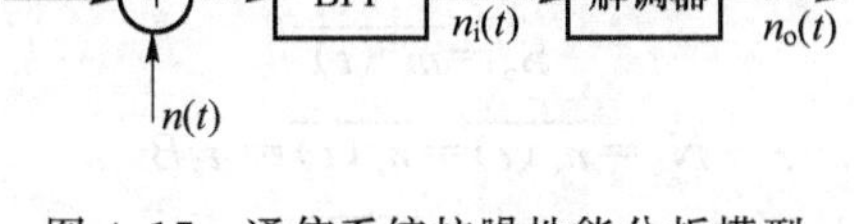

图 4-17　通信系统抗噪性能分析模型

输出信噪比定义为

$$\frac{S_o}{N_o} = \frac{\text{解调器输出有用信号的平均功率}}{\text{解调器输出噪声的平均功率}} = \frac{\overline{m_o^2(t)}}{\overline{n_o^2(t)}} \tag{4-36}$$

输入信噪比定义为

$$\frac{S_i}{N_i} = \frac{\text{解调器输入已调信号的平均功率}}{\text{解调器输入噪声的平均功率}} = \frac{\overline{S_m^2(t)}}{\overline{n_i^2(t)}} \tag{4-37}$$

人们常用信噪比增益作为不同调制方式下解调器抗噪性能的度量。它可以定义为调制制度增益：

$$G = \frac{S_o/N_o}{S_i/N_i} \tag{4-38}$$

2. 包络检波的抗噪声性能

对于 AM 信号常采用包络检波,其抗噪声性能分析原理图如图 4-18 所示。

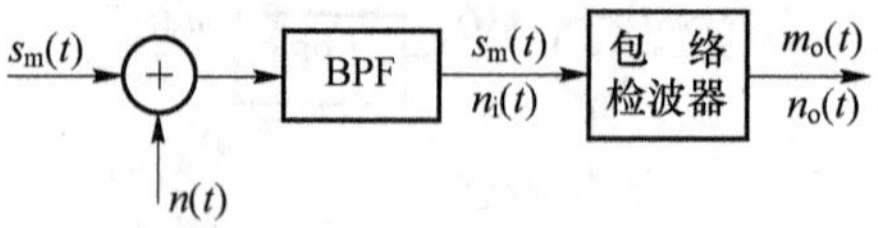

图 4-18 包络检波的抗噪声性能分析原理图

解调器输入信号为

$$s_m(t) = [A_0 + m(t)]\cos \omega_c t \tag{4-39}$$

输入噪声为

$$n_i(t) = n_c(t)\cos \omega_c t - n_s(t)\sin \omega_c t \tag{4-40}$$

输入的信号功率、噪声功率和信噪比为

$$S_i = \overline{s_m^2(t)} = \frac{A_0^2}{2} + \frac{1}{2}\overline{m^2(t)} \tag{4-41}$$

$$N_i = \overline{n_i^2(t)} = n_0 B \tag{4-42}$$

$$\frac{S_i}{N_i} = \frac{A_0^2 + \overline{m^2(t)}}{2n_0 B} \tag{4-43}$$

解调器输入的信号加噪声的合成波形为

$$s_m(t) + n_i(t) = [A_0 + m(t) + n_c(t)]\cos \omega_c t - n_s(t)\sin \omega_c t$$
$$= A(t)\cos[\omega_c t + \psi(t)] \tag{4-44}$$

其中合成包络

$$A(t) = \sqrt{[A_0 + m(t) + n_c(t)]^2 + n_s^2(t)} \tag{4-45}$$

为简化起见,下面考虑两种特殊情况。

(1) 大信噪比情况

$A(t) \approx A_0 + m(t) + n_c(t)$, $n_s^2(t)$ 忽略不计。

输出信号功率、噪声功率和信噪比为

$$S_o = \overline{m^2(t)} \tag{4-46}$$

$$N_o = \overline{n_c^2(t)} = \overline{n_i^2(t)} = n_0 B \tag{4-47}$$

$$\frac{S_o}{N_o} = \frac{\overline{m^2(t)}}{n_0 B} \tag{4-48}$$

调制制度增益

$$G_{AM} = \frac{S_o/N_o}{S_i/N_i} = \frac{2\,\overline{m^2(t)}}{A_0^2 + \overline{m^2(t)}} \qquad (4\text{-}49)$$

对于 100% 调制(即 $A_0 = |m(t)|_{max}$,且又是单音频正弦信号时,有

$$\overline{m^2(t)} = A_0^2/2 \qquad (4\text{-}50)$$

$$G_{AM} = \frac{2}{3} \qquad (4\text{-}51)$$

(2) 小信噪比情况

在小信噪比情况下,噪声幅度远大于输入信号幅度,即

$$\sqrt{n_c(t)^2 + n_s^2(t)} \gg [A_0 + m(t)] \qquad (4\text{-}52)$$

$$A(t) = \sqrt{[A_0 + m(t) + n_c(t)]^2 + n_s^2(t)} \approx \sqrt{n_c^2(t) + n_s^2(t)}$$

通过以上分析可以得出如下结论:在大信噪比情况下,AM 信号包络检波器的性能较好;但随着信噪比的减小,包络检波器将在一个特定输入信噪比值上,解调器的输出信噪比将急剧变坏,这称为门限效应,开始出现门限效应的输入信噪比称为门限值。

3. 线性调制相干解调的抗噪声性能

线性调制相干解调的抗噪声性能分析原理图如图 4-19 所示。

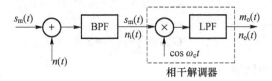

图 4-19 线性调制相干解调的抗噪声性能分析原理图

(1) AM 调制系统的性能

① 解调器输入、输出信号的功率

(a) 输入信号的功率

$$s_m(t) = [A_0 + m(t)]\cos \omega_c t \qquad (4\text{-}53)$$

$$S_i = \overline{s_m^2(t)} = \overline{\{[A_0 + m(t)]\cos \omega_c t\}^2} = \frac{1}{2}A_0^2 + \frac{1}{2}\overline{m^2(t)} + \overline{A_0 m(t)} \qquad (4\text{-}54)$$

$$S_i = \frac{1}{2}[A_0^2 + \overline{m^2(t)}] \qquad (4\text{-}55)$$

(b) 输出信号的功率

$$m_o(t) = \frac{1}{2}[A_0 + m(t)] \qquad (4\text{-}56)$$

$$S_o = \overline{m_o^2(t)} = \frac{1}{2}\overline{[A_0 + m(t)]^2} + \frac{1}{4}[A_0^2 + \overline{m^2(t)}] + \frac{1}{2}\overline{A_0 m(t)} \qquad (4\text{-}57)$$

$$S_o = \frac{1}{4}[A_0^2 + \overline{m^2(t)}] \qquad (4\text{-}58)$$

② 解调器输入、输出噪声的功率

(a) 输入噪声的功率

$$n_i(t) = n_c(t)\cos \omega_c t - n_s(t)\sin \omega_c t \qquad (4\text{-}59)$$

$$N_i = \overline{n_i^2(t)} = n_0 B \qquad (4\text{-}60)$$

（b）输出噪声的功率

$$n_i(t)\cos\omega_c t = [n_c(t)\cos\omega_c t - n_s(t)\sin\omega_c t]\cos\omega_c t$$

$$= \frac{1}{2}n_c(t) + \frac{1}{2}[n_c(t)\cos 2\omega_c t - n_s(t)\sin 2\omega_c t] \tag{4-61}$$

解调器最终的输出噪声为

$$n_o(t) = \frac{1}{2}n_c(t) \tag{4-62}$$

$$N_o = \overline{n_o^2(t)} = \frac{1}{4}\overline{n_c^2(t)} \tag{4-63}$$

$$N_o = \frac{1}{4}\overline{n_i^2(t)} = \frac{1}{4}N_i = \frac{1}{4}n_0 B \tag{4-64}$$

③ 解调器的输入和输出信噪比

$$\frac{S_i}{N_i} = \frac{\dfrac{1}{2}[A_0^2 + \overline{m^2(t)}]}{n_0 B} = \frac{A_0^2 + \overline{m^2(t)}}{2n_0 B} \tag{4-65}$$

$$\frac{S_o}{N_o} = \frac{\dfrac{1}{4}[A_0^2 + \overline{m^2(t)}]}{\dfrac{1}{4}n_0 B} = \frac{A_0^2 + \overline{m^2(t)}}{n_0 B} \tag{4-66}$$

调制制度增益为

$$G_{AM} = \frac{S_o/N_o}{S_i/N_i} = 2 \tag{4-67}$$

（2）DSB 调制系统的性能

① 解调器输入、输出信号的功率

（a）输入信号的功率

$$s_m(t) = m(t)\cos\omega_c t \tag{4-68}$$

$$S_i = \overline{s_m^2(t)} = \overline{[m(t)\cos\omega_c t]^2} = \frac{1}{2}\overline{m^2(t)} \tag{4-69}$$

（b）输出信号的功率

$$m_o(t) = \frac{1}{2}m(t) \tag{4-70}$$

$$S_o = \overline{m_o^2(t)} = \frac{1}{4}\overline{m^2(t)} \tag{4-71}$$

② 解调器输入、输出噪声的功率

（a）输入噪声的功率

$$n_i(t) = n_c(t)\cos\omega_c t - n_s(t)\sin\omega_c t \tag{4-72}$$

$$N_i = \overline{n_i^2(t)} = n_0 B \tag{4-73}$$

（b）输出噪声的功率

$$n_i(t)\cos\omega_c t = [n_c(t)\cos\omega_c t - n_s(t)\sin\omega_c t]\cos\omega_c t$$

$$= \frac{1}{2}n_c(t) + \frac{1}{2}[n_c(t)\cos 2\omega_c t - n_s(t)\sin 2\omega_c t] \tag{4-74}$$

解调器最终的输出噪声为

$$n_o(t) = \frac{1}{2}n_c(t) \tag{4-75}$$

$$N_o = \overline{n_o^2(t)} = \frac{1}{4}\overline{n_c^2(t)} \tag{4-76}$$

$$N_o = \frac{1}{4}\overline{n_i^2(t)} = \frac{1}{4}N_i = \frac{1}{4}n_0 B \tag{4-77}$$

③ 解调器的输入和输出信噪比

$$\frac{S_i}{N_i} = \frac{\frac{1}{2}\overline{m^2(t)}}{n_0 B} = \frac{\overline{m^2(t)}}{2n_0 B} \tag{4-78}$$

$$\frac{S_o}{N_o} = \frac{\frac{1}{4}\overline{m^2(t)}}{\frac{1}{4}n_0 B} = \frac{\overline{m^2(t)}}{n_0 B} \tag{4-79}$$

调制制度增益为

$$G_{DSB} = \frac{S_o/N_o}{S_i/N_i} = 2 \tag{4-80}$$

(3) SSB 调制系统的性能

① 解调器输入、输出信号的功率

(a) 输入信号的功率

$$s_m(t) = \frac{1}{2}m(t)\cos \omega_c t \mp \frac{1}{2}\hat{m}(t)\sin \omega_c t \tag{4-81}$$

$$S_i = \overline{s_m^2(t)} = \overline{\left[\frac{1}{2}m(t)\cos \omega_c t \mp \frac{1}{2}\hat{m}(t)\sin \omega_c t\right]^2} + \frac{1}{8}\left[\overline{m^2(t)} + \overline{\hat{m}^2(t)}\right] \tag{4-82}$$

$$S_i = \frac{1}{4}\overline{m^2(t)} \tag{4-83}$$

(b) 输出信号的功率

$$m_o(t) = \frac{1}{4}m(t) \tag{4-84}$$

$$S_o = \overline{m_o^2(t)} = \frac{1}{16}\overline{m^2(t)} \tag{4-85}$$

② 解调器输入、输出噪声的功率

(a) 输入噪声的功率

$$n_i(t) = n_c(t)\cos \omega_c t - n_s(t)\sin \omega_c t \tag{4-86}$$

$$N_i = \overline{n_i^2(t)} = n_0 B \tag{4-87}$$

(b) 输出噪声的功率

$$n_i(t)\cos \omega_c t = [n_c(t)\cos \omega_c t - n_s(t)\sin \omega_c t]\cos \omega_c t$$

$$= \frac{1}{2}n_c(t) + \frac{1}{2}[n_c(t)\cos 2\omega_c t - n_s(t)\sin 2\omega_c t] \tag{4-88}$$

解调器最终的输出噪声为

$$n_o(t) = \frac{1}{2}n_c(t) \tag{4-89}$$

$$N_o = \overline{n_o^2(t)} = \frac{1}{4}\overline{n_c^2(t)} \tag{4-90}$$

$$N_o = \frac{1}{4}\overline{n_i^2(t)} = \frac{1}{4}N_i = \frac{1}{4}n_0 B \tag{4-91}$$

③ 解调器的输入和输出信噪比

$$\frac{S_\mathrm{i}}{N_\mathrm{i}}=\frac{\dfrac{1}{4}\overline{m^2(t)}}{n_0 B}=\frac{\overline{m^2(t)}}{4n_0 B} \tag{4-92}$$

$$\frac{S_\mathrm{o}}{N_\mathrm{o}}=\frac{\dfrac{1}{16}\overline{m^2(t)}}{\dfrac{1}{4}n_0 B}=\frac{\overline{m^2(t)}}{4n_0 B} \tag{4-93}$$

调制制度增益为

$$G_\mathrm{SSB}=\frac{S_\mathrm{o}/N_\mathrm{o}}{S_\mathrm{i}/N_\mathrm{i}}=1 \tag{4-94}$$

DSB 解调器的调制制度增益是 SSB 的 2 倍,但不能因此认为,双边带系统的抗噪性能优于单边带系统。具体分析如下:

$$\left(\frac{S_\mathrm{o}}{N_\mathrm{o}}\right)_\mathrm{DSB}=G_\mathrm{DSB}\left(\frac{S_\mathrm{i}}{N_\mathrm{i}}\right)_\mathrm{DSB}=2\cdot\frac{S_\mathrm{i}}{N_\mathrm{iDSB}}=2\cdot\frac{S_\mathrm{i}}{n_0 B_\mathrm{DSB}}=\frac{S_\mathrm{i}}{n_0 f_\mathrm{H}} \tag{4-95}$$

$$\left(\frac{S_\mathrm{o}}{N_\mathrm{o}}\right)_\mathrm{SSB}=G_\mathrm{SSB}\left(\frac{S_\mathrm{i}}{N_\mathrm{i}}\right)_\mathrm{SSB}=1\cdot\frac{S_\mathrm{i}}{N_\mathrm{iSSB}}=\frac{S_\mathrm{i}}{n_0 B_\mathrm{SSB}}=\frac{S_\mathrm{i}}{n_0 f_\mathrm{H}} \tag{4-96}$$

(4) VSB 调制系统的性能

VSB 调制系统抗噪性能的分析方法与上面类似。但是,由于所采用的残留边带滤波器的频率特性形状可能不同,所以难以确定抗噪性能的一般计算公式。

4.2 角度调制(非线性调制)原理

用调制信号控制载波频率或相位,使载波的频率或相位随着调制信号变化而载波的幅度保持恒定的调制方式,称为频率调制(FM)或相位调制(PM)。由于频率的变化或相位的变化都可以看成是载波角度的变化,故调频和调相统称为角度调制。

角度调制的已调信号频谱不再是原调制信号频谱的线性搬移,而是非线性搬移,在频谱搬移的同时会产生新的频率成分,故角度调制是非线性调制。

由于频率和相位之间存在微分与积分的关系,故调频与调相之间存在密切的关系,而且实际中调频用得较多,因此本节主要讨论调频。

4.2.1 角度调制的基本概念

首先熟悉下列关于角度调制的基本概念。

1. 载波的基本概念

载波振幅:A 为常数。

正弦载波信号:$s(t)=A\cos\theta(t)$。

瞬时角频率:$\omega(t)=\mathrm{d}\theta(t)/\mathrm{d}t$。

瞬时相位:$\theta(t)=\displaystyle\int_{-\infty}^{t}\omega(\tau)\mathrm{d}\tau=\int_{0}^{t}\omega(\tau)\mathrm{d}\tau+\theta_0$。

2. 角度调制信号的基本概念

角度调制信号的时间表达式:$s_\mathrm{m}(t)=A\cos[2\pi f_\mathrm{c}t+\varphi(t)]$。

瞬时相位：$2\pi f_c t + \varphi(t)$。

瞬时相位偏移：$\varphi(t)$。

瞬时角频率：$\mathrm{d}[2\pi f_c t + \varphi(t)]/\mathrm{d}t$。

瞬时角频率偏移：$\mathrm{d}\varphi(t)/\mathrm{d}t$。

【例 4.2.1】 已知角度调制信号 $s_m(t) = A_0 \cos(10\pi t + \pi t^2)$，求 $f_c = 5$ 时的瞬时相位、瞬时相位偏移、瞬时角频率及瞬时角频率偏移。

解

瞬时相位：$2\pi f_c t + \varphi(t) = 10\pi t + \pi t^2$。

瞬时相位偏移：$\varphi(t) = \pi t^2$。

瞬时角频率：$\mathrm{d}[2\pi f_c t + \varphi(t)]/\mathrm{d}t = \mathrm{d}[10\pi t + \pi t^2]/\mathrm{d}t = 2\pi t + 10\pi$。

瞬时角频率偏移：$\mathrm{d}\varphi(t)/\mathrm{d}t = \mathrm{d}[\pi t^2]/\mathrm{d}t = 2\pi t$。

3. 相位调制的基本概念

相位调制（PM）定义：调相波 $s_{PM}(t) = A\cos[2\pi f_c t + K_p m(t)]$ 的瞬时相位偏移随调制信号 $m(t)$ 线性变化，即 $\varphi(t) = K_p m(t)$，其中 K_p 是常数，称为调相灵敏度，单位是弧度/伏。

4. 频率调制的基本概念

频率调制（FM）的定义：调频波 $s_{FM}(t) = A\cos\left(2\pi f_c t + K_f \int_{-\infty}^{t} m(\tau)\mathrm{d}\tau\right)$ 的瞬时频率偏移随调制信号 $m(t)$ 线性变化，即 $\mathrm{d}\varphi(t)/\mathrm{d}t = K_f m(t)$，其中 K_f 是常数，称为调频灵敏度，单位是弧度/(秒·伏)。

调频波的瞬时相位偏移：$\varphi(t) = K_f \int_{-\infty}^{t} m(\tau)\mathrm{d}\tau$。

5. FM 和 PM 的关系

FM 和 PM 信号非常相似，如果预先不知道调制信号的具体形式，则无法判断已调信号是调相信号还是调频信号。

如图 4-20、图 4-21 所示，如果将调制信号先微分，再进行调频，则可得到调相信号；如果将调制信号先积分，再进行调相，则可得到调频信号。即：

- 间接调相，将调制信号先微分再调频，则得到调相信号；
- 间接调频，将调制信号先积分再调相，则得到调频信号。

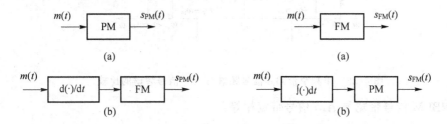

图 4-20　直接和间接调相　　　　图 4-21　直接和间接调频

从以上分析可见，调频与调相并无本质区别，两者之间可以互换。

4.2.2　窄带调频与宽带调频

频率调制属于非线性调制，其频谱结构复杂，难于表述。根据调制后载波瞬时相位偏移的

大小,可将频率调制分为宽带调频(WBFM)与窄带调频(NBFM)。当 $\left| K_\mathrm{f}\left[\int_{-\infty}^t m(\tau)\mathrm{d}\tau \right] \right| \ll$ $\frac{\pi}{6}$(或 0.5)时,称为窄带调频;否则,称为宽带调频。

1. 窄带调频

$$s_\mathrm{FM}(t) = \cos\left[\omega_\mathrm{c}t + K_\mathrm{f}\int_{-\infty}^t m(\tau)\mathrm{d}\tau \right]$$

$$= \cos\omega_\mathrm{c}t\cos\left[K_\mathrm{f}\int_{-\infty}^t m(\tau)\mathrm{d}\tau \right] - \sin\omega_\mathrm{c}t\sin\left[K_\mathrm{f}\int_{-\infty}^t m(\tau)\mathrm{d}\tau \right] \tag{4-97}$$

由条件 $\left| K_\mathrm{f}\left[\int_{-\infty}^t m(\tau)\mathrm{d}\tau \right] \right| \ll \frac{\pi}{6}$(或 0.5),取近似,即 $\theta \to 0$ 时,$\cos\theta \approx 1$,$\sin\theta \approx \theta$。

$$s_\mathrm{NBFM}(t) \approx \cos\omega_\mathrm{c}t - \left[K_\mathrm{f}\int_{-\infty}^t m(\tau)\mathrm{d}\tau \right]\sin\omega_\mathrm{c}t \tag{4-98}$$

经推导可得 NBFM 信号的频域表达式:

$$S_\mathrm{NBFM}(\omega) = \pi[\delta(\omega+\omega_\mathrm{c}) + \delta(\omega-\omega_\mathrm{c})] + \frac{K_\mathrm{f}}{2}\left[\frac{M(\omega+\omega_\mathrm{c})}{\omega+\omega_\mathrm{c}} - \frac{M(\omega-\omega_\mathrm{c})}{\omega-\omega_\mathrm{c}} \right] \tag{4-99}$$

与 AM 信号的频谱比较很相似:

$$S_\mathrm{AM}(\omega) = \pi A_0[\delta(\omega+\omega_\mathrm{c}) + \delta(\omega-\omega_\mathrm{c})] + \frac{1}{2}[M(\omega+\omega_\mathrm{c}) + M(\omega-\omega_\mathrm{c})] \tag{4-100}$$

对于单频调制的特殊情况,可以得到频谱如图 4-22 所示。

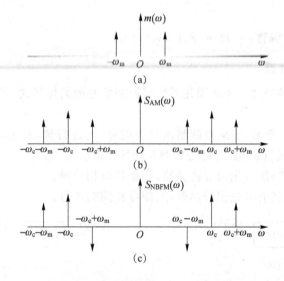

图 4-22 单频窄带调频信号频谱与 AM 信号频谱的比较

可见,NBFM 信号带宽与 AM 信号带宽相等:

$$B_\mathrm{NBFM} = 2f_\mathrm{H} = B_\mathrm{AM} \tag{4-101}$$

两者区别在于 NBFM 的 $-\omega_\mathrm{c}+\omega_\mathrm{m}$ 分量与 $\omega_\mathrm{c}-\omega_\mathrm{m}$ 分量是反相的,在图 4-22 中其谱线是向下的。

2. 宽带调频

宽带调频的调频信号分析较困难,WBFM 信号的频率分量可通过贝塞尔函数计算,读者感兴趣的话,可以自行查资料。这里直接给出单频信号的 WBFM 信号的分析结果,以便了解

WBFM 信号的性质。

单频信号
$$m(t) = A_m \cos 2\pi f_m t \tag{4-102}$$

FM 信号
$$s_{FM}(t) = A\cos\left[\omega_c t + K_f \int_{-\infty}^{t} m(\tau) d\tau\right] = A\cos\left[\omega_c t + m_f \sin \omega_m t\right] \tag{4-103}$$

可展开成如下级数形式:

$$s_{FM}(t) = A \sum_{n=-\infty}^{\infty} J_n(m_f)\cos(\omega_c + n\omega_m)t \tag{4-104}$$

瞬时相位偏移
$$\varphi(t) = A_m K_f \int_{-\infty}^{t} \cos 2\pi f_m \tau d\tau = \frac{A_m K_f}{2\pi f_m}\sin 2\pi f_m t = m_f \sin 2\pi f_m t \tag{4-105}$$

最大角频率偏移
$$\Delta\omega = A_m K_f \tag{4-106}$$

调频指数
$$m_f = \frac{A_m K_f}{2\pi f_m} = \frac{\Delta\omega}{2\pi f_m} = \frac{\Delta f}{f_m} \tag{4-107}$$

带宽
$$B_{FM} = 2(m_f + 1)f_m = 2(\Delta f + f_m) \quad (\text{又称卡森公式}) \tag{4-108}$$

功率
$$P_{FM} = \frac{A^2}{2} \tag{4-109}$$

可见,当 $m_f \ll 1$,即窄带调频时,卡森公式可近似为
$$B_{FM} = 2(m_f + 1)f_m \approx 2f_m \tag{4-110}$$

当 $m_f \gg 1$,即宽带调频时,卡森公式可近似为
$$B_{FM} = 2(m_f + 1)f_m = 2m_f f_m \approx 2\Delta f_{max} \tag{4-111}$$

Δf_{max} 称为最大频偏。FM 信号中的绝大部分能量包含在有限的频谱中。如图 4-23 所示。

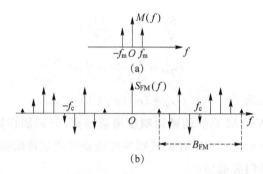

图 4-23 单频宽带调频信号的频谱示意图

4.2.3 非线性调制系统的抗噪声性能分析

调频系统抗噪性能分析与解调方法有关,这里只讨论非相干解调系统的抗噪性能。非相干解调系统的抗噪性能分析模型如图 4-24 所示。

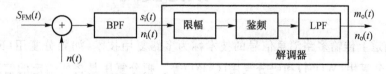

图 4-24 非相干解调系统的抗噪性能分析模型

1. 输入信噪比

设输入调频信号为
$$s_{\mathrm{FM}}(t) = A\cos\left[\omega_c t + K_f \int_{-\infty}^{t} m(\tau)\mathrm{d}\tau\right] \tag{4-112}$$

输入信号功率
$$S_i = \frac{A^2}{2} \tag{4-113}$$

输入噪声功率
$$N_i = n_0 B_{\mathrm{FM}} \tag{4-114}$$

输入信噪比
$$\frac{S_i}{N_i} = \frac{A^2}{2n_0 B_{\mathrm{FM}}} \tag{4-115}$$

2. 输出信噪比及调制制度增益

(1) 大信噪比情况

经推导可以得到
$$\frac{S_o}{N_o} = \frac{3A^2 K_f^2 \overline{m^2(t)}}{8\pi^2 n_0 f_m^3} \tag{4-116}$$

宽带调频系统制度增益
$$G_{\mathrm{FM}} = \frac{S_o/N_o}{S_i/N_i} = \frac{3K_f^2 B_{\mathrm{FM}} \overline{m^2(t)}}{4\pi^2 f_m^3} \tag{4-117}$$

下面考虑单频调制时的情况。设调制信号为 $m(t) = \cos\omega_m t$，则 $\overline{m^2(t)} = \dfrac{1}{2}$，这时的调频信号为
$$s_{\mathrm{FM}}(t) = A\cos\left[\omega_c t + m_f \sin\omega_m t\right] \tag{4-118}$$

式中，$m_f = \dfrac{K_f}{\omega_m} = \dfrac{\Delta\omega}{\omega_m} = \dfrac{\Delta f}{f_m}$。

解调器输出信噪比
$$\frac{S_o}{N_o} = \frac{3}{2}m_f^2 \frac{A^2/2}{n_0 f_m} \tag{4-119}$$

解调器调制制度增益
$$G_{\mathrm{FM}} = \frac{S_o/N_o}{S_i/N_i} = \frac{3}{2}m_f^2 \frac{B_{\mathrm{FM}}}{f_m} \tag{4-120}$$

由式(4-108)，上式还可以写成
$$G_{\mathrm{FM}} = 3m_f^2(m_f + 1) \approx 3m_f^3 \tag{4-121}$$

可见，大信噪比时，WBFM 系统的调制制度增益很高，与调制指数的立方成正比，如卫星通信中常取 $m_f = 5$，$G_{\mathrm{FM}} = 450$。WBFM 的抗噪声性能是以增加传输带宽来换取的。

(2) 小信噪比情况与门限效应

调频信号的非相干解调器也存在"门限效应"。即当输入信噪比低到一定程度时(门限值一般在 10 dB 左右)，输出信噪比会急剧下降，以致系统无法正常工作。因此调频系统一般工作在大信噪比条件下。

4.3　频分复用

在同一信道上传输多路消息信号的技术称为多路复用技术，如频分复用(FDM)、时分复用(TDM)、波分复用(WDM)和码分复用(CDM)等。频分复用是将所给定的信道带宽分割成互不重叠的多个小区间，每路信号占据其中一个小区间，然后将它们一起发射出去。在接收端用适当的滤波器将它们分割开来，得到所需信号。FDM 技术应用广泛，如载波电话、调频立体

声、电视和广播等。

　　FDM 系统的原理方框图如图 4-25 所示。假设有 n 路话音信号进行复用,在发送端各路信号先经过低通滤波器(LPT),进行限频处理使每个话路的频带限制在 f_m 以内(通常话音信号取 $f_m = 3.4\ \text{kHz}$),然后用各话路信号分别对不同频段内的载波信号进行调制。在有些场合,需要多级调制(如从音频的几千赫兹信号调制到中频几十兆赫兹信号,再从中频几十兆赫兹信号调制到几百兆赫兹信号),不同频段内的载波($f_{c1}, f_{c2}, \cdots, f_{cn}$)称为副载波。调制方式可以是任意调制方式,图 4-25 中的 SSB 方式最节省带宽。调制器后的带通滤波器(BPF)将各路已调信号限制在对应的频段范围内。然后把各路信号合并,形成频分复用信号 $s(t)$。再根据需要,经过主载波调制。主载波调制也可以是任意调制方式,通常为了提高抗干扰能力,采用调频方式。在接收端将主调制信号进行解调得到原来的频分复用信号 $s(t)$,然后再通过分路滤波和 SSB 解调,恢复出各路信号。

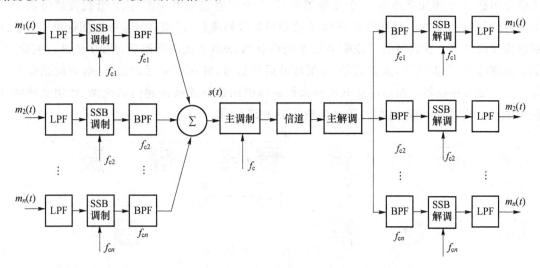

图 4-25　FDM 原理方框图

　　FDM 的优点是设备简单,容易实现。FDM 的一个重要指标是路际串话。路际串话主要是由系统的非线性引起的,这在设计中要特别注意。

　　为了减小 FDM 复用信号频谱的重叠,各路信号频谱间应留有一定的间隔,此间隔称为防护频带,即

$$f_{c(i+1)} = f_{ci} + (f_m + f_g), \quad i = 1, 2, \cdots, n$$

式中,$f_{c(i+1)}$ 和 f_{ci} 分别为第 $i+1$ 路与第 i 路的副载波频率,f_m 为每路信号的最高截止频率,f_g 为邻路间隔防护频带。

　　图 4-26 给出了 FDM 复用信号频谱结构,若副载波调制采用 SSB 方式,则 n 路频分复用信号的带宽为

$$B_n = nf_m + (n-1)f_g = (n-1)(f_m + f_g) + f_m = (n-1)B_1 + f_m \tag{4-122}$$

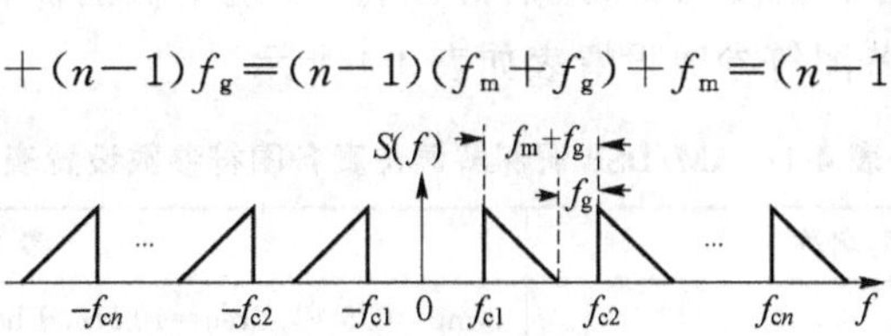

图 4-26　FDM 复用信号频谱结构示意图

FDM 技术虽然最早用于模拟通信系统中,但是目前数字通信系统中也用到 FDM 技术,尤其对于频带资源紧张的无线通信系统,而且,因为波长和频率互为反比关系,所以光纤通信中的 WDM 与 FDM 在原理上是一致的。

4.4　幅度调制与解调仿真

本节将利用 SystemView 软件仿真幅度调制 AM/DSB 的调制解调过程。

1. 仿真建模

打开 SystemView 程序,进入 SystemView 设计窗口,在该系统中需要的图标有 3 个正弦波信号图标、3 个相加器图标、2 个相乘器图标、1 个产生直流电压图标、2 个载波信号图标、2 个滤波器图标、1 个加入高斯噪声图标、6 个信号接收器图标,连接信号接收器图标可以方便地观察需要的波形。在这里为了说明 AM 系统调制和 DSB 系统调制解调过程中的波形变化,分别在调制信号、已调信号、接收信号、带通滤波后的信号、解调相乘后的信号、解调输出信号上加了一个信号接收器。然后将这些图标按照原理框图进行连接构建仿真模型,此仿真模型能演示 AM/DSB 调制解调过程。仿真模型如图 4-27 所示。

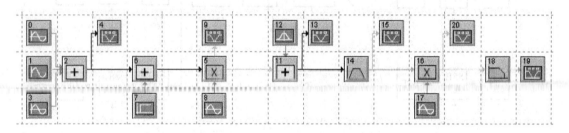

图 4-27　AM/DSB 调制解调原理仿真模型

在进行波形仿真前,要先进行系统参数的设置,其中图符 0、1、3 是 3 个幅度分别为 0.5 V、0.4 V 和 0.3 V,频率分别为 10 Hz、6 Hz 和 2 Hz 的正弦波产生器,3 个正弦波通过图符 2 这个相加器相加,仿真调制信号,此调制信号的均值为 0。图符 6 是相加器,图符 7 产生一个直流电压,通过这两个图符,在调制信号中加入直流电压。图符 8 产生频率为 100 Hz、幅度为 1 V 的正弦载波信号,图符 5 是相乘器。图符 6、7、5、8 联合完成 AM/DSB 调制,产生 AM/DSB 调制信号。当图符 7 的幅度值设置为 0 时产生 DSB 调制信号,幅度值设置值大于调制信号的最大幅度时为 AM 调制。图符 11 和图符 12 仿真加性高斯噪声信道。图符 14 是解调输入端的带通滤波器,它让信号通过的同时尽可能地滤除噪声,带通滤波器输出的信号在图符 16 中与图符 17 产生的本地相干载波相乘,最后经图符 18 这个低通滤波器滤波输出解调信号。AM/DSB 调制解调仿真各图符参数设置表如表 4-1 所示。

表 4-1　AM/DSB 调制解调仿真各图符参数设置表

图符编号	库/名称	参数
0	Source/Sinusoid	Amp＝0.5 V, Freq＝10 Hz, Phase＝0 deg
1	Source/Sinusoid	Amp＝0.4 V, Freq＝6 Hz, Phase＝0 deg

图符编号	库/名称	参数
3	Source/Sinusoid	Amp=0.3 V，Freq=2 Hz，Phase=0 deg
7	Source/Aperiodic/Step Fct	Amp=2.5 V，Start Time=0，Offset=0
8、17	Source/Sinusoid	Amp=1 V，Freq=100 Hz，Phase=0 deg
12	Source/Gauss Noise	Constant Parameter：Std Deviation，Std Deviation=0.3，Mean=0
14	Operator/Liner Sys Filters/Analog/Bandpass/Butterworth	Low Cuttoff=80 Hz，Hi Cuttoff=120 Hz，Filter input sample rate=1 000
18	Operator/Liner Sys Filters/Analog/Lowpass/Butterworth	Low Cuttoff=20 Hz

2．仿真演示

单击工具栏上的时钟图标，设置样点数（No. of Samples）为 1 280，采样速度（Sample Rate）为 1 000 Hz。

（1）AM 调制波形

通过改变 AM 调制器中加入的直流电压的大小来演示不同调幅系数时的 AM 调制波形。用鼠标双击图符 7，进入 SystemView 信源库，单击参数"Parameter"按钮，将幅度设置为 2.5 V。单击系统运行按钮，得到调制信号和调制系数较小时的已调信号波形图，即图符 4 和图符 9 的波形，如图 4-28 所示。

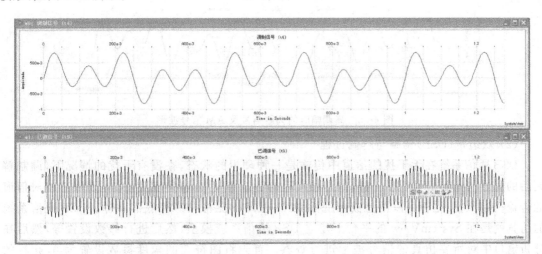

图 4-28 调幅系数较大时的调制信号及 AM 信号波形

重新设置图符 7 的幅度参数，将幅度参数改为 1.5 V 以增大调幅系数。运行系统，得到调制信号和已调信号的波形如图 4-29 所示。

再将图符 7 的幅度参数设置为 0.86 V，运行系统，满调幅时的调制信号及 AM 信号波形如图 4-30 所示。

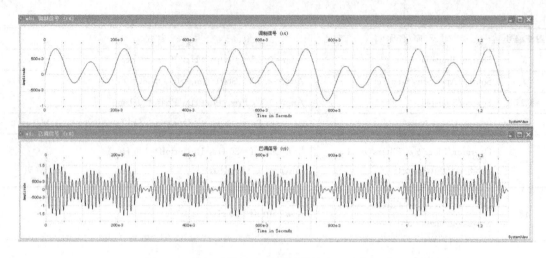

图 4-29　调幅系数较小时调制信号及 AM 信号波形

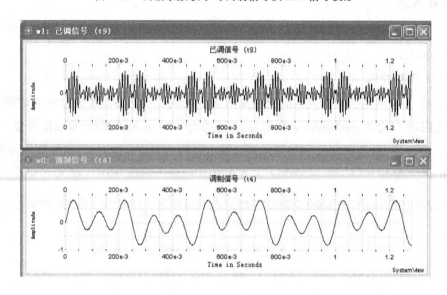

图 4-30　满调幅时的调制信号及 AM 信号波形

（2）双边带（DSB）调制与解调过程

DSB 通信系统在无干扰的信道中传输是一种理想的状态，在没有干扰的情况下，调制解调后的信号与调制信号波形一样，但是在实际的信道传输中，噪声是存在的，而噪声将对信道的传输产生干扰，尽管可以用滤波器滤除噪声，但却不能将噪声彻底消除掉。DSB 通信系统的仿真就是在 SystemView 的平台上建立 DSB 通信系统模型，然后进行参数设置等，然后在分析窗口中对所要仿真的信号波形进行观察。首先将图符 7 的幅度参数设置为 0，此时的 AM 调制器就成了 DSB 调制器。运行系统，得到 DSB 调制波形如图 4-31 所示。

将信道中噪声（图符 12）的标准偏差值设为 0 V，此时意味着信道无噪声，且带宽无限宽。运行系统，观察 DSB 调制解调过程中的各点波形，可以发现解调器输出的波形和调制波形是一样的，解调过程中的输出波形如图 4-32 所示。

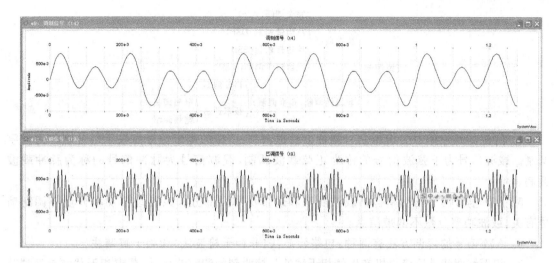

图 4-31　调制信号及 DSB 信号波形

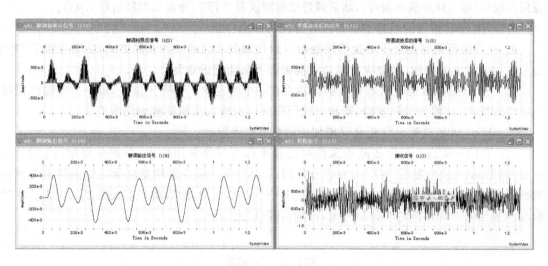

图 4-32　DSB 信号解调过程中的波形

本 章 小 结

1. 用信源的基带信号作为调制信号去改变载波信号某些参量,称为调制;把产生的已调信号在匹配的信道上进行传输后,在信宿那里再从已调信号中还原出原来的基带信号,称为解调。通常调制和解调统称为调制。

2. 调制的主要目的或作用有:匹配信道、减小天线尺寸、多路复用和提高抗干扰能力等。

3. 模拟调制方式的分类:

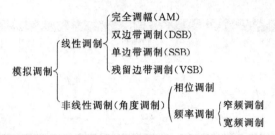

4. 信源的基带信号为模拟信号则称为模拟调制,信源的基带信号为数字信号则称为数字调制。载波信号为正弦波信号的称为正弦载波调制,载波信号为脉冲信号的称为脉冲载波调制。

5. AM 信号的平均功率包括载波功率和边带功率两部分。只有边带功率分量与调制信号有关,载波功率分量不携带信息。

6. AM 信号的解调方法有两种:包络检波法(非相干检波法)和相干解调法。

7. 相干解调就是用接收机产生的相干载波与接收到的调幅波相乘,要求相干载波与发端载波同频同相(即为同步载波信号),然后通过低通滤波器(LPF),分离出调制信号 $m_o(t)$。

8. 产生 SSB 信号的最基本的方法有滤波法和相移法。

9. 残留边带调制是介于单边带调制与双边带调制之间的一种调制方式,它既克服了 DSB 信号占用频带宽的问题,又解决了单边带滤波器不易实现的难题。

10. 随着信噪比的减小,非相干解调器将在一个特定输入信噪比值上,解调器的输出信噪比将急剧变坏,这称为门限效应,开始出现门限效应的输入信噪比称为门限值。

11. WBFM 的抗噪声性能是以增加传输带宽来换取的。

12. 在同一信道上传输多路消息信号的技术称为多路复用技术,如频分复用(FDM)、时分复用(TDM)、波分复用(WDM)和码分复用(CDM)等。频分复用是将所给定的信道带宽分割成互不重叠的多个小区间,每路信号占据其中一个小区间,然后将它们一起发射出去。在接收端用适当的滤波器将它们分割开来,得到所需信号。

习　题

一、填空题

1. 正弦载波调制过程中已调信号的(　　)、(　　)和(　　)等参量会跟随基带信号变化而变化。

2. 调制的主要目的或作用有:(　　)、(　　)、(　　)和(　　)等。

3. AM 信号的平均功率包括(　　)功率和(　　)功率两部分。只有(　　)功率分量与调制信号有关,(　　)功率分量不携带信息。

4. AM 信号的解调方法有两种:(　　)和(　　)。

5. 调制信号为双极性方波,调幅度 m 为 1 的 AM 调制,调制效率为(　　)。

6. 调制信号为正弦波,调幅度 m 为 1 的 AM 调制,调制效率为(　　)。

7. DSB 信号不能进行(　　),需采用相干解调。除不含有(　　)分量离散谱外,DSB 信号的频谱由(　　)组成。它的带宽为基带信号带宽的(　　)倍。

8. 产生 SSB 信号的最基本的方法有(　　)和(　　)。

9. (　　)和(　　)统称为角度调制。

10. 根据调制后(　　)的大小，可将频率调制分为(　　)和(　　)。当 $\left|K_f\left[\int_{-\infty}^{t}m(\tau)\mathrm{d}\tau\right]\right| \ll \dfrac{\pi}{6}$(或 0.5)时，称为(　　)。

11. (　　)时 WBFM 系统的调制制度增益很高，与调制指数的立方成(　　)。

12. 设基带信号带宽为 2 kHz，若采用调频指数为 6 的 FM 调制，占用带宽为(　　)Hz；若采用 DSB 调制，占用带宽为(　　)Hz。

13. FDM 技术应用广泛，如(　　)、(　　)、(　　)和(　　)等。

14. FDM 系统产生路际串话的主要原因是(　　)引起的。

15. 为了减小 FDM 复用信号频谱的重叠，各路信号频谱间应留有一定的间隔，此间隔称为(　　)。

二、选择题

1. 下列调制方式中，调制效率小于 100% 的是(　　)。

　　A. AM　　　　B. DSB　　　　C. SSB　　　　D. VSB

2. 下列调制方式中，通常采用包络检波法解调的是(　　)。

　　A. AM　　　　B. DSB　　　　C. SSB　　　　D. VSB

3. 下列调制方式中，调制制度增益为 1 的是(　　)。

　　A. AM　　　　B. DSB　　　　C. SSB　　　　D. VSB

4. 下列调制方式中，频带利用率最高的是(　　)。

　　A. AM　　　　B. DSB　　　　C. SSB　　　　D. VSB

5. 如果信号为 $10\cos\omega_c t$，那么该信号的功率是(　　)。

　　A. 100　　　　B. 50　　　　C. $100\cos^2\omega_c t$　　　　D. $50\cos^2\omega_c t$

6. 适合模拟通信系统的多路复用方式是(　　)。

　　A. FDM　　　　B. TDM　　　　C. WDM　　　　D. CDM

三、判断题

(　　) 1. 载波信号携带有用信息。

(　　) 2. AM 信号只有边带功率分量与调制信号有关，载波功率分量不携带信息。

(　　) 3. 包络检波器就是一种低通滤波器。

(　　) 4. 相干载波与发端载波瞬时值要一致。

(　　) 5. DSB 解调器的调制制度增益是 SSB 的 2 倍。因此，双边带系统的抗噪性能优于单边带系统。

(　　) 6. FDM 技术只用于模拟通信系统。

四、简答题

1. 试述模拟调制的分类。

2. 调制的目的和作用有哪些？

3. 试叙述包络检波电路的工作原理。

4. 试叙述相干解调器的工作原理。

5. 什么是门限效应？

6. 试叙述 DSB 系统解调器的输入信号功率和载波功率无关的原因。

五、综合题

1. 已知调制信号 $m(t)=\cos(2\,000\pi t)+\cos(4\,000\pi)t$,载波为 $\cos 10^4\pi t$,进行 DSB 调制,试确定该 DSB 信号的表达式,并画出频谱图。

2. 将调幅波通过残留边带滤波器产生残留边带信号。若此信号的传输函数 $H(f)$ 如题图 4-1 所示,当调制信号为 $m(t)=A[\sin 100\pi t+\sin 6\,000\pi t]$ 时,试确定所得残留边带信号的表达式。

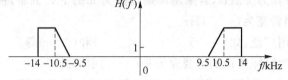

题图 4-1

3. 设某信道具有均匀的双边噪声功率谱密度 $P_n(f)=0.5\times10^{-3}$ W/Hz,在该信道中传输抑制载波的双边带信号,并设调制信号 $m(t)$ 的频带限制在 5 kHz,而载波为 100 kHz,已调信号的功率为 10 kW。若接收机的输入信号在加至解调器之前,先经过一理想带通滤波器滤波。

① 该理想带通滤波器应具有怎样的传输特性 $H(f)$?

② 解调器输入端的信噪功率比为多少?

③ 解调器输出端的信噪功率比为多少?

④ 求出解调器输出端的噪声功率谱密度,并用图形表示出来。

4. 根据题图 4-2 所示的调制信号波形,试画出 AM 波形。

5. 根据题图 4-3 所示的调制信号波形,试画出 DSB 波形。试问 DSB 信号能不能采用包络检波法?

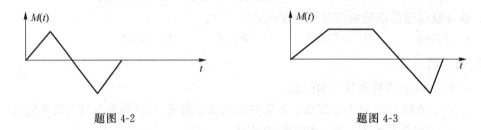

题图 4-2   题图 4-3

6. 已知调制信号 $f(t)$ 的频谱(见题图 4-4),画出 $[A+f(t)]\cos 2\pi f_c t$ 已调信号的频谱。

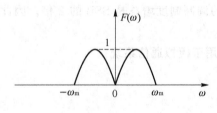

题图 4-4

7. 已知 4 路 FDM 系统的 f_m 为 6 MHz,f_g 为 2 MHz。

① 画出 FDM 复用信号频谱结构图。

② 求频分复用信号的带宽。

第 5 章　模拟信号的数字传输

本章内容

◇ 脉冲编码调制过程；

◇ 增量调制；

◇ 时分复用。

本章重点

◇ 脉冲编码调制；

◇ 时分复用。

本章难点

◇ 非均匀量化。

学习本章目的和要求

◇ 掌握脉冲编码调制过程；

◇ 理解增量调制思路；

◇ 理解时分复用概念。

数字通信系统具有许多优点，但许多信源输出的都是模拟信号。模拟信号数字化传输系统框图如图 5-1 所示。

图 5-1　模拟信号数字化传输系统框图

由图 5-1 可见，模拟信号数字化传输一般需以下三个步骤。

（1）编码：模数转换（A/D），把模拟信号数字化，将原始的模拟信号转换为时间离散和值离散的数字信号。

（2）传输：进入数字传输系统进行数字方式传输。

（3）译码：数模转换（D/A），把数字信号还原为模拟信号。

A/D、D/A 变换的过程通常由信源编码器、信源译码器实现，所以通常将发端的 A/D 变换称为信源编码（如将语音信号的数字化称为语音编码），而将收端的 D/A 变换称为信源译码。

  信源编码的作用之一是设法减少码元数目和降低码元速率,即通常所说的数据压缩;作用之二是将信源的模拟信号转化成数字信号,以实现模拟信号的数字化传输。本节讲到的 PCM 实现的是第二个作用。

  常用到的信源编码方法有波形编码、参数编码和混合编码三种。波形编码指利用抽样定理,恢复原始信号的波形。参数编码指提取语音的一些特征信息进行编码,在接收端利用这些特征参数合成语声。混合型编码指波形编码和参数编码方式的混合。

  本章讲到的脉冲编码调制(Pulse Code Modulation,PCM)属于波形编码。

5.1 脉冲编码调制

  通常,调制技术是采用连续振荡波形(正弦信号)作为载波的,然而,正弦信号并非是唯一的载波形式。在时间上离散的脉冲串,同样可以作为载波,这时的调制是用基带信号去改变脉冲的某些参数而达到的,通常把这种调制称为脉冲调制。脉冲编码调制就是用窄脉冲把一个时间连续、取值连续的模拟信号变换成时间离散、取值离散的数字信号后在信道中传输。脉冲编码调制包括抽样、量化、编码三个过程。

  如图 5-2 所示,一般把发送端的抽样、量化、编码过程称为 A/D(模/数)转换,完成模拟信源发出的模拟信号转换成数字信号的功能。其中,抽样负责把时间连续的模拟信号转换为时间离散、幅度连续的抽样信号,量化负责把时间离散、幅度连续的抽样信号转换为时间和幅度离散的数字信号,编码负责将量化后的信号编码形成一个二进制码组,即形成数字信号。

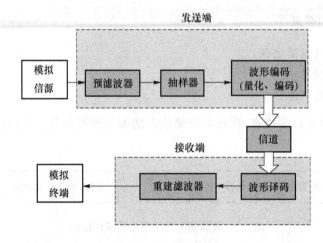

图 5-2 PCM 原理图

  话音信号先经防混叠低通滤波器,进行脉冲抽样,变成 8 kHz 重复频率的抽样信号(即离散的脉冲调幅(PAM)信号),然后将幅度连续的 PAM 信号用"四舍五入"的办法量化为有限个幅度取值的信号,再经编码后转换成二进制码。对于电话,CCITT 规定抽样率为 8 kHz,每抽样值编 8 位码,即共有 $2^8 = 256$ 个量化值,因而每话路 PCM 编码后的标准数码率是 64 kbit/s。为解决均匀量化时小信号量化误差大、音质差的问题,在实际中采用不均匀选取量化间隔的非线性量化方法,即量化特性在小信号时分层密、量化间隔小,而在大信号时分层疏、量化间隔大。

脉冲编码调制有脉冲幅度调制(PAM)、脉冲宽度调制(PWM)、脉冲相位调制(PPM)三种形式。PAM 指用基带信号 $m(t)$ 去改变脉冲的幅度,PWM 指用基带信号 $m(t)$ 去改变脉冲的宽度,PPM 指用基带信号 $m(t)$ 去改变脉冲的相位。各种脉冲编码调制信号波形如图 5-3 所示,其中(a)为模拟基带信号,(b)为 PAM 信号,(c)为 PWM 信号,(d)为 PPM 信号。

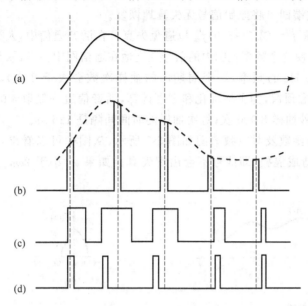

图 5-3　各种脉冲编码调制信号波形

脉冲编码调制抽样、量化、编码过程如图 5-4 所示。抽样后的 6 个样值 3.2、3.9、2.8、3.4、1.2、4.2 分别被量化为 3、4、3、3、1、4,每个样值用 3 比特表示,最终 PCM 输出为 6 个 3 比特数据的组合。

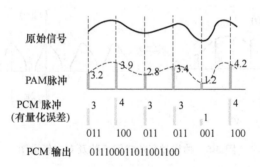

图 5-4　脉冲编码调制举例

5.1.1　抽样

抽样,就是对模拟信号进行周期性扫描,把时间上连续的信号变成时间上离散的信号。该模拟信号经过抽样后还应当包含原信号中的所有信息,也就是说,能无失真地恢复原模拟信号。它的抽样速率的下限是由奈奎斯特抽样定理确定的。

奈奎斯特抽样定理:一个频带限制在 $0 \sim f_m$ 内的低通信号 $m(t)$,如果抽样频率 $f_s \geqslant 2f_m$,则可以由抽样序列无失真地重建恢复原始信号 $m(t)$。也就是说,若要传输模拟信号,不一定要传输模拟信号本身,只需传输满足抽样定理要求的抽样值即可。因此,该定理就为模拟信号的数字传输奠定了理论基础。

无失真所需最小抽样速率 $f_s = 2f_m$ 为奈奎斯特速率,对应的最大抽样间隔 T_s 称为奈奎斯特间隔。对于奈奎斯特抽样定理的理解可以从时间角度出发,即对于最高截止频率为 f_m 的信号,在最小周期 $1/f_m$ 内抽样两次(当然,对于频率小于 f_m 的部分,一个周期内抽样次数会大于 2 次),在接收端即可将原始信号无失真地恢复。

实际系统中,采取 $f_s = (2.5 \sim 5.0)f_m$ 以避免失真。在话音通信中,人类话音频率的范围是 $300 \sim 3\ 400$ Hz。为了使这个频率范围内的信号顺利地在通信网中传送,取其最大值 3 400 Hz 来抽样(对于小于 3 400 Hz 的频率,一个周期内的抽样次数会大于 2 次),这意味着每秒抽样 6 800 次。实际上,考虑预留,为了标准化和方便计算,话音信道一般取 4 000 Hz,因此,抽样频率是 8 000 Hz,即每秒抽样 8 000 次,每次抽样的时间间隔是 125 μs。

抽样过程的时间函数及对应频谱图如图 5-5 所示,从图中可以看出,如果抽样频率 ω_s 大于 $2\omega_H$,则频谱不会造成混叠,即信号不会出现失真。如果 ω_s 小于 $2\omega_H$,则会出现频谱混叠,如图 5-6 所示。

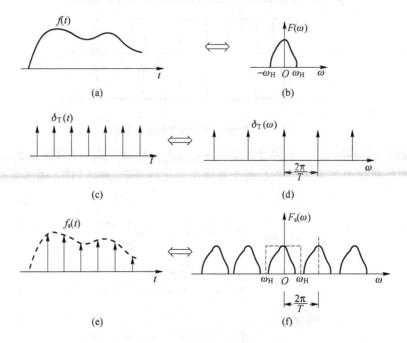

图 5-5　抽样过程的时间函数及对应频谱图

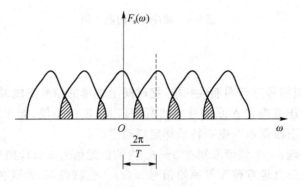

图 5-6　频谱混叠

抽样实现了模拟信号的时间离散,量化实现了信号的幅度离散,编码实现了数字信号的二进制序列表示。抽样定理的频域意义,即抽样后信号的频谱是抽样前信号频谱的周期性复制。在接收端仅仅通过低通滤波器即可实现模拟信号的重建。

抽样后的脉冲信号在幅度上仍然可连续取值,因此是模拟信号。需经量化,其才能转换成幅度取值有限的数字信号。

5.1.2　量化

对模拟信号的抽样完成后,抽样值的量化也是个问题,量化之前,模拟信号的抽样值在时间轴上是离散的,但是信号的幅度仍然是连续的,即模拟信号的抽样值可以取无限多个可能值。

而在数字通信系统中传输的信号是二进制的高低电平,对于这些二进制电平,如果位数一定,则取值个数有上限,那么怎样将抽样的无限多个抽样值与有限个数字可能值相对应呢? 答案是量化。

量化,就是利用预先规定的有限个电平来表示模拟信号抽样值,即用一组规定的电平,把瞬时抽样值用最接近的电平值来表示。如果用 n 位二进制码组来表示该样值的大小,那么 n 位二进制码组只能同 $N=2^n$ 个电平样值相对应。必须将抽样值的范围划分成 N 个区间,每个区间用 n 个二进制数表示。这样,共有 N 个离散电平,它们称为量化电平。模拟信号经过量化后,得到已量化的脉冲幅度调制信号,它仅为有限个数值。

量化把模拟信号的抽样值近似地取成了和它临近的某个数字离散电平值,根据量化过程中模拟信号的抽样值和量化后的离散电平值的对应规则,量化可以分为均匀量化和非均匀量化两种。

1. 均匀量化

均匀量化的过程和非均匀量化比,相对简单些。均匀量化就是将模拟信号的取值均匀分段,然后取每段的中间值为量化电平。均匀量化的过程和高考按分调档报志愿的过程很类似。例如,某省某年高考分数线划定,550 分以上的学生可以填报第一批录取的本科(简称一本),450～550 分的可以填报二本,400～450 分的可以填报三本,400 分以下的可以填报专科院校。例如,某学生考了 500 分,那么就被划分到了二本的录取区间,量化电平就是二本;考了 600 分,就划分到了一本的录取区间,量化电平就是一本。

将抽样后的模拟信号转换成数字信号是最为关键的一步。抽样信号与量化信号的比较如图 5-7 所示。图中,抽样后的信号 $m(nT)$ 仍然是模拟信号,需要把无限个取值变为有限个取值。若把整个取值区间均匀划分为 8 份($-4\Delta\sim4\Delta$),而抽样值位于某一份内的样值,最终被量化为该份的中间值,分别为 -3.5Δ、-2.5Δ、-1.5Δ、-0.5Δ、0.5Δ、1.5Δ、2.5Δ 和 3.5Δ,不管抽样后取何值,最终被量化为这 8 个值中的某一个,取值变为有限的 8 个值,完成模拟信号的数字化。量化后的信号,就可以称为数字信号了。

均匀量化的物理过程可通过图 5-8 来说明。其中,$f(t)$ 是模拟信号,抽样速率为 $f_s=1/T_s$,第 k 个抽样值为 $f(kT_s)$,$f_q(t)$ 表示量化信号,$q_1\sim q_N$ 是预先规定好的 N 个量化电平(这里 $N=7$),m_i 为第 i 个量化区间的终点电平(分层电平),电平之间的间隔 $\Delta_i=m_i-m_{i-1}$ 称为量化间隔。

量化主要参数如下。

(1) 量化范围:语音信号为双极性对称信号,量化范围一般是 $[-V,+V]$。

（2）量化级数：在$[-V,+V]$内分 N 份。

（3）量化台阶：$\Delta = 2V/N$。

（4）量化值：通常用 $q_1,q_2,\cdots,q_N$ 表示。

（5）量化误差：$q_i - f(iT_s)$。

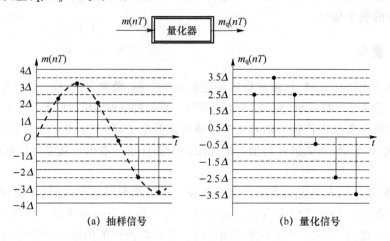

(a) 抽样信号　　　　　　　　　(b) 量化信号

图 5-7　抽样信号与量化信号的比较

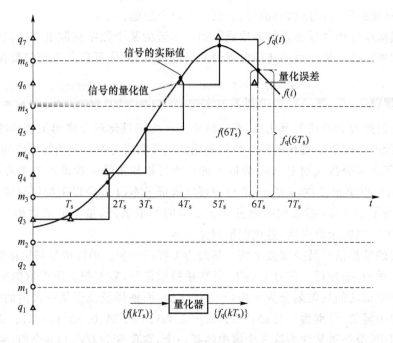

图 5-8　量化的物理过程

　　量化是模拟信号到数字信号的一个近似过程，那么量化后的信号与量化前的信号相比肯定存在着误差。把量化输出电平和量化前信号抽样值的差值称为量化误差（量化噪声），并用信号功率与量化噪声功率之比（信噪比 S/N）衡量其对信号影响的大小。当然希望这个值越小越好，但量化误差是不可避免的。

　　由图 5-9 可以看出，均匀量化对于大信号和小信号引起的量化误差是均匀分布的，这对小信号是不利的，有可能导致信号强度低于噪声的情况而把信号淹没。在实际应用中，对于给定的量化器,量化电平数 N 和量化间隔 Δv 都是确定的,量化噪声 N_q 也是确定的。但是,信号的强度可能随时间变化(如语音信号),当信号小时,信号信噪比也小。这就好比楼梯台阶,对大人和小孩的影响并不一样。一般楼梯台阶为 15 cm,这个台阶对于身高 150 cm 以上的人来说,影响微乎其微,但是对于身高低于 100 cm 的儿童来说,这个影响就不能忽略了。采取什么办法呢?可以采用的一种方法是,一般楼梯设置 15 cm 的台阶,幼儿园楼梯设置 10 cm 的台阶。可以看出,均匀量化的量化台阶是常数,所以对大信号影响较小,对小输入信号非常不利,即量化噪声对信号的影响程度不同。而通信系统中的语音信号多为小信号,为了克服这个缺点,改善小信号时的信噪比,在实际应用中常采用非均匀量化。

2. 非均匀量化

既然均匀量化对小信号的影响比较大,基于一种很朴素的思想,可不可以找到一种非均匀量化的方法使得大信号的值变小一些,而将小信号的值变大一些呢?量化的层次或阶梯越多,声音的真实性越强,当然,需要的网络资源也会越多。

非均匀量化是根据信号的不同区间来确定量化间隔的,量化间隔随信号抽样值的不同而变化。信号抽样值小时,量化间隔 Δv 也小;信号抽样值大时,量化间隔 Δv 也大。

实际中,非均匀量化的实现方法通常是在进行量化之前,先将信号抽样值压缩,再进行均匀量化。所谓压缩实际上就是对大信号进行压缩而对小信号进行放大的过程。信号经过这种非线性压缩电路处理后,改变了大信号和小信号之间的比例关系,使大信号的比例基本不变或变得较小,而小信号相应地按比例增大,即"压大补小",压缩了大小信号的范围。在接收端将收到的相应信号进行扩张,以恢复原始信号的对应关系。扩张特性与压缩特性相反。非均匀量化及其量化误差 $e(x)$ 如图 5-10 所示。

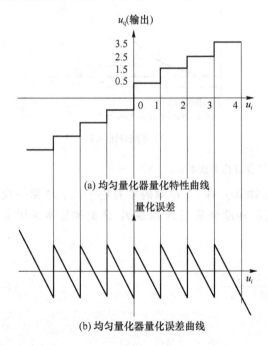

图 5-9　均匀量化及其量化误差曲线

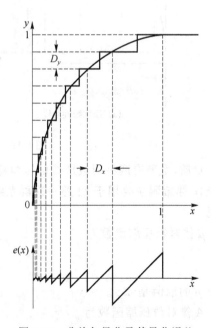

图 5-10　非均匀量化及其量化误差

对量化器输入信号的幅度采用量化间隔不相等的非均匀量化。在小信号区量化间隔分得细一些(很小的信号幅值对应输出的一个 Δv),这样可使小信号量化噪声减小,量化信噪比明显提高。在大信号区量化间隔分得粗一些(较大的信号幅值对应输出的一个 Δv),虽然会使大信号量化误差加大,量化信噪比有所降低,但只要不低于通信质量所要求的最低量化信噪比,则量化级数可大大减少,降低了编码位数,提高了信道利用率。

图 5-10 中纵坐标 y 是均匀刻度的,横坐标 x 是非均匀刻度的。所以输入电压 x 越小,量化间隔也就越小。做到大信号量化间隔大些,小信号量化间隔小些,这样小信号的量化误差就会减小,量化对小信号的影响也就降低了。

采用压缩扩张技术,即在发送端对输入压缩器的信号先进行压缩处理——非线性处理,对小信号放大,而对大信号予以"压缩",从而改变了大信号和小信号之间的比例关系。这样经过压缩处理的信号再进行均匀量化,其效果相当于对原信号进行非均匀量化。若在接收端进行相应的扩张处理——压缩处理的逆处理,就可以恢复原信号。

图 5-11 是压缩扩张技术原理框图,图 5-12 是其编码时的压缩特性曲线和解码时的扩张特性曲线对比图。

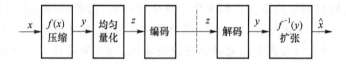

图 5-11　压缩扩张技术原理框图

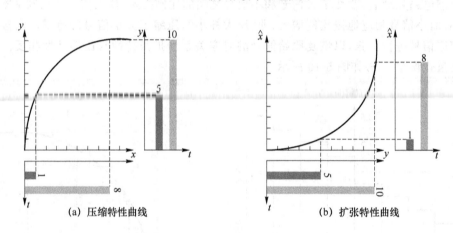

(a) 压缩特性曲线　　　　　　　　(b) 扩张特性曲线

图 5-12　压缩、扩张特性曲线对比

目前,主要有两种对数形式的压缩特性:A 律和 μ 律,A 律编码主要用于 30/32 路一次群系统,μ 律编码主要用于 24 路一次群系统。我国和欧洲采用 A 律编码,北美和日本采用 μ 律编码。

μ 律对数压缩函数为

$$y=\frac{\ln(1+\mu x)}{\ln(1+\mu)} \tag{5-1}$$

这里 μ 的取值是 255。

A 律对数压缩函数为

$$y=\begin{cases} \dfrac{Ax}{1+\ln A}, & 0\leqslant x\leqslant \dfrac{1}{A} \\[3mm] \dfrac{1+\ln Ax}{1+\ln A}, & \dfrac{1}{A}\leqslant x\leqslant 1 \end{cases} \tag{5-2}$$

在中国一般 A 取值是 87.6。

　　A 律表示式是一条平滑曲线,用电子线路很难准确地实现。这种特性很容易用数字电路来近似实现,13 折线特性就是近似于 A 律的特性,一般称为 A 律 13 折线,如图 5-13 所示。

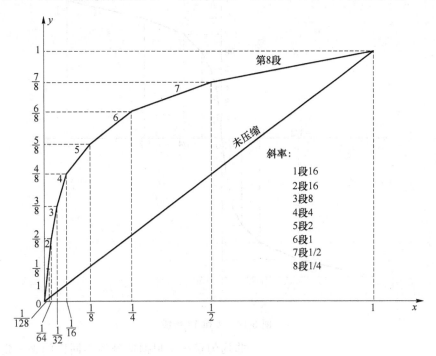

图 5-13　A 律 13 折线第一象限

　　图 5-13 中,横坐标 x 在 0 至 1 区间中分为不均匀的 8 段,1/2 至 1 间的线段称为第 8 段,1/4 至 1/2 间的线段称为第 7 段,1/8 至 1/4 间的线段称为第 6 段,依次类推,直到 0 至 1/128 间的线段称为第 1 段。图中纵坐标 y 则均匀地划分为 8 段。将与这 8 段相应的坐标点 (x,y) 相连,就得到了一条折线。由图可见,除第 1 和第 2 段外,其他各段折线的斜率都不相同。表 5-1 列出了这些斜率。

表 5-1　各段及斜率

折线段号	1	2	3	4	5	6	7	8
斜　　率	16	16	8	4	2	1	1/2	1/4

　　因为语音信号为交流信号,所以,上述压缩特性只是实用的压缩特性曲线的一半。在第 3 象限还有对原点奇对称的另一半曲线,如图 5-14 所示。

　　图 5-14 中,第 1 象限中的第 1 和第 2 段折线斜率相同,所以构成一条直线。同样,在第 3 象限中的第 1 和第 2 段折线斜率也相同,并且和第 1 象限中的斜率相同。所以,这 4 段折线构成了一条直线。因此,共有 13 段折线,故称 13 折线压缩特性。

　　若用 13 折线法中的(第 1 和第 2 段)最小量化间隔作为均匀量化时的量化间隔,则 13 折线法中第 1 至第 8 段包含的均匀量化间隔数分别为 16、16、32、64、128、256、512、1 024,共有 2 048 个均匀量化间隔,而非均匀量化时只有 128 个量化间隔。因此,在保证小信号的量化间隔相等的条件下,均匀量化需要 11 bit 编码,而非均匀量化只要 7 bit 就够了。

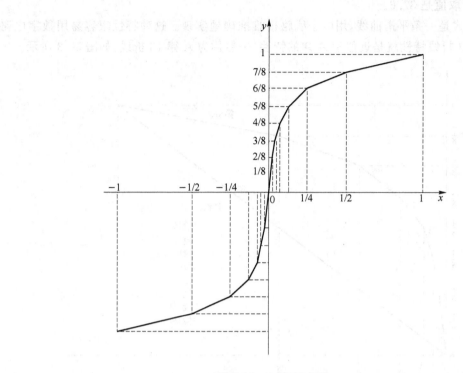

图 5-14 *A* 律 13 折线

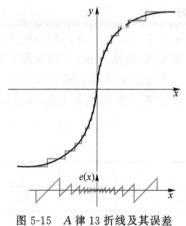

图 5-15 *A* 律 13 折线及其误差

非均匀量化是根据信号的不同区间来确定量化间隔的。对于信号取值小的区间,其量化间隔也小,反之,量化间隔就大。这样可以提高小信号时的量化信噪比,适当减小大信号时的信噪功率比。它与均匀量化相比,有以下两个突出的优点。

(1) 当输入量化器的信号具有非均匀分布的概率密度(如语音)时,非均匀量化器的输出端可以得到较高的平均信号量化信噪比。

(2) 非均匀量化时,量化噪声功率的均方根值基本上与信号抽样值成比例。因此,量化噪声对大、小信号的影响大致相同,即改善了小信号时的量化信噪比。

A 律 13 折线及其误差如图 5-15 所示。

5.1.3 编码

编码,就是用一组二进制码组来表示每一个有固定电平的量化值。在语音通信中,通常采用 8 位的 PCM 编码就能够保证满意的通信质量。

二进制码具有很好的抗噪声性能,并易于再生,因此 PCM 中一般采用二进制码。对于 Q 个量化电平,可以用 k 位二进制码来表示,称其中每一种组合为一个码字。通常可以把量化后的所有量化级,按其量化电平的某种次序排列起来,并列出各对应的码字,而这种对应关系的整体就称为码型。在 PCM 中常用的码型有自然二进制码、折叠二进制码和反射二进制码(又称格雷码)。例如,以 4 位二进制码字为例,上述 3 种码型的码字如表 5-2 所示。

表 5-2　4 位二进制码码型

量化级编号	自然二进制码	折叠二进制码	反射二进制码
0	0000	0111	0000
1	0001	0110	0001
2	0010	0101	0011
3	0011	0100	0010
4	0100	0011	0110
5	0101	0010	0111
6	0110	0001	0101
7	0111	0000	0100
8	1000	1000	1100
9	1001	1001	1101
10	1010	1010	1111
11	1011	1011	1110
12	1100	1100	1010
13	1101	1101	1011
14	1110	1110	1001
15	1111	1111	1000

自然码是人们最熟悉的二进制码,从左至右其权值分别为 8、4、2、1,故有时也被称为 8-4-2-1 二进制码。

折叠码是目前 A 律 13 折线 PCM 30/32 路设备所采用的码型。这种码是由自然二进制码演变而来的,除去最高位,折叠二进制码的上半部分与下半部分呈倒影关系(折叠关系)。上半部分最高位为 0,其余各位由下而上按自然二进制码规则编码;下半部分最高位为 1,其余各位由上向下按自然二进制码编码。这种码对于双极性信号,通常可用最高位去表示信号的正、负极性,而用其余的码去表示信号的绝对值,即只要正、负极性信号的绝对值相同,则可进行相同的编码。这就是说,用第一位码表示极性后,双极性信号可以采用单极性编码方法。因此采用折叠二进制码可以大为简化编码的过程。

在介绍反射二进制码之前,首先了解一下码距的概念。码距是指两个码字的对应码位取不同码符的位数。在表 5-2 中可以看到,自然码相邻两组字的码距最小为 1,最大为 4(如第 7 号码字 0111 与第 8 号码字 1000 间的码距)。而折叠二进制码相邻两组码字最大码距为 3(如第 3 号码字 0100 与第 4 号码字 0011)。

反射二进制码是按照相邻两组字之间只有一个码位的码符不同(即相邻两组码的码距均为 1)而构成的,如表 5-2 所示。其编码过程如下:从 0000 开始,由后(低位)往前(高位)每次只变一个码符,而且只有当后面的那位码不能变时,才能变前面一位码。这种码通常可用于工业控制当中的继电器控制,以及通信中采用编码管进行的编码过程。

上述分析是在 4 位二进制码字基础上进行的。实际上码字位数的选择在数字通信中非常重要,它不仅关系到通信质量的好坏,而且还涉及通信设备的复杂程度。码字位数的多少,决定了量化分层(量化级)的多少。反之,若信号量化分层数一定,则编码位数也就被确定。可见,在输入信号变化范围一定时,用的码字位数越多,量化分层越细,量化噪声就越小,通信质量当然就越好。但码位数多了,总的传输码率会相应增加,这样将带来一些新的问题。

在 13 折线法中采用 8 位折叠码编码。如果编码用 $c_1c_2c_3c_4c_5c_6c_7c_8$ 表示的话,8 位码的码位安排如表 5-3 所示。

表 5-3 PCM 编码码位安排表

极性码	幅度码		极性码	幅度码	
	段落码	段内码		段落码	段内码
c_1	$c_2c_3c_4$	$c_5c_6c_7c_8$	c_1	$c_2c_3c_4$	$c_5c_6c_7c_8$
0	000	0000	1	100	1000
		0001			1001
	001	0010		101	1010
		0011			1011
	010	0100		110	1100
		0101			1101
	011	0110		111	1110
		0111			1111

极性码:c_1,共 1 bit。对于正信号,$c_1=1$;对于负信号,$c_1=0$。

段落码:$c_2c_3c_4$,共 3 bit,可以表示 8 种斜率的段落。段落码表示该样值位于 8 个大段的哪个大段中。如果位于第一段,段落码是 000,第二段段落码是 001,依次类推。

段内码:每一段均匀划分为 16 份,段内码表示该样值位于所在的大段落中的 16 小段中的哪一段。如果位于第一段,段落码是 0000,第二段段落码是 0001,依次类推。

段落码和段内码用于表示量化值的绝对值,这 7 位码总共能表示 $2^7=128$ 种量化值。

可以看出,每个大段的量化级都是 16 等分,但不同段落的量化间隔是不同的。

需要指出,在上述编码方法中,虽然各段内的 16 个量化级是均匀的,但因段落长度不等,故不同段落间的量化级是非均匀的。当输入信号小时,段落短,量化级间隔小;反之,量化级间隔大。

在 13 折线中,第 1、第 2 段最短,斜率最大,其横坐标 x 的归一化动态范围只有 1/128,再将其等分为 16 小段后,每一小段的动态范围只有 $\frac{1}{128}\times\frac{1}{16}=\frac{1}{2\,048}$。这就是最小量化间隔,将此最小量化间隔(1/2 048)称为 1 个量化单位,用 Δ 表示,即 $\Delta=1/2\,048$。第 8 段最长,其横坐标 x 的动态范围为 1/2。将其 16 等分后,每段长度为 1/32。假若采用均匀量化而仍希望对于小电压保持同样的动态范围 1/2 048,则需要用 11 位的码组才行。

根据 13 折线的定义,以最小的量化级间隔 Δ 为最小计量单位,可以计算出 13 折线 A 律每一个量化段的电平范围、起始电平 I_{si}、段内码对应权值和各段落内量化间隔 Δ_i。A 律 13 折线有关参数如表 5-4 所示。

表 5-4　A 律 13 折线有关参数表

段落序号 $i=1\sim8$	电平范围(Δ)	段落码 $M_2M_3M_4$	段落起始电平 I_{si}(Δ)	量化间隔 Δ_i(Δ)	段内码对应权值(Δ) $M_5M_6M_7M_8$			
8	1 024～2 048	111	1 024	64	512	256	128	64
7	512～1 024	110	512	32	256	128	64	32
6	256～512	101	256	16	128	64	32	16
5	128～256	100	128	8	64	32	16	8
4	64～128	011	64	4	32	16	8	4
3	32～64	010	32	2	16	8	4	2
2	16～32	001	16	1	8	4	2	1
1	0～16	000	0	1	8	4	2	1

语音信号的抽样频率为每秒 8 000 次,在采用 A 律 13 折线非均匀量化编码器时,每个样值被编码成 8 bit,则每路话音的数据带宽为 8 000×8＝64 000 bit/s,也就是每秒在线路上必须通过 64 000 个"0"或者"1",才能保证有足够的线路宽度供一路话音通过而不至于发生语音信号失真。因此一般称 64 kbit/s 为一路话音的带宽。当然,如果每路话音安排的不是 8 bit,而是 16 bit、32 bit,则每路话音的带宽会发生相应变化。

【例 5.1.1】　设输入电话信号抽样值的归一化动态范围在－1 至＋1 之间,将此动态范围划分为 4 096 个量化单位,即将 1/2 048 作为 1 个量化单位 Δ。当输入抽样值为＋1 270Δ 时,试按照 A 律 13 折线特性编码,并求量化误差。

解　设编出的 8 位码组用 c1c2c3c4c5c6c7c8 表示。

(1) 确定极性码 c1:因为输入抽样值＋1 270 为正极性,所以 c1＝1。

(2) 确定段落码 c2c3c4:由段落码编码规则表可见,1 024＜1 270＜2 048,则 c2c3c4＝111,并且得知抽样值位于第 8 段落内。

(3) 查表 5-4,第 8 段台阶高度,Δ8＝64Δ,(1 270－1 024)/64＝3 余 54,因此位于第 4 段,段内码为 0011。

段内码 0011 表示的量化值应该是第 8 大段落的第 3 小段的中间值,即等于

$$1\ 024＋3×64＋64/2＝1\ 248(量化单位)$$

最终编码 c1c2c3c4c5c6c7c8＝11110011。

(4) 量化误差:1 248－1 270＝－22Δ。

【例 5.1.2】　设某一电平的 A 律 13 折线 PCM 编码为 11110011,求该电平的量化数值(归一化)。

解　c1＝1,说明样值为正极性。c2c3c4＝111,说明在第 8 段,起点电平为 1 024Δ。c5c6c7c8＝0011,说明位于第 4 小段、第 8 大段的段内台阶高度为 Δ8＝64Δ,故对应偏移电平为 64Δ×3＝192Δ。

因此该电平的量化数值为 1 024＋192＋32Δ＝1 248Δ。

5.2 增量调制

增量调制简称 ΔM 或 DM,它是继脉冲编码调制后出现的又一种模拟信号数字传输的方法。

PCM 中,代码表示样值本身的大小,所需码位数较多,导致编译码设备复杂;而在 ΔM 中,它只用一位编码表示相邻样值的相对大小,从而反映抽样时刻波形的变化趋势,而与样值本身的大小无关。

ΔM 与 PCM 编码方式相比具有编译码设备简单、低比特率时的量化信噪比高、抗误码特性好等优点。ΔM 主要在军事通信和卫星通信中广泛使用,有时也作为高速大规模集成电路中的 A/D 转换器使用。

增量调制最主要的特点就是它所产生的二进制代码表示模拟信号前后两个抽样值的差别(是增加还是减少),而不是代表抽样值本身的大小,因此把它称为增量调制。在增量调制系统的发端调制后的二进制代码 1 和 0 只表示信号这一个抽样时刻相对于前一个抽样时刻是增加(用 1 码)还是减少(用 0 码)。收端译码器每收到一个 1 码,译码器的输出相对于前一个时刻的值上升一个量化阶;而每收到一个 0 码,译码器的输出相对于前一个时刻的值下降一个量化阶。

1. 增量调制编码

对于语音信号,如果抽样速率很高,那么相邻样点之间的幅度变化不会很大,相邻抽样值的相对大小(差值)同样能反映模拟信号的变化规律。增量调制波形如图 5-16 所示。图中 $f(t)$ 代表时间连续变化的模拟信号,可以用一个时间间隔为 Δt,相邻幅度差为 $+\sigma$ 或 $-\sigma$ 的阶梯波形 $f'(t)$ 来逼近它。只要 Δt 足够小,即抽样速率 $f_s = 1/\Delta t$ 足够高,且 σ 足够小,则阶梯波 $f'(t)$ 可近似代替 $f(t)$。已调脉冲序列以脉冲的有、无表征差值的正负号,也就是差值只编成一位二进制码。

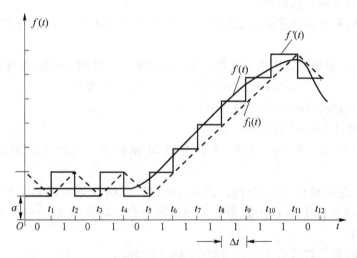

图 5-16 增量调制波形图

阶梯波 $f'(t)$ 有两个特点:第一,在每个 Δt 间隔内,$f'(t)$ 的幅值不变;第二,相邻间隔的幅

值差或者是 $+\sigma$(上升一个台阶)或者是 $-\sigma$(下降一个台阶)。利用这两个特点,用"1"码和"0"码分别代表 $f'(t)$ 上升或下降一个量化阶 σ,则 $f'(t)$ 就被一个二进制序列表征。还可用斜变波 $f_1(t)$ 来近似 $f(t)$。斜变波也只有两种变化,按斜率 $\sigma/\Delta t$ 上升一个量阶和按斜率 $-\sigma/\Delta t$ 下降一个量阶。用"1"码表示正斜率,用"0"码表示负斜率,同样可以获得二进制序列。

当信号斜率一定时,允许的信号幅度随信号频率的增加而减小,这将导致语音高频段的量化信噪比下降。不发生斜率过载的电压(小于临界过载电压)与量阶 σ 和抽样频率成正比,与信号频率成反比。当 f_s 和 σ 一定时,随着信号频率 f_b 的增大,允许的 A 将减小,因此不适合传输均匀频谱信号。

语音信号和单色电视信号的功率谱随频率平方增加而下降,因此适用于增量调制。

ΔM 调制系统的带宽:从编码的基本思想中可以知道,每抽样一次,即传输一个二进制码元,因此码元传输速率为 $f_b=f_s$,从而 ΔM 调制系统带宽为

$$B_{\Delta M}=\frac{f_b}{2}=\frac{f_s}{2} \qquad (\text{理想低通传输系统}) \qquad (5\text{-}3)$$

$$B_{\Delta M}=f_b=f_s \qquad (\text{升余弦传输系统}) \qquad (5\text{-}4)$$

2. 增量调制译码

与编码相对应,译码也有两种形式。一种是收到"1"码时上升跳变一个量阶 σ,收到"0"码时下降跳变一个量阶 σ,这样二进制代码经过译码后变为 $f'(t)$ 这样的阶梯波。另一种是收到"1"码后产生一个正斜率电压,在 Δt 时间内上升一个台阶 σ,收到"0"码后产生一个负斜率电压,在 Δt 时间内下降一个台阶 σ,这样把二进制代码经过译码后变为如图 5-17 所示的 $f_1(t)$ 这样的斜变波。

图 5-17 为假设二进制双极性代码为 1010111 时信道信号 $p(t)$ 与译码后的斜变波 $f_1(t)$ 的波形。

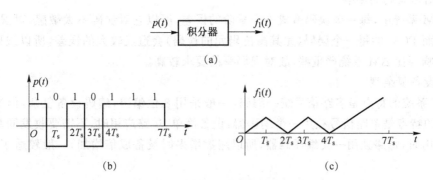

图 5-17　增量调制译码原理图

编译码时用阶梯波形近似表示模拟信号波形,由阶梯本身的电压突跳产生失真。这是增量调制的基本量化噪声,又称一般量化噪声。它伴随着信号永远存在,即只要有信号,就有这种噪声。

增量调制主要注意以下几点。

(1) 在比特率较低时,增量调制的量化信噪比高于 PCM 的量化信噪比。

(2) 增量调制的抗误码性能好,能工作于误码率为 $10^{-2}\sim10^{-3}$ 的信道中,而 PCM 要求误码率通常为 $10^{-4}\sim10^{-6}$。

(3) 增量调制的编译码器比 PCM 的简单。

3. PCM 和 ΔM 的比较

PCM 和 ΔM 都是模拟信号数字化的基本方法。PCM 是对样值本身编码,ΔM 只用一位二进制码进行编码,且这一位码不表示信号抽样值的大小,而是表示抽样时刻信号曲线的变化趋向,这是 ΔM 与 PCM 的本质区别。

在误码可忽略以及信道传输速率相同的条件下,假设滤波器截止频率 $f_L = 3\,kHz$,信号频率 $f_k = 1\,kHz$,这时 PCM 与 ΔM 系统相应的量化信噪比曲线如图 5-18 所示。由图可看出,如果 PCM 系统编码位数 $k < 4$,则它的性能比 ΔM 系统的要差;如果 $k > 4$,则随着 k 的增大,PCM 相对于 ΔM 来说,其性能越来越好。

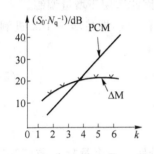

图 5-18 ΔM 和 PCM 抗噪声比较

图 5-18 对 PCM 和 ΔM 两种调制系统的抗噪能力进行了简要比较和说明,目的是进一步了解两种调制的相对性能。

下面从四个方面对 PCM 和 ΔM 进行比较。

(1) 抽样速率

PCM 系统中的抽样速率 f_s 是根据抽样定理来确定的。若信号的最高频率为 f_m,则 $f_s \geq 2f_m$。ΔM 系统的抽样速率不能根据抽样定理来确定。在保证不发生过载,达到与 PCM 系统相同的信噪比时,ΔM 的抽样速率远远高于奈奎斯特速率。

(2) 带宽

ΔM 系统的每一次抽样,只传送一位代码,因此 ΔM 系统的数码率为 $f_b = f_s$,要求的最小带宽为 $B_{\Delta M} = f_s/2$,实际应用时 $B_{\Delta M} = f_s$。而 PCM 系统的数码率为 $f_b = nf_s$。例如,在同样的语音质量要求下,PCM 系统的数码率为 64 kHz,因而要求最小信道带宽为 32 kHz;而采用 ΔM 系统时,抽样速率至少为 100 kHz,则最小带宽为 50 kHz。

(3) 信道误码的影响

在 ΔM 系统中,每一个误码造成一个量阶的误差,所以它对误码不太敏感,对误码率的要求较低。而 PCM 的每一个误码(尤其高位码元的误码)会造成较大的误差,所以误码对 PCM 系统的影响要比 ΔM 系统严重些,故对误码率的要求较高。

(4) 设备复杂度

PCM 系统的特点是多路信号统一编码,一般采用 8 位编码,编码设备复杂,但质量较好。ΔM 系统的特点是单路信号独用一个编码器,设备简单,单路应用时,不需要收发同步设备,但在多路应用时,每路独用一套编译码器,所以路数增多时设备成倍增加,一般较适于小容量支线通信。

5.3 时分复用

为了充分利用资源,每条线路上都会安排多个用户的话音,需要采用复用技术。换句话说,采用复用技术的主要目的是提高资源利用率。所谓复用,可以理解为多个用户要共同使用同一线路资源。时分复用是采用同一物理连接的不同时段来传输不同的信号,也能达到多路传输的目的。

常用的复用方法有频分复用(FDM)、时分复用(TDM)和码分复用(CDM)。本节主要介绍时分复用。时分复用指的就是把一条线路按时间均匀划分,每个时间片被一个用户信息流占用。简而言之,时分复用中,每个用户分到的是不同的时间资源。

　　n 路时分复用系统的示意图如图 5-19 所示。图中,将多路信号在时间轴上互不重叠地穿插排列,然后在同一公共信道上传输。对于话音通信,要在一条线路上承载多路话音,就是要在 125 μs 的抽样时间间隔内安排多个 8 bit 组,这势必要提高线路的比特传输速率。就好比高速公路某路口的一个车道,如果只有一辆车,要求其 125 μs 时间内通过路口;如果车辆增加到 n 辆,且要求 n 辆车全部通过路口的时间也为 125 μs,则每一辆车的速度必须要提高到前一种情况车速的 n 倍。在 TDM 中,对于单路信号,数码率不变,是独立传输;对于总群路信号,数码率是单路的 n 倍,因而可充分利用信道的传输频带。

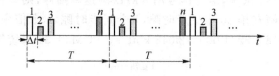

图 5-19　时分复用示意图

　　这样看来,TDM 可以理解成多个信源的数据分别占用不同的时隙位置,共用一条信道进行串行数据传输。

　　时分多路复用适用于数字信号的传输。由于信道的位传输率超过每一路信号的数据传输率,因此可将信道按时间分成若干片段轮换地给多个信号使用。每一时间片由复用的一个信号单独占用,在规定的时间内,多个数字信号都可按要求传输到达,从而也实现了一条物理信道上传输多个数字信号。

　　三路模拟信源在 PCM 系统中时分复用框图如图 5-20 所示。由图 5-20 可以总结相关概念如下。

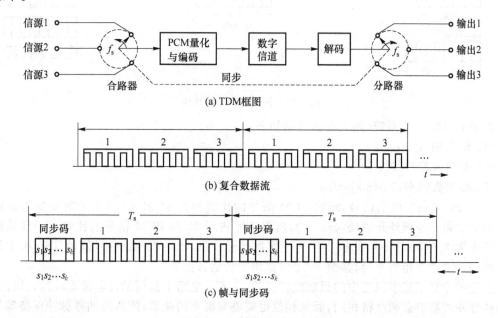

图 5-20　三路信号时分复用

　　信源:发送模拟信号。

　　发送端:合路器旋转开关旋转速率即抽样频率 f_s,对带宽最大的模拟信源,f_s 仍然满足奈奎斯特抽样定理。

同步:收发两端的合路与分路,必须协调一致。

接收端:旋转开关速率 f_s,时分复用信号由解码器恢复成抽样值的量化值。接收端的旋转开关保证将 1 路信号的样本点送到通道 1 上,将 2 路信号的样本点送到通道 2 上,将 3 路信号的样本点送到通道 3 上。

帧:服从某种时序规定的一段比特数据流。

帧周期:每路信号都至少被传送一次的时间。

帧格式:把一帧时间划分为若干时隙后,如何安排各路信息码与附加信息码的一种时序规定。

例如,对于 PCM30/32 系统,语音信号用 8 kHz 的速率抽样,则旋转开关应每秒旋转 8 000 周,帧周期为 125 μs,每帧安排 30 个话音时隙,1 个同步时隙,1 个信令时隙,共 32 时隙,则复用后的数码率为 8 000×8×32/1 000＝2 048 kbit/s。PCM30/32 系统帧结构如图 5-21 所示。

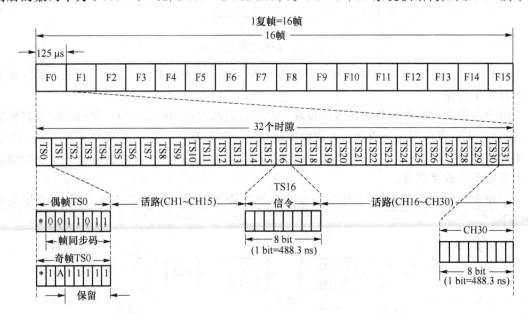

图 5-21　PCM30/32 帧结构

对于 PCM30/32 系统,相关参数总结如下。

(1) 帧周期:125 μs。

(2) 每帧时隙数:32。

(3) 每帧数码率:2 048 kbit/s。

30 路 PCM 数字电话信号,每路 PCM 信号的比特率为 64 kbit/s。由于需要加入群同步码元和信令码元等额外开销(overhead),所以实际占用 32 路 PCM 信号的比特率。故其输出总比特率为 2.048 Mbit/s,此输出称为一次群信号。PCM30/32 系统中,偶帧 TS0 用于传帧同步码,TS16 用于传信令码,其余 30 个时隙用于传话音业务。

上述时分复用基本原理中的机械旋转开关,在实际电路中是用抽样脉冲取代的。因此,各路抽样脉冲的频率必须严格相同,而且相位也需要有确定的关系,使各路抽样脉冲保持等间隔的距离。在一个多路复用设备中使各路抽样脉冲严格保持这种关系并不难,因为可以由同一时钟提供各路抽样脉冲。

时分复用的主要优点包括:便于实现数字通信,易于制造,适于采用集成电路实现,生产成本较低。

5.4　模拟信号数字化仿真

5.4.1　PCM 系统仿真

1. 采样定理仿真

采样定理是模拟信号数字化的理论基础,它告诉人们:对于一个频带被限制在$(0,f_H)$内的模拟信号,如果采样频率 $f_s \geqslant 2f_H$,则可以用低通滤波器从采样序列恢复原来的模拟信号;如果采样频率 $f_s < 2f_H$,就会产生混叠失真。

（1）采样定理仿真模拟

模拟信号采样和恢复的 SystemView 仿真模拟如图 5-22 所示。

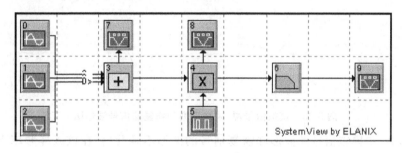

图 5-22　采样定理仿真模型

图 5-22 中,系统运行时间设置:样点数 4 096,采样频率 1 000 Hz。图符 0、1、2 产生幅度为 1 V,频率分别为 8 Hz、10 Hz、12 Hz 的正弦波,通过图符 3 相加,作为模拟信号源。图符 5 产生周期脉冲序列。图符 4 将模拟信号源与周期脉冲序列相乘得到采样信号序列,完成采样。图符 6 是一个 Butterworth 低通滤波器,用来从采样序列中恢复原模拟信号,其截止频率应大于信号的最高频率,本例中取截止频率为 14 Hz。图符 7、8、9 分别显示原模拟信号、采样序列和通过低通滤波器恢复的模拟信号的波形。图 5-6 中各图符参数设置见表 5-5。

表 5-5　采样定理仿真各图符参数设置表

编号	图符块属性	类型	参数
0	Source	Periodic/sinusoid	Amp＝1 V, Freq＝8 Hz, Phase＝0 deg
1	Source	Periodic/sinusoid	Amp＝1 V, Freq＝10 Hz, Phase＝0 deg
2	Source	Periodic/sinusoid	Amp＝1 V, Freq＝12 Hz, Phase＝0 deg
5	Source	Periodic/pulse train	Amp＝1 V, Freq＝30 Hz, pulse width＝1e−3 sec, offset＝0 V, phase＝0 deg
6	Operator	Filters/syste/linear sys filter/ amalog/butterworth/lowpass	Low cuttoff＝14 Hz

（2）仿真演示

① $f_s \geqslant 2f_H$ 时

125

信号源产生的模拟信号其最高频率为 12 Hz,将图符 5 的频率设置成 40 Hz,宽度设置成 0.001 s。即采样频率为 40 Hz,大于模拟信号最高频率的两倍。

设置系统时间:样点采样为 1 024,采样频率 1 000 Hz。运行系统,模拟信号源、采样序列和恢复的信号波形如图 5-23 所示。

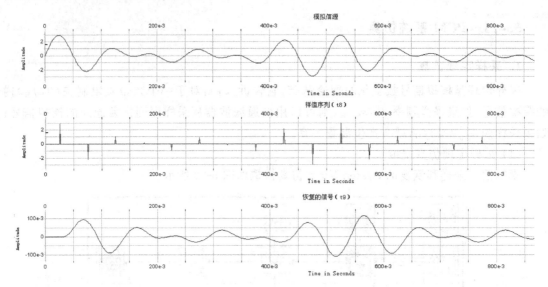

图 5-23　模拟信号源、采样序列和恢复的信号波形图

对比图 5-23 中模拟信号源波形和恢复信号的波形不难看出,在该采样频率下,信号能够被完整地恢复,没有失真。

② $f_s < 2f_H$ 时

在输入信号相同的情况下,将采样频率改为 20 Hz(即将图符 5 的频率改为 20 Hz),重新运行系统,得到的恢复信号波形如图 5-24 所示。对比图 5-23 中模拟信号波形与图 5-24 中波形可以看出,采样频率降低后,恢复信号的失真十分明显。

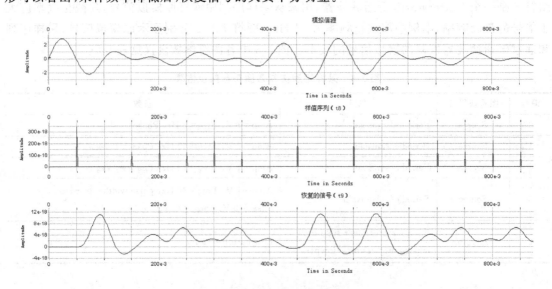

图 5-24　降低采样频率后恢复的信号

③ 采样定理证明过程中的频谱仿真

为能更清楚地显示采样和恢复过程中的频谱变化,将模拟信号改为频率扫描信号,即将图符 0、1、2、3 去掉,用频率扫描信号源代替。仿真模型如图 5-25 所示。

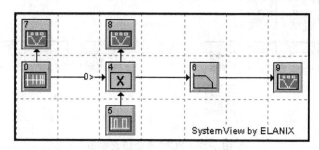

图 5-25 仿真功率谱模型

设置图符 0 参数:振幅为 1 V,起始频率为 10 Hz,终止频率为 35 Hz。将图符 5 的采样频率改为 100 Hz,将图符 6 的截止频率设置为 40 Hz。运行系统,进入分析窗,观察原模拟信号、采样后序列和恢复的信号的频谱,如图 5-26 所示。

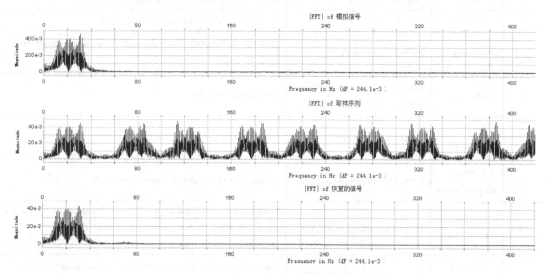

图 5-26 采样及恢复过程中的频谱图

由图 5-26 可见,采样序列的频谱是原模拟信号频谱的周期重复,重复周期为采样频率,本例中采样频率为 100 Hz。改变采样频率,再运行系统,可清楚地看出这一点。

2. 脉冲编码调制系统仿真

为扩大量化器的动态范围,PCM 系统一般采用非均匀量化,压扩特性有 A 律和 μ 律两种。

(1) 脉冲编码调制系统仿真模型

基于 PCM 系统基本原理的 SystemView 仿真模型如图 5-27 所示。

图 5-27 中,图符 0、1、2 产生频率分别为 5 Hz、10 Hz 和 15 Hz 的正弦信号,图符 3 对它们进行相加,模拟信号源。图符 10 是压缩器,对模拟信号进行预处理,采用 A 律特性。图符 11 是模数转换器,完成对模拟信号的采样、量化和编码,采样时钟由图符 5 提供。图符 12 是接收端的数模转换器,完成对码组的译码。由于 PCM 编码为 8 位,图符 11、12 间须连 8 条线,0 连 0,1 连 1,以此类推。图符 13 对译码后的样值进行扩张处理,消除发送端压缩器对信号的影响。

图符 6 是个低通滤波器,从接收的采样序列恢复原模拟信号。图 5-27 中各图符参数设置见表 5-6。

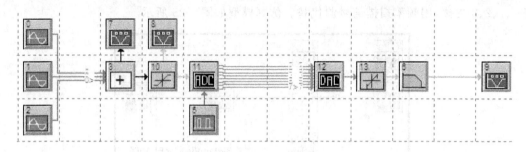

图 5-27　PCM 系统仿真模型

表 5-6　PCM 系统仿真各图符参数设置表

编号	图符块属性	类型	参数
0	Source	Periodic/sinusoid	Amp＝1 V, Freq＝5 Hz, Phase＝0 deg
1	Source	Periodic/sinusoid	Amp＝1 V, Freq＝10 Hz, Phase＝0 deg
2	Source	Periodic/sinusoid	Amp＝1 V, Freq＝15 Hz, Phase＝0 deg
5	Source	Periodic/pulse train	Amp＝1 V, Freq＝40 Hz, pulse width＝1e－3 sec, offset＝0 V, phase＝0 deg
6	Operator	Filters/syste/linear sys filter/amalog/butterworth/lowpass	Low cuttoff＝16 Hz
10	Optional library/comm	Processors/compand	Compander type＝A-law, max input＝1 V
13	Optional library/comm	Processors/d-compand	Compander type＝A-law, max input＝1 V
11	Optional library/logic	Processors/mixed sinal/ADC	Gate delay＝0 V, false output＝0.5 V, max input＝1.27 V, threshold＝0.5 V, No. bits＝8, Rise time＝0 s, true output＝1 V, min input＝－1.28 V
12	Optional library/logic	Processors/mixed sinal/DAC	Gate delay＝0 V, max input＝1.27 V, threshold＝0.5 V, No. bits＝8, min input＝－1.28 V

(2) 仿真演示

系统运行时间:样点数 2 048,采样速率为 1 000 Hz。

① 编码位数(量化电平数)对系统性能的影响

双击图符 11 和图符 12 并选择参数按钮,将编码位数(No. Bits)设置为 2。运行系统,原模拟信号和恢复的信号的波形图如图 5-28 所示。

对比发送的模拟信号和接收端恢复的信号,可以看出接收信号有较大的失真。

重新将模数转换器和数模转换器的编码位数设置为 4,运行系统,输入、输出波形如图 5-29 所示。

由图 5-29 所示的波形图看出,增加编码位数可减少接收波形的失真。本例中当编码位数增至 4 位时,接收信号已基本没有失真。

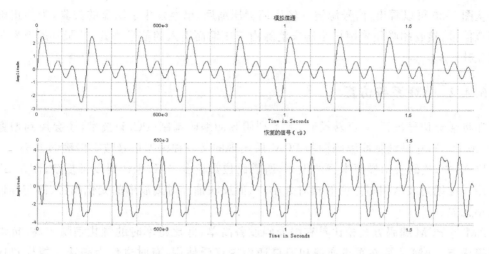

图 5-28　原模拟信号和恢复的信号的波形图（编码位数为 2）

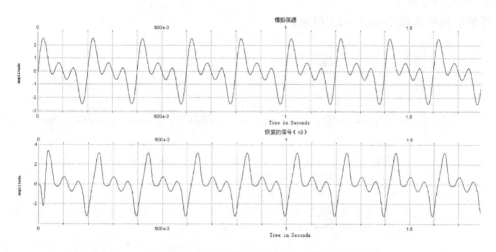

图 5-29　原模拟信号和恢复的信号的波形图（编码位数为 4）

② 压缩器对信号的影响

图符 8 显示压缩器的输出波形，如图 5-30 所示。

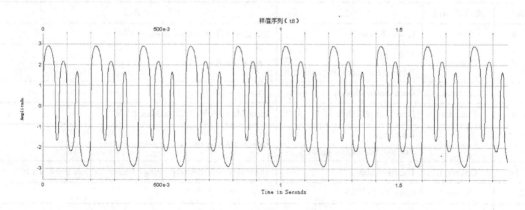

图 5-30　压缩器输出波形

从图 5-30 可以看出,信号源波形经压缩器压缩后,已经发生了明显的失真,为能正确恢复原模拟信号,接收端必须采用扩张器来消除由于压缩而引入的信号失真,扩张器的特性与压缩器的互补。

5.4.2　ΔM 系统仿真

在将话音信号进行 A/D 转换时,除了利用脉冲编码调制(PCM)技术,还会用到增量调制(ΔM,或 DM),它是继脉冲编码调制 PCM 后出现的又一种模拟信号数字传输的方法。

PCM 中,代码表示样值本身的大小,所需码位数较多,导致编码设备复杂;而在 ΔM 中,它只用一位编码表示相邻样值的相对大小,从而反映抽样时刻波形的变化趋势,而与样值本身的大小无关。

ΔM 与 PCM 编码方式相比具有编译码设备简单,低比特率时的量化信噪比高,抗误码特性好等优点。ΔM 主要在军事通信和卫星通信中广泛使用,有时也作为高速大规模集成电路中的 A/D 转换器使用。

增量调制仿真模型如图 5-31 所示。

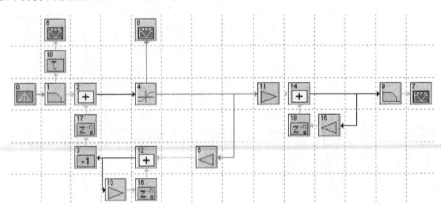

图 5-31　增量调制仿真模型图

增量调制仿真模型图中各图符参数设置见表 5-7。

表 5-7　增量调制仿真模型图中各图符参数设置表

编号	图符块属性	类型	参数
0	Source	Gauss Noise	Std Dev＝500e−3 V, Mean＝0 V
1	Operator	Liner Sys Filters/Analog/Lowpass	Low Cuttoff＝8 Hz
3	Source	Gain/Scale/Negate	
4	Function	Non Linear/Limit	InputMax＝0 V, OutputMax＝1 V
9	Operator	Liner Sys Filters/Analog/Lowpass	Low Cuttoff＝15 Hz
10	Operator	Delays/Delay	DelayType＝Non-interpolating, Delay＝32. 999 999 821 186 1e−3
5、11	Source	Gain/Scale/Gain	Gain＝25e−3
13、15	Source	Gain/Scale/Gain	Gain＝1
16、17、18	Operator	Delays/Smpl Delay	Delay＝1 Samples, Initial Condition＝0 V, Fill Last Register

增量调制波形如图 5-32 所示。

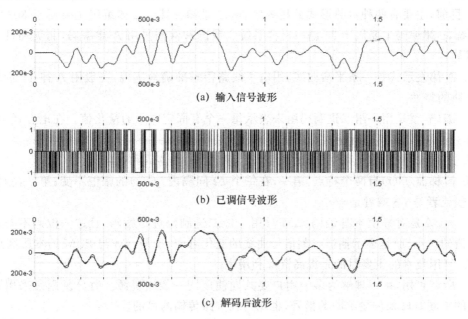

(a) 输入信号波形

(b) 已调信号波形

(c) 解码后波形

图 5-32　增量调制各点波形图

本 章 小 结

1. 脉冲编码调制包括抽样、量化、编码三个过程。抽样实现了模拟信号的时间离散,量化实现了信号的幅度离散,编码实现了数字信号的二进制序列表示。

2. 奈奎斯特抽样定理:一个频带限制在 $0 \sim f_m$ 内的低通信号 $m(t)$,如果抽样频率 $f_s \geqslant 2f_m$,则可以由抽样序列无失真地重建恢复原始信号 $m(t)$。无失真所需最小抽样速率 $f_s = 2f_m$ 为奈奎斯特速率,对应的最大抽样间隔 T_s 称为奈奎斯特间隔。

3. 实际系统中,采取 $f_s = (2.5 \sim 5.0)f_m$ 以避免失真。考虑预留,为了标准化和方便计算,话音信道抽样频率是 8 000 Hz。

4. 量化,就是利用预先规定的有限个电平来表示模拟信号抽样值,即用一组规定的电平,把瞬时抽样值用最接近的电平值来表示。

5. 根据量化过程中模拟信号的抽样值和量化后的离散电平值的对应规则,量化可以分为均匀量化和非均匀量化两种。

6. 均匀量化的量化台阶是常数,所以对大信号影响较小,对小输入信号非常不利,即量化噪声对信号的影响程度不同。

7. 非均匀量化是根据信号的不同区间来确定量化间隔的,量化间隔随信号抽样值的不同而变化。信号抽样值小时,量化间隔 Δv 也小;信号抽样值大时,量化间隔 Δv 也大。

8. 采用压缩扩张技术,即在发送端对输入压缩器的信号先进行压缩处理,对小信号放大,而大信号予以"压缩",从而改变了大信号和小信号之间的比例关系。这样经过压缩处理的信号再进行均匀量化,其效果相当于对原信号进行非均匀量化。

9. 目前,主要有两种对数形式的压缩特性:A 律和 μ 律。A 律编码主要用于 30/32 路一次群系统,μ 律编码主要用于 24 路一次群系统。我国和欧洲采用 A 律编码,北美和日本采用 μ 律编码。

10. A 律表示式是一条平滑曲线,用电子线路很难准确地实现,一般用 A 律 13 折线特性近似 A 律的特性。

11. 编码,就是用一组二进制码组来表示每一个有固定电平的量化值。在语音通信中,通常采用 8 位的 PCM 编码就能够保证获得满意的通信质量。

12. A 律 13 折线编码采用 8 bit 码组,分为极性码、段落码和段内码。

13. 阶梯波 $f'(t)$ 有两个特点:第一,在每个 Δt 间隔内,$f'(t)$ 的幅值不变;第二,相邻间隔的幅值差或者是 $+\sigma$ 或者是 $-\sigma$。

14. PCM 是对样值本身编码,ΔM 只用一位二进制码进行编码,且这一位码不是表示信号抽样值的大小,而是表示抽样时刻信号曲线的变化趋向,这是 ΔM 与 PCM 的本质区别。

15. 复用技术的主要目的是提高资源利用率。

16. 所谓复用,可以理解为多个用户要共同使用同一线路资源。时分复用是采用同一物理连接的不同时段来传输不同的信号,也能达到多路传输的目的。

17. 对于 PCM30/32 系统,语音信号用 8 kHz 的速率抽样,则旋转开关应每秒旋转 8 000 周,帧周期为 125 μs,每帧安排 30 个话音时隙,1 个同步时隙,1 个信令时隙,共 32 时隙,则复用后的数码率为 $8\,000 \times 8 \times 32/1000 = 2\,048$ kbit/s。

习　题

一、填空题

1. 当原始信号是模拟信号时,必须经过(　　)后才能通过数字通信系统进行传输,并经过(　　)后还原成原始信号。

2. PCM 方式的模拟信号数字化要经过(　　)、(　　)、(　　)三个过程。

3. 在模拟信号转变成数字信号的过程中,抽样过程是为了实现(　　)的离散,量化过程是为了实现(　　)的离散。

4. 一个模拟信号在经过抽样后其信号属于(　　)信号,再经过量化后其信号属于(　　)信号。

5. 量化是将幅值(　　)的信号变换为幅值(　　)的信号。

6. 采用非均匀量化是为了提高(　　)的量化 SNR,代价是减少(　　)的量化 SNR。

7. 设某样值为 $-2\,048\Delta$,则 A 律 13 折线 8 位码为(　　),译码后输出的样值为(　　)。

8. PCM30/32 基群帧结构中,TS0 时隙主要用于传输(　　)信号,TS16 时隙主要用于传输(　　)信号。

9. PCM30/32 基群帧结构中一共划分有(　　)时隙,其中同步码在(　　)时隙。

10. 一个频带限制在 $0 \sim f_m$ 内的低通信号 $m(t)$,要求由抽样序列无失真地重建恢复原始信号 $m(t)$,则抽样频率 f_s 和信号最高截止频率 f_m 的关系需满足(　　)。

11. 人类话音所占频段为(　　),采用 PCM 编码时,抽样频率一般选择(　　)。

12. PCM30/32 系统帧周期是（　　　），每帧包含（　　　）比特，（　　　）个时隙。

13. 若量化电平数为 64,需要的编码位数为（　　　）；若量化电平数为 128,需要的编码位数为（　　　）。

二、选择题

1. 通过抽样可以使模拟信号实现（　　　）。

　　A. 时间和幅值的离散　　　　　　　　B. 幅值上的离散

　　C. 时间上的离散　　　　　　　　　　D. 频谱上的离散

2. 采用非均匀量化可以使得（　　　）。

　　A. 小信号量化 SNR 减小、大信号量化 SNR 增加

　　B. 小信号量化 SNR 增加、大信号量化 SNR 减小

　　C. 小信号量化 SNR 减小、大信号量化 SNR 减小

　　D. 小信号量化 SNR 增加、大信号量化 SNR 增加

3. PCM30/32 基群的信息速率为（　　　）。

　　A. 64 kbit/s　　　B. 256 kbit/s　　　C. 1 024 kbit/s　　　D. 2 048 kbit/s

4. 电话采用的 A 律 13 折线 8 位非线性码的性能相当于线性码位数为（　　　）。

　　A. 8 位　　　　　B. 10 位　　　　　　C. 11 位　　　　　　D. 12 位

5. 对最高频率为 500 Hz 的信号进行抽样,最低抽样频率为（　　　）

　　A. 250 Hz　　　　B. 500 Hz　　　　　C. 1 000 Hz　　　　　D. 2 000 Hz

6. PCM30/32 基群每路信号的信息速率为（　　　）。

　　A. 64 kbit/s　　　B. 256 kbit/s　　　C. 1 024 kbit/s　　　D. 2 048 kbit/s

三、判断题

（　　）1. 模拟信号的数字化传输不会对模拟信号带来任何影响。

（　　）2. 按照抽样定理要求进行抽样后即实现了模拟信号到数字信号的转换。

（　　）3. 采用非均匀量化是为了解决均匀量化时的小信号量化误差过大。

（　　）4. A 律 13 折线把整个幅度区间分成了 13 份。

（　　）5. 增量调制和脉冲编码调制的编码都代表信号具体值。

四、简答题

1. 试画出 PCM 传输方式的基本组成框图。简述各部分的作用。

2. 试对增量调制和脉冲编码调制进行比较。

五、综合题

1. 设有一频谱范围为 1~6 kHz 的模拟信号如题图 5-1 所示。

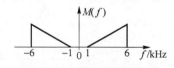

题图 5-1

（1）试画出 $f_s=10$ kHz、$f_s=12$ kHz 和 $f_s=13$ kHz 进行理想抽样后的频谱图;

（2）试对以上三种抽样结果进行讨论,并指出实际抽样时应取哪个频率。

2. 编 A 律 13 折线 8 位码,设最小量化间隔单位为 1Δ,已知抽样脉冲值为 +321Δ 和 −210Δ。

(1) 此时编码器输出的码组;

(2) 计算量化误差。

3. 设电话信号的带宽为 300~3 400 Hz,抽样速率为 8 000 Hz。

(1) 编 A 律 13 折线 8 位码时的码元速率;

(2) 现将 10 路编 8 位码的电话信号进行 PCM 时分复用传输,即每帧安排 10 个时隙,此时的码元速率为多少?

(3) 传输此时分复用 PCM 信号所需要的奈奎斯特基带带宽为多少?

第6章 数字基带传输

本章内容

◇ 数字基带传输系统组成；

◇ 数字基带传输码型及功率谱特性；

◇ 无码间干扰的数字基带传输系统——理想信道特性；

◇ 眼图和均衡、扰码处理。

本章重点

◇ 数字基带传输系统组成；

◇ 数字基带传输码型及功率谱特性；

◇ 无码间干扰的数字基带传输系统——理想信道特性。

本章难点

◇ 数字基带传输码型及功率谱特性；

◇ 无码间干扰的数字基带传输系统——理想信道特性；

◇ 眼图和均衡、扰码处理。

学习本章目的和要求

◇ 掌握数字基带传输系统组成和各部分功能；

◇ 掌握数字基带传输系统的信道特性和干扰特性；

◇ 了解眼图和均衡、扰码。

数字传输系统传输的是数字数据信号。根据传输过程中数字基带信号是否需要进行调制（或者说是否进行频谱搬移），把数字传输系统分为数字基带传输系统和数字频带传输系统两类。由计算机或终端等数字设备直接发出的信号是二进制数字基带信号，是典型的矩形电脉冲信号，其频谱包括直流、低频和高频等多种成分。数字基带传输是指直接传输数字基带信号的传输技术。数字频带传输是指传输数字调制的已调波的传输技术。本章主要讲述数字基带传输系统的组成和基本原理。

6.1 数字基带传输系统组成

数字基带传输系统主要由信道信号形成器、信道、接收滤波器和抽样判决器等组成，其结构示意图如图 6-1 所示，图中各点波形如图 6-2 所示。

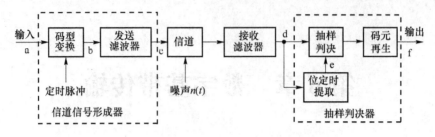

图 6-1　数字基带传输系统结构示意图

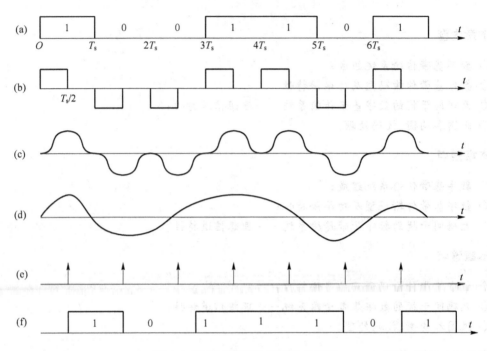

图 6-2　数字基带传输系统各点波形

1. 信道信号形成器

信道信号形成器的输入为数字基带信号序列,见图 6-2(a)。它又分为码型变换和发送滤波两个功能模块。

码型变换:用来改变数字基带信号的码型,见图 6-2(b),使其适于信道传输。

发送滤波:用来形成适于信道传输的波形,见图 6-2(c),使其具有较高的频带利用率及较强的抗码间干扰能力。

2. 信道

通常为低通型传输特性的有线信道。实际信道通常是不理想的,所以信号通过它会产生失真;而且信道中还会引入零均值的高斯白噪声(AWGN),产生噪声干扰。

3. 接收滤波器

接收滤波器主要有两个方面的作用:一是滤除带外噪声;二是对失真的信号进行校正,以便得到有利于抽样判决器判决的波形(如升余弦波形),见图 6-2(d)。

4. 抽样判决器

抽样判决器包括位定时提取、抽样判决和码元再生 3 个功能模块。

位定时提取:从接收滤波器输出的信号中提取用于控制抽样时刻的同频同相位定时信号,见图 6-2(e)。同频,即位定时的周期等于码元周期(码元宽度),这样收发两端的码元一一对应而不会搞错。同相,就是位定时信号的脉冲应对准接收信号的最佳抽样判决时刻,使抽样器取到的样值最有利于正确的判决。

抽样判决:在规定的时刻(由位定时信号控制)对接收滤波器输出的信号进行抽样,然后根据预先确定的判决规则对抽样值进行判决。

码元再生:将判决器判决出的"1"码及"0"码变换成所需的数字基带信号形式。其输出波形见图 6-2(f)。

6.2 数字基带传输码型及功率谱特性

6.2.1 数字基带信号的基本码型

在数字通信中,常用"1"和"0"两种代码(状态)来表示要传送的信息。实际传输时,用物理的电脉冲来表示代码,将电脉冲的形状称为数字信号波形,而把电脉冲序列的结构形式称为数字信号的码型。数字信号的波形和码型共同决定着它的频谱结构。合理地设计数字信号的波形和码型,使之适应信道特性的要求,这是数字基带传输系统中十分重要的问题。在数字通信中常用的基本码型有单极性不归零码、单极性归零码、双极性不归零码、双极性归零码、传号交替反转码、差分码和多电平码等,如图 6-3 所示。

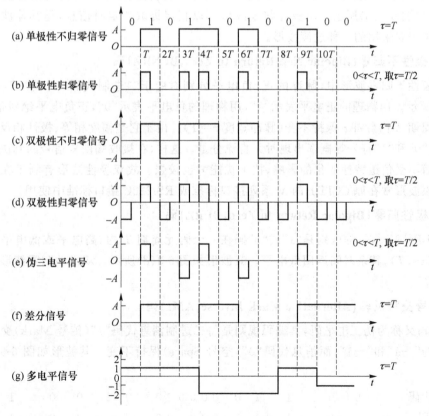

图 6-3 常用数据序列形式

1. 单极性不归零(Polar Non-Return to Zero,PNRZ)码

它在一个码元周期 T 内电平维持不变(脉冲宽度 $\tau = T$),用物理的高电平代表逻辑的"1"码,物理的低电平(一般为 0 电平)代表逻辑的"0"码,其占空比为 $\tau/T = 100\%$,也可以用窄脉冲来表示,有脉冲表示逻辑的"1"码,无脉冲表示逻辑的"0"码。其波形如图 6-3(a)所示。由于在一个码元周期内,物理的高电平一直维持,所以称为单极性不归零码。单极性 NRZ 码具有如下特点。

(1) 发送能量大,有利于提高接收端信噪比。

(2) 在信道上占用频带较窄。

(3) 有直流分量,将导致信号的失真与畸变,且由于直流分量的存在,无法使用在交流耦合的线路和设备中。

(4) 不能直接提取位同步定时信息。

(5) 抗噪性能差。接收单极性 NRZ 码的判决电平应取"1"码电平的一半。由于信道衰减或特性随各种因素变化时,接收波形的振幅和宽度容易变化,因而判决门限不能稳定在最佳电平,使抗噪性能变坏。

(6) 传输时一端要接地。

2. 单极性归零(Polar Return to Zero,PRZ)码

它与 PNRZ 信号的区别是"1"码在一个码元周期 T 内,物理的高电平持续时间为 $\tau(0 < \tau < T)$,其余时间返回物理低电平,所以称为归零波形。用物理的高电平表示逻辑的"1"码,物理的低电平(一般为 0 电平)表示逻辑的"0"码,若占空比 $\tau/T = 50\%$,则称其为半占空码,其波形如图 6-3(b)所示。单极性归零波形可以直接提取位定时信息,是其他波形提取位定时信号时需要采用的一种过渡波形。

3. 双极性不归零(Bipolar Non-Return to Zero,BPNRZ)码

在双极性不归零波形中,脉冲的正、负电平分别对应于二进制代码"1"或"0",其波形如图 6-3(c)所示。用物理的正电平表示"1",用物理的负电平表示"0",正负电平绝对值相等,在整个码元周期 T 内脉冲 τ 保持不变(脉冲宽度 $\tau = T$)。由于它是幅度相等、极性相反的双极性波形,故当"0"和"1"符号等概率出现时无直流分量。这样,在接收端恢复信号的判决门限电平为"0",因而不受信道特性变化的影响,抗干扰能力也较强。故双极性波形有利于在带通信道中传输。该波形常在原 CCITT 的 V 系列接口标准或 RS-232C 接口标准中使用。

4. 双极性归零(Bipolar Return to Zero,BPRZ)码

它与 BPNRZ 信号的区别是"1"或"0"码在一个码元周期 T 内,高电平或低电平的持续时间为 $\tau(0 < \tau < T)$,其余时间返回低电平。其波形如图 6-3(d)所示。双极性归零波形携带丰富的定时信息。

5. 传号交替反转(Alternative Mark Inverse,AMI)码

AMI 码又称为伪三电平码,其编码规则是将二进制消息代码"1"(传号 Mark)交替地变换为传输码的"+1"和"−1",而消息代码"0"(空号 Space)保持不变。其波形如图 6-3(e)所示。例如:

消息代码	1	0	0	1	1	0	0	0	0	0	0	1	1	0	0	1	1…
AMI 码	+1	0	0	−1	+1	0	0	0	0	0	0	−1	+1	0	0	−1	+1…

　　AMI 码对应的数字基带信号是正负极性交替的脉冲序列,而 0 电平保持不变。AMI 码的优点是,由于"+1"与"−1"交替,正负归零脉冲的个数相等,所以直流分量为零,高、低频分量少,且具有检错能力。能量集中在频率为 1/2 码速率处。位定时频率分量虽然为 0,但只要将数据基带信号经过全波整流变为单极性归零波形,仍然可以提取位定时同步信号。此外,AMI 码的编译码电路简单,便于利用传号极性交替规律观察误码情况。鉴于这些优点,AMI 码是原 CCITT 建议采用的传输码型之一。

　　AMI 码实际上把二进制脉冲序列变为三电平的符号序列(故叫伪三元序列或伪三电平码),其优点如下。

　　(1) 在"1"码和"0"码不等概率的情况下,也无直流成分,且零频率附近低频分量小。因此,对具有变压器或其他交流耦合的传输信道来说,不易受隔直特性的影响。

　　(2) 若接收端收到的码元极性与发送端的完全相反,也能正确判决。

　　(3) 便于观察误码情况。

　　此外,AMI 码还有编译码电路简单等优点,是一种基本的线路码或传输码,在北美系统和日本 24 路系统中得到了广泛使用。

　　不过,AMI 码有一个重要缺点,即当它用来获取定时信息时,可能出现长的连 0 串,因而会造成提取定时信号的困难。

6. 差分码

　　差分码是一种把要传的"1""0"信号反映在相邻码元的相对变化上的波形,所以也称相对码。例如,用相邻码元的电平变化代表信号"1",电平不变代表信号"0"。其波形如图 6-3(f)所示,即有"1"变"0"不变的特点。当然上述规定也可以反过来。图中已设定初始状态为低电平,也可设定初始状态为高电平,所以差分码可以有两种波形,电平恰好相反。

　　由图 6-3(f)可见,这种差分码波形在形式上与单极性或双极性码波形相同,但它代表的信息符号与码元本身电平或极性无关,而仅与相邻码元的电平变化有关。由于差分波形是以相邻脉冲电平的相对变化来表示代码的,因此称它为相对码波形,而相应地称前面讨论的单极性或双极性波形为绝对码波形。用差分波形传送代码可以消除设备初始状态的影响,特别是在相位调制 PSK 系统中用于解决载波相位模糊问题。

7. 多电平码

　　上述各种信号都是一个二进制符号对应于一个脉冲码元。实际上还存在多个二进制符号对应一个脉冲码元的情形,这种波形统称为多电平码或多元码。图 6-3(g)给出了四电平码波形或四元码波形。由于这种波形的一个脉冲可以代表多个二进制符号,故在高速数据传输系统中,采用这种信号形式是适宜的。

6.2.2　数字基带信号的频谱特性

　　设一般情况下,数字基带信号 $s(t)$ 可用随机脉冲序列 $s_n(t)$ 表示,即

$$s(t) = \sum_{n=-\infty}^{\infty} s_n(t) \tag{6-1}$$

其中

$$s_n(t) = \begin{cases} g_0(t-nT_s), & \text{以概率 } P \text{ 出现} \\ g_1(t-nT_s), & \text{以概率 } 1-P \text{ 出现} \end{cases}$$

式中，T_s 为随机脉冲周期，$f_s=1/T_s$，前后码元统计独立。$g_0(t)$、$g_1(t)$ 分别代表二进制码"0"和"1"，则经过推导可以得出随机脉冲的数字基带信号双边功率谱为

$$P(f)=f_s^2\sum_{n=-\infty}^{\infty}|PG_0(nf_s)+(1-P)G_1(nf_s)|^2\delta(f-nf_s)+$$
$$f_sP(1-P)|G_0(f)-G_1(f)|^2 \tag{6-2}$$

其中，$G_0(f)$、$G_1(f)$ 分别是 $g_0(t)$ 和 $g_1(t)$ 的频谱函数或傅里叶正变换，$\delta(t)$ 为狄拉克函数或称为冲激函数，$\delta(f)$ 为 $\delta(t)$ 函数的傅里叶正变换或称为频谱函数。

随机脉冲的数字基带信号单边功率谱为

$$P(f)=2f_s^2\sum_{n=1}^{\infty}|PG_0(nf_s)+(1-P)G_1(nf_s)|^2\delta(f-nf_s)+$$
$$f_s^2|PG_0(0)+(1-P)G_1(0)|^2\delta(f)+$$
$$2f_sP(1-P)|G_0(f)-G_1(f)|^2 \tag{6-3}$$

从随机脉冲的数字基带信号双边功率谱表达式(6-2)可以看出，功率谱是由两部分构成的，第一部分由于出现"0"和出现"1"的概率不可能为 0 或者为 1，也就是说不可能有全部出现"1"或全部出现"0"的序列，且 $g_0(t)$ 和 $g_1(t)$ 不可能完全相同，所以其对应的频谱 $G_0(f)\neq G_1(f)$，所以这部分不为 0，故连续谱始终存在；而第二部分则可能得到零点，出现离散谱。所以整个随机数字信号序列功率谱可能包括两个部分：连续谱和离散谱。连续谱决定信号频带宽度，离散谱决定定时分量。

例如，对于双极性信号，在等概率时，即"0"和"1"概率均为 $P=1/2$，波形频谱 $G_0(f)=-G_1(f)=G(f)$ 时，式(6-3)变为

$$P(f)=f_s|G(f)|^2 \tag{6-4}$$

这时双边功率谱密度中就没有离散谱，只有连续谱。

而对于单极性信号，通过下面的例题进行分析。

【例 6.2.1】 已知某单极性不归零随机脉冲序列，"1"码为幅度为 1 的矩形脉冲，"0"码为 0，且码元速率为 f_s，"1"码概率 $P=0.5$，计算并分析其功率谱。

解 设"1"码的波形 $g_1(t)$ 为矩形脉冲，则其频谱函数为

$$G_1(f)=T_s\left[\frac{\sin\pi fT_s}{\pi fT_s}\right]=T_s\mathrm{Sa}(\pi fT_s)$$

(1) 当 $f=0$ 时，$G_1(f)=G_1(0)=T_s\mathrm{Sa}(0)\neq0$，因此离散谱中存在直流分量。

(2) 当 $f=nf_s$，n 为不等于零的整数时，$G_1(nf_s)=T_s\mathrm{Sa}(n\pi f_sT_s)=0$，离散谱均为零，因此没有定时信号；只有当 $n=1$ 时，连续谱中 $f_s=\frac{1}{T_s}$ 的分量为定时分量(积分为 0)。因此无法从单极性不归零随机脉冲序列提取定时信号。

(3) 由式(6-4)可得该随机脉冲序列的双边功率谱为

$$P(f)=\frac{1}{4}f_sT_s^2\left[\frac{\sin\pi fT_s}{\pi fT_s}\right]^2+\frac{1}{4}\delta(f)=\frac{T_s}{4}\mathrm{Sa}^2(\pi fT_s)+\frac{1}{4}\delta(f)$$

(4) 随机脉冲序列的带宽实际上由单个码元的频谱函数 $G(f)$ 决定，该频谱的第一个过零点处在 $f=f_s$，因此，单极性不归零信号的带宽 $B=\frac{1}{\tau}=\frac{1}{T_s}=f_s$(忽略旁瓣成分的影响)。

【例 6.2.2】 若例 6.2.1 中的"1"码的波形改为半占空矩形脉冲，即脉冲宽度 $\tau=T_s/2$，试计算并分析其功率谱。

解　脉冲宽度为 $\tau = T_s/2$ 时,其频谱函数为

$$G_1(f) = \frac{T_s}{2} \mathrm{Sa}\left(\frac{\pi f T_s}{2}\right)$$

(1) 由式(6-4),设当 $n=0$ 时,$G_1(nf_s) = \frac{T_s}{2}\mathrm{Sa}(0) \neq 0$,故离散谱中有直流分量。

(2) 设当 n 为奇数时,$G_1(nf_s) = \frac{T_s}{2}\mathrm{Sa}\left(\frac{n\pi}{2}\right) \neq 0$,此时有离散谱,其中 $n=1$ 时,$G_1(nf_s) = \frac{T_s}{2}\mathrm{Sa}\left(\frac{\pi}{2}\right) \neq 0$,故有定时信号。

(3) 当 n 为偶数时,$G_1(nf_s) = \frac{T_s}{2}\mathrm{Sa}\left(\frac{n\pi}{2}\right) = 0$,此时没有离散谱,这时,由式(6-1)可得

$$P(f) = \frac{T_s}{16}\mathrm{Sa}^2\left(\frac{\pi f T_s}{2}\right) + \frac{1}{16}\sum_{n=-\infty}^{\infty}\mathrm{Sa}^2\left(\frac{n\pi}{2}\right)\delta(f-nf_s)$$

单极性半占空归零信号的带宽为 $B = \dfrac{1}{\tau} = \dfrac{1}{T_s/2} = \dfrac{2}{T_s} = 2f_s$。

根据以上分析,可以画出 4 种典型随机数据基带信号序列的功率谱密度,如图 6-4 所示。

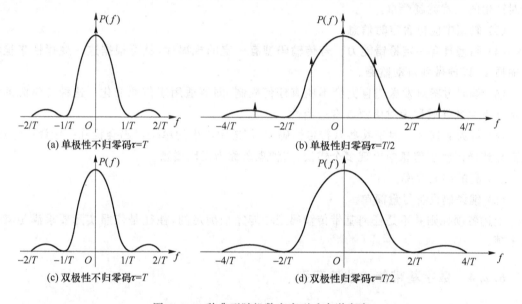

(a) 单极性不归零码 $\tau=T$　　(b) 单极性归零码 $\tau=T/2$

(c) 双极性不归零码 $\tau=T$　　(d) 双极性归零码 $\tau=T/2$

图 6-4　4 种典型随机数字序列功率谱密度

图 6-4 所示的 4 种典型数字基带序列中,双极性序列是不含离散谱分量的,而单极性序列是含离散谱分量的,离散谱分量的存在与否决定了是否能从序列中直接提取单一频率的时钟频率分量,这一点对数据传输系统是至关重要的,如单极性归零序列中就含有 $f_s = \dfrac{1}{T_s}$ 的离散谱分量,即可直接提取作为定时的时钟信息。

从图 6-4 中可知,数据基带信号的功率谱密度具有以下特点。

(1) 功率谱一般包括两个部分:连续谱和离散谱。连续谱确定信号的带宽,离散谱确定信号的定时分量。

(2) 连续谱部分总是存在。在某些情况下可能没有离散谱分量,但可通过恰当的变换获得定时分量。

(3) 信号能量集中于 $-\frac{1}{\tau} \sim \frac{1}{\tau}$ 的范围内。

6.2.3 数字基带传输线路码型的要求

在实际基带传输系统中,并非所有的原始数字基带信号都适合在信道中传输。例如,含有丰富直流和低频成分的基带信号就不适宜在信道中传输,因为它有可能造成信号严重畸变;再如,一般基带传输系统都是从接收到的基带信号中提取位同步信号,而位同步信号又依赖于代码的码型,如果代码出现长时间的连"0"符号,则基带信号可能会长时间出现 0 电平,从而使位同步恢复系统难以保证位同步信号的准确性。实际的基带传输系统还可能提出其他要求,从而导致对基带信号也存在各种可能的要求。

在设计数字基带信号码型时应考虑以下原则。

(1) 码型中应不含直流分量,低频分量尽量少。

(2) 码型中高频分量尽量少,这样既可以节省传输频带,提高信道的频带利用率,又可以减少串扰。串扰指同一电缆内不同线对之间的相互干扰,基带信号的高频分量越大,则对邻近线对产生的干扰就越严重。

(3) 码型中应包含定时信息。

(4) 码型具有一定检错能力。若传输码型有一定的规律性,就可根据这一规律性来检测传输质量,以便做到自动监测。

(5) 编码方案对发送消息类型不应有任何限制,即能适用于信源变化。这种与信源的统计特性无关的性质称为对信源具有透明性。

(6) 低误码增殖。对于某些基带传输码型,信道中产生的单个误码会扰乱一段译码过程,从而导致译码输出信息中出现多个错误,这种现象称为误码增殖。

(7) 高的编码效率。

(8) 编译码设备尽量简单。

上述各项原则并不是任何基带传输码型均能完全满足的,往往是依照实际要求满足其中若干项。

6.2.4 数字基带传输线路码型

实际应用的数字基带传输码型种类繁多,下面仅以矩形脉冲组成的基带信号为例,介绍几种目前常用的基本码型。

1. 双极性不归零电平码(Bipolar Non Return to Zero Level,BPNRZ-L)

在线路中采用双极性不归零电平码的情况下,信号的电平是根据它所代表的比特位决定的。一个物理正电压值代表逻辑比特"1",而一个负电压值代表逻辑比特"0"。若线路上的电压为 0,则说明当前线路上没有信号传输,如图 6-5 所示。

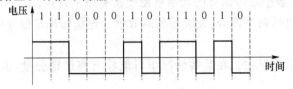

图 6-5　双极性不归零电平码

优缺点：简单易于实现；不易提取同步信息，特别是在长连"0"、长连"1"串时。解决方法可以用"归零码"。

2. 双极性不归零反相码(Bipolar Non Return to Zero Invert on ones, BPNRZ-I)

在线路中采用双极性不归零反相码的情况下，若传输一个比特在一个码元周期内发生了电平跳变，那么该比特就是二进制的"1"码，如果此刻没有发生电平跳变，那么这个比特就代表二进制的"0"码，即所谓的"1"变"0"不变编码规则，如图 6-6 所示。双极性不归零反相码是一种差分码。

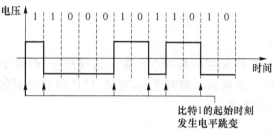

图 6-6　双极性不归零反相码

3. 双极性归零码

一个编码良好的数字基带信号序列必须携带同步定时信息。双极性归零码使用正、负两个电平。归零码是属于自同步定时的编码。通过归零，可以使每个比特位(码元)都发生信号变化，接收端可利用信号跳变建立与发送端之间的同步定时信息。它比单极性和不归零编码在线路中传输更有效。双极性归零码如图 6-7 所示。

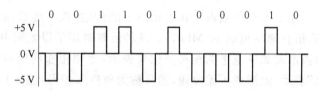

图 6-7　双极性归零码

双极性归零码的缺点是每个比特位发生两次信号变化，带宽是单极性不归零码的 2 倍。

4. 曼彻斯特(Manchester)码

曼彻斯特码又称为双相码、分相码、裂相码。它用一个周期的方波表示"1"，而用它的反相波形表示"0"。双相位编码使用两种电平，也是属于自同步定时的编码，每个比特位间隙中信号出现一次电平跳变(相位改变)，但不归零。正因为每个码元周期内都发生信号跳变，故其传输效率几乎降低了一半。

(1) 曼彻斯特码

曼彻斯特码波形如图 6-8 所示。编码规则："1"——比特中点位置上从负电平到正电平的跳变，"0"——比特中点位置上从正电平到负电平的跳变。

由图 6-8 可以看出，信码"0"用"10"两位码表示，信码"1"用"01"两位码表示，而"11"和"00"没有使用，属于禁用码组，如果传输过程中出现"11"或"00"，则可以由此发现错误。

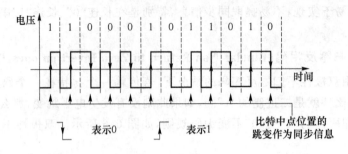

图 6-8   曼彻斯特码

（2）差分曼彻斯特码

差分曼彻斯特码比特在码元宽度的中点位置上出现跳变,但这个跳变不表示数据信息。差分曼彻斯特码波形如图 6-9 所示。编码规则:逻辑"1"比特起始时刻不出现电平跳变,逻辑"0"比特起始时刻出现电平跳变。

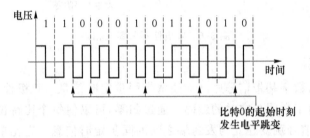

图 6-9   差分曼彻斯特码

差分曼彻斯特码适用于数据终端设备在短距离上的传输,在本地数据网中采用该码型作为传输线路码型,最高信息速率可达 10 Mbit/s。这种码常被用于以太网中。若把数字双相码中用绝对电平表示的波形改成用电平的相对变化来表示,比如相邻周期的方波如果同相则用"0"表示,反相则用"1"表示,就形成了差分码,通常称为条件双相码,记作 CDP 码,一般也叫差分曼彻斯特码,这种码常被用于令牌环网中。

（3）密勒（Miller）码

密勒码又称为延迟调制码。编码规则为:码元中点处出现跳变表示"1",即"10"或"01"表示。对于"0"则有两种情况:当出现单个"0"时,码元中点不出现跳变;但是如果遇到连"0",则在前一个"0"结束(即后一个"0"开始)时出现电平跳变,即"00"与"11"交替。密勒码波形如图 6-10 所示。

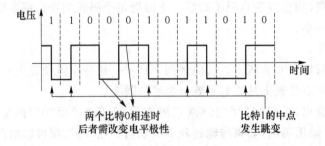

图 6-10   密勒码

密勒码实际上是由差分曼彻斯特码经过二分频所得到的,因此它也能够克服双相码中存在的相位不确定问题。

密勒码最初用于气象卫星和磁记录,也是非接触存储卡中优先使用的码型。

曼彻斯特码中,比特位中的信号跳变同时是同步信息和比特编码。差分曼彻斯特码中,比特位中的信号跳变只表示同步信息,不同比特通过在比特开始位置有无电平反转来表示。密勒码中,在比特开始位置电平跃迁代表"0",否则为"1"。密勒码较好地解决了带宽问题。

5. 三阶高密度双极性(High Density Bipolar of order 3,HDB3)码

三阶高密度双极性码又称为 HDB3 码,是 AMI 码的一种改进形式,在实际中有着广泛的应用。

编码方法:当信息代码序列中连"0"的个数小于 4 时,则与 AMI 码相同;当连"0"个数等于或大于 4 时,每 4 个"0"为一组,称为 4 连"0"组,每组用一个包含有极性破坏脉冲"V"的特殊序列(称为取代节)来代替。特殊序列的取代节有"000V"和"B00V"两种。选择原则是:当前一个取代节后有偶数个"1"码时,用"B00V"代替连"0"码组,B 码和 V 码同极性。反之用"000V"代替连"0"组,V 码与前一个信码为"1"的极性相同,V 码为破坏点,称为扰码(Violation)或破坏脉冲。

解码方法:扫描查找到序列中极性破坏出现的地方,并统计两个相邻的同极性的"+1"或"-1"中间有几个"0",如果有 3 个"0",则将其视为"000V"取代节,将它变回为"0000";如果有 2 个"0",则将其视为"B00V"取代节,也将它变回为"0000"。没有极性破坏时,与 AMI 码相同,即"+1""-1"都判为"1"码,"0"判为"0"码。

【例 6.2.3】 试写出将数据 100000000010000 编制成 HDB3 码的过程,假设位于这段数据序列首部的比特 1 极性为正,且其前继数据是 4 个连续的比特 0。

解 如图 6-11 所示。

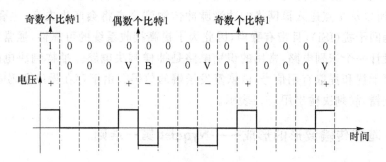

图 6-11 三阶高密度双极性码

通过以上分析讨论,可以看出常用传输线路码型种类很多,每种线路码型都有其各自的特点及应用场合。

6.3 无码间干扰的数字基带传输系统

数据基带信号的功率谱密度给出了传输数据基带信号所必需的带宽的量级和定时分量。要传输数据基带信号,就要求所设计的基带传输系统具有理想的频谱特性,可以保证数据信息准确、可靠地传输给接收者,这就要求对基带传输波形、信道特性、收发滤波器特性以及背景噪声的谱特性有一个全面的考虑。

6.3.1　基带传输模型构成

因为数据基带信号的特性一般为低通的频谱特性,对基带传输而言,其信道及相应部件也必须具有低通特性,所以在传输过程中必须在收发双方进行限频、均衡等处理。数据基带传输系统组成模型如图 6-12 所示,它通常由发送滤波器、信道、接收滤波器、均衡器、抽样判决电路等组成。

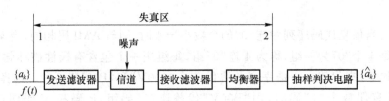

图 6-12　基带数据传输系统构成模型

$\{a_k\}$ 表示的是数据终端输出的数据序列,可以是二进制码元,也可以是多进制码元。

数据序列 $\{a_k\}$ 可以用冲激脉冲来表示,则送入发送滤波器的波形 $f(t)$ 可写成

$$f(t) = \sum_{k=-\infty}^{\infty} a_k \delta(t - kT) \tag{6-5}$$

对于双极性二元码,a_k 的可能取值为 $\pm A$。实际上,数据终端输出的数据信息并不是冲激脉冲,而是有一定宽度的脉冲信号,可以认为它是将冲激脉冲经过一个展宽电路而得到的。把展宽电路和发送滤波器合在一起作为图 6-12 中的发送滤波器。

图 6-12 中从 1 点到 2 点可以看作传输频带受限的网络或系统。由于整个传输系统的频带是受限的,所以从 1 点送入该网络的冲激脉冲传输到 2 点将会产生失真,主要是脉冲展宽,展宽会造成码间干扰(ISI),且带有噪声,因此为了提高接收系统的可靠性,通常要在接收滤波器的输出端设计一个识别电路,常用的识别电路是抽样判决电路。抽样判决电路的作用是进一步排除噪声干扰和提取有用信号,以恢复发送端的数码。由于存在噪声和码间干扰,恢复的数码可能有差错,故判决输出用 $\{\hat{a}_k\}$ 表示。

6.3.2　基带传输波形的形成——Nyquist 第一准则

数据基带信号是在低通频段范围内传输的信号,信号频带在传输系统中受到了发送滤波器的限制。人们自然会考虑当频带受到限制以后,信号传输的速率会不会受到影响? 首先考虑一个理想化情况来说明频带限制与传输速率的重要关系。假定在图 6-12 中从 1 点到 2 点的系统传输特性具有理想低通传输特性,于是可以把图 6-12 简化成如图 6-13 所示。

理想低通滤波器(ILPF)传输特性如图 6-14 所示,其相应的传输函数可表示为

$$H(f) = \begin{cases} e^{-j2\pi f t_d}, & |f| \leqslant f_N \\ 0, & |f| > f_N \end{cases} \tag{6-6}$$

式中,f_N 为理想低通滤波器的截止频率,t_d 为数据信号的传播固定时延。

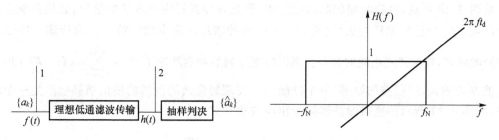

图 6-13　理想低通传输模型　　　　图 6-14　理想低通传输特性

在图 6-13 中,输入信号 $f(t)$ 和输出信号 $h(t)$ 是激励和响应的关系。据信号与线性系统理论可知,网络对单位冲激脉冲 $\delta(t)$ 的响应,就是网络传输函数的傅里叶反变换,即

$$h(t) = \int_{-\infty}^{\infty} H(f) \mathrm{e}^{\mathrm{j}2\pi ft} \mathrm{d}f = \int_{-f_\mathrm{N}}^{f_\mathrm{N}} \mathrm{e}^{-\mathrm{j}2\pi ft_\mathrm{d}} \mathrm{e}^{\mathrm{j}2\pi ft} \mathrm{d}f$$

$$= 2f_\mathrm{N} \frac{\sin[2\pi(t-t_\mathrm{d})f_\mathrm{N}]}{2\pi(t-t_\mathrm{d})f_\mathrm{N}} = 2f_\mathrm{N}\mathrm{Sa}[2\pi f_\mathrm{N}(t-t_\mathrm{d})] \tag{6-7}$$

其响应 $h(t)$ 的图形如图 6-15 所示。

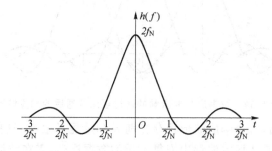

图 6-15　理想低通滤波器的冲激响应波形

理想低通滤波器冲激响应波形特点如下。

(1) 响应波形在 $t=t_\mathrm{d}$ 处有一最大值 $2f_\mathrm{N}$,通常可以令时延 $t_\mathrm{d}=0$,在图 6-16 中假定 $t_\mathrm{d}=0$。

(2) 响应波形在最大值两边的旁瓣作均匀间隔的衰减波动,衰减逐渐加剧,无限接近于零。

(3) 响应波形以 $t=t_\mathrm{d}$ 为中心,每隔 $\dfrac{1}{2f_\mathrm{N}}$ 出现一个过零点。这些过零点的位置完全由 $\mathrm{Sa}[2\pi f_\mathrm{N}(t-t_\mathrm{d})]$ 决定,与 $t=t_\mathrm{d}$ 时刻的最大值无关,只要 f_N 与 t_d 确定后,它们的位置就被确定了。

根据上述分析讨论可得到如图 6-16 所示的理想冲激响应波形图。

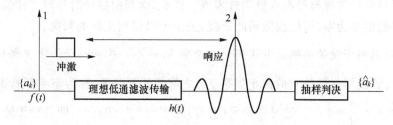

图 6-16　理想冲激响应波形图

147

从图 6-16 可见,在接收端的响应波形中,要想恢复发送端所发送的信号,必须在响应波形的最高点 $2f_N$ 处进行抽样判决,这是对一个码元冲激后响应得到的波形。当传输一串数据码流序列的时候,就会得到相同的波形。当把数据序列的冲激脉冲 $f(t) = \sum\limits_{k=-\infty}^{\infty} a_k \delta(t - kT)$ 加到低通滤波器的输入,按照叠加原理,每个冲激脉冲在理想低通滤波器的输出端都会产生一个响应波形,如图 6-17 所示。这时滤波器的输出响应表达式为

$$y(t) = \sum_{k=-\infty}^{\infty} a_k h(t - kT) \qquad (6\text{-}8)$$

将式(6-7)代入式(6-8),可得

$$y(t) = \sum_{k=-\infty}^{\infty} a_k \cdot 2f_N \cdot \frac{\sin 2\pi f_N(t - t_d - kT)}{2\pi f_N(t - t_d - kT)} \qquad (6\text{-}9)$$

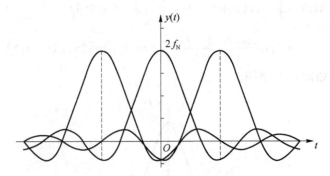

图 6-17 数据序列冲激脉冲通过理想低通后的响应波形

由图 6-17 可以看出,每个响应波形都存在前导和后尾的衰减,这些前导和后尾对波形的抽样判决会产生干扰。要从接收波形中恢复发送的数据序列,需在波形的各最大值点处抽样,即当 $y(t) = 2f_N$ 时。那么在图 6-17 中,当对 $t = 0$ 对应的响应波形进行抽样判决时,其结果是由正、负两部分叠加后得到的。如果叠加抵消后的值过小,必然会造成判决的错误。其中负的部分是由于前后码元的前导和后尾造成的,称为码间干扰或符号间干扰(ISI)。

既然每个响应波形的前导和后尾都会对抽样和判决造成负面影响,那么该如何消除码间干扰呢?

从理想低通滤波器冲激响应波形特点(3)知道,响应波形每隔 $\dfrac{1}{2f_N}$ 出现一个零点,如果在发送端是按 $T = \dfrac{1}{2f_N}$ 的间隔来发送数据码流序列,此时,输出的响应波形是不是刚好错开 $\dfrac{1}{2f_N}$ 而重叠呢?可以通过观察如图 6-18 所示的波形,无论在哪个响应波形的最高点抽样,其他波形的前导和后尾在抽样波形最高点处均过零点。因此,除当前抽样时刻码元样值外,所有其他码元在该时刻的值都为零,可以消除码间干扰,完全可以得到正确的判决。

因此,消除码间干扰的关键是发送码元的速率 $R_B = \dfrac{1}{T}$。这种码元传输速率与传输系统特性(对理想低通滤波器主要是它的截止频率 f_N)之间的匹配关系,称为奈奎斯特第一准则。由于 $T = \dfrac{1}{2f_N}$,则 $f_s = \dfrac{1}{T} = 2f_N$。这时的码元(符号)速率为 $2f_N$(Baud),即每秒传输 $2f_N$ 个码元。

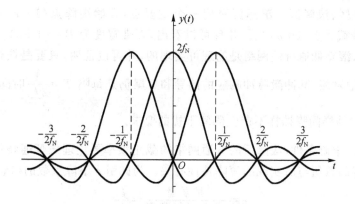

图 6-18　无码间干扰的传输

瑞典科学家哈利·奈奎斯特在 1928 年对数据基带信号进行了深入的研究,提出了抽样无码间干扰的条件,又称为第一无失真条件,也称为奈奎斯特第一准则。它告诉我们:如果传输系统等效网络具有理想低通特性,且截止频率为 f_N,则该系统中允许的最高码元(符号)速率为 $2f_N$,这时系统输出波形在峰值点上不产生前后符号间的干扰。它揭示了码元(符号)传输速率与传输系统带宽之间的匹配关系。由于该准则的重要性,又把 f_N 称为奈奎斯特带宽。

$2f_N$(Baud)称为奈奎斯特速率(极限速率),$T=\dfrac{1}{2f_N}$ 称为奈奎斯特间隔。该定理表明,在频带 f_N 内,$2f_N$(Baud)是最高的极限速率,所以系统的最高频带利用率为 2 Baud/Hz。

上面讨论的奈奎斯特速率是一个理想的极限值——每赫兹传输 2 波特。实际应用时有一个问题:理想低通滤波器传输函数是物理不可实现系统。因此,要寻求一个传输系统,它既可以物理实现,又能满足奈奎斯特第一准则的基本要求:速率为 $2f_N$ 的序列通过该系统后能在所有按间隔 $T=\dfrac{1}{2f_N}$ 的抽样点处不产生码间干扰。

理想低通滤波形成网络之所以不可物理实现,是因为它的幅频特性在截止频率 f_N 处垂直的截止特性,如图 6-19 所示。因此,若对理想低通特性的幅频特性加以修改,如果给其增加一个过渡带,就可以改善在物理实现上的难度,使它在 f_N 处不是垂直锐截止特性,而是有一定的缓变滚降过渡特性(称为圆滑),这种缓变过渡特性称为"滚降"特性。为了能满足奈奎斯特准则,要求形成滚降特性的条件是,过理想低通特性的(f_N, 0.5)点处作奇对称的函数。这样所形成的特性如图 6-19 所示。

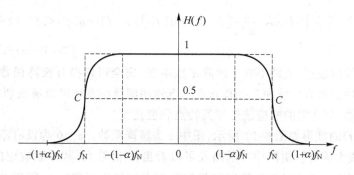

图 6-19　幅频特性滚降的传输函数

由于幅频特性滚降的传输特性是关于纵轴对称,故只需研究其中一边即可。现把图形分成两个部分:水平区、滚降区。滚降区对应三个重要点:开始滚降点$(1-\alpha)f_N$,滚降必经点 $C(f_N,0.5)$,滚降截止点$(1+\alpha)f_N$。并且可以看出,频带宽度为 $B=(1+\alpha)f_N$。由信号与线性系统理论可知,滚降低通特性网络是物理可实现的,并可以证明,只要是按奇对称条件所构成的滚降特性低通网络,其冲激脉冲响应的前导和后尾仍是每隔 $T=\dfrac{1}{2f_N}$ 时间经过零点,从而满足按 $T=\dfrac{1}{2f_N}$ 的抽样间隔抽样不产生码间干扰的要求。

根据奇对称的滚降条件,滚降后的低通网络的截止频率要比理想低通特性的截止频率有所展宽,具体展宽的数值与所实现的滚降特性有关。为此引入滚降系数的概念,即

$$\alpha=\frac{\text{扩展量}}{\text{奈奎斯特带宽}}=\frac{f_\alpha}{f_N} \tag{6-10}$$

式中,α 为滚降系数;f_α 为由于滚降而使截止频率与 f_N 相比所增加的频带宽度,为 $(1+\alpha)f_N-f_N$。为了满足奇对称条件,f_α 的取值应在 $0\sim f_N$ 内,于是 α 的取值应在 $0\sim1$ 的范围内。

滚降的条件是关于点$(f_N,0.5)$奇对称,对具体形状没有要求,所以有多种幅频特性可以满足这一要求。通常,采用较多的是升余弦形状的幅频特性,如图 6-20 所示,其中只画出正频域部分。

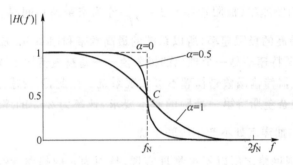

图 6-20　升余弦滚降特性

滚降的方式很多,可以是斜切直线式滚降(如电视技术中的残留边带调制技术),也可以是曲线滚降,只要滚降的条件是关于点$(f_N,0.5)$奇对称,而对具体形状没有要求,通常采用的是升余弦滚降。升余弦滚降波形的幅频特性表达式为

$$|H(f)|=\begin{cases}1, & 0<f\leqslant(1-\alpha)f_N\\[2mm]\dfrac{1}{2}\left\{1+\cos\dfrac{\pi}{2\alpha f_N}[f-(1-\alpha)f_N]\right\}, & (1-\alpha)f_N<f\leqslant(1+\alpha)f_N\\[2mm]0, & f>(1+\alpha)f_N\end{cases} \tag{6-11}$$

对于滚降特性的理解,关键不在于滚降函数本身,完全可以抛开滚降函数的表现形式,重点把握住滚降特性的两大区域和三个特殊点。既然用滚降的方法可以解决理想低通特性物理上无法实现的问题,那么它的响应波形有何特点和变化呢?

冲激响应 $h(t)$ 的波形如图 6-21 所示,图中 α 为滚降系数。$\alpha=0$ 为没有滚降,即理想低通情况;$\alpha=1$ 表示最大滚降。由图中所示曲线可以看出:α 值越大,其冲激响应的前导和后尾衰减越快,因此,α 值越大也就允许抽样定时相位有较大的偏移。然而,α 值越大,频带利用率就会越小。

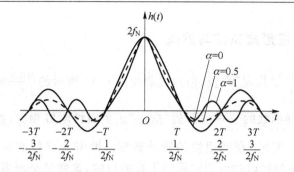

图 6-21　升余弦滚降低通的响应波形

从图 6-21 可以看出,经过滚降后,响应波形的前导和后尾的衰减明显加快,相应的码间干扰降低,可靠性增加。按照前面的分析,那么有效性就要降低。由前所述,因为滚降后带宽为 $B=(1+\alpha)f_N$,在原来的基础上带宽增加了,过零点的位置仍然为每隔 $\dfrac{1}{2f_N}$ 出现一个零点,也就是传输的速率仍然是 $2f_N$。所以这时频带利用率为

$$\eta=\frac{2f_N}{(1+\alpha)f_N}=\frac{2}{1+\alpha}\quad \text{Baud/Hz}\tag{6-12}$$

当 $\alpha=1$ 时,称为全滚降,频带传输利用率为每赫兹 1 波特。可见,有效性降低了,而且滚降系数越大,可靠性越高,有效性就越低。

由此可见,滚降圆滑解决了理想低通特性物理上无法实现的问题,但是带来了新的问题,即频带利用率降低。

【例 6.3.1】　设已知有某数据基带传输系统的波形形成特性为

$$|H(f)|=\begin{cases}1/3\,600, & |f|\leqslant 900\\[2mm] \dfrac{1}{3\,600}\left\{\cos^2\dfrac{\pi}{3\,600}(|f|-900)\right\}, & 900<|f|\leqslant 2\,700\\[2mm] 0, & |f|>2\,700\end{cases}$$

试求:(1)该系统的奈奎斯特速率;(2)该形成特性的滚降系数;(3)该系统的信道带宽。

解　根据形成特性的特点,重点找出三个特殊点:①开始滚降点;②滚降必经点;③滚降截止点。根据题意可以画出 $H(f)$ 如图 6-22 所示,由图可以看出:开始滚降点为 $(1-\alpha)f_N=900$,滚降截止点为 $(1+\alpha)f_N=2\,700$。联立求解两个方程,可以解出奈奎斯特带宽为 $f_N=1\,800$ Hz,滚降系数为 $\alpha=0.5$,于是有

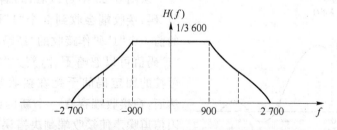

图 6-22　例 6.3.1 基带传输系统的形成特性图

(1) 该系统的奈奎斯特速率为 $2f_N=2\times 1\,800=3\,600$ Baud/Hz;

(2) 该形成特性的滚降系数为 $\alpha=0.5$;

(3) 该系统的信道带宽为 $B=(1+\alpha)f_N=(1+0.5)\times 1\,800=2\,700$ Hz。

6.3.3 部分响应形成系统与编码

如前所述,波形 $\frac{\sin x}{x}$ "拖尾"严重,但通过观察图 6-15 所示的 $\frac{\sin x}{x}$ 波形,可以发现相距一个码元间隔的两个抽样函数的 $\frac{\sin x}{x}$ 波形的"拖尾"正负极性刚好相反,而相互抵消,利用这样的波形组合可以构成"拖尾"衰减很快的脉冲波形。即引入可控制的干扰,在达到最高的 2 Baud/Hz 频带利用率的同时达到消除码间干扰的目的,这就是奈奎斯特第二定律的基本思想。下面介绍第 1 类和第 4 类部分响应波形的形成和编码。

1. 第 1 类部分响应波形

根据奈奎斯特第二定律的思路,采用两个在时间上错开 T 的两个 $Sa(2\pi f_N t)$ 波形相加,即系统的冲激响应为

$$g(t) = g_1(t) + g_2(t) = \frac{\sin 2\pi f_N t}{2\pi f_N t} + \frac{\sin 2\pi f_N(t-T)}{2\pi f_N(t-T)} = \frac{4}{\pi}\frac{\cos[2\pi f_N(t-T/2)]}{1-[4f_N(t-T/2)]^2} \quad (6\text{-}13)$$

式中,$T = \frac{1}{2f_N}$。第 1 类部分响应波形如图 6-23 所示。

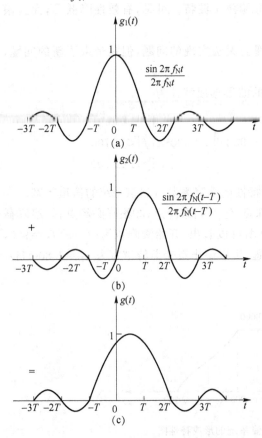

图 6-23 第 1 类部分响应形成波形

从式(6-13)中可见,$g(t)$ 的"尾巴"幅度与 t^2 成反比,这说明随着 t 的增大,它比 $Sa(2\pi f_N t)$ 波形收敛快,衰减也大。若用 $g(t)$ 作为传送波形,且传送码元间隔为 T,则在抽样时刻上仅将发生发送码元与其前后码元相互干扰,而与其他码元不发生干扰。由于前后码元的干扰很大,似乎无法按 $1/T$ 的速率传送,但由于这时的"干扰"是人为且是确知的,故可以消除,仍可以每秒传送 $1/T$ 个码元。因为 $g(t)$ 是 $Sa(2\pi f_N t)$ 波形的线性叠加,所以带宽与 $Sa(2\pi f_N t)$ 波形相同,仍是 f_N。因此,以该 $g(t)$ 作为系统的基本传输波形(取代 $Sa(2\pi f_N t)$ 波形)可以达到最高 2 Baud/Hz 的频带利用率,且可以消除码间干扰。

从图 6-23 中可以看出,若发送端发送一个"1"码,接收端会收到 2 个"1"码,在接收端收到的前一个"1"码作接收的"1"码,而延迟 T 时间后"1"码值可以忽略不计,判为"0"码。所以,这种可控的固定码间干扰在接收端是可以消除的。然而,在接收端存在一个新的问题,如果接收时因信道噪声使接收端判决错误,就可能使下一个码元也发生误判,这种现象称为误码扩散或倒 π 现象。为了解决这个问题,在部分响应形成系统中通常是在发送端采用相关的预编码方法。

2. 采用预编码的第 1 类部分响应系统

采用预编码的第 1 类部分响应系统的系统框图如图 6-24 所示,其中图(a)是原理方框图,图(b)是实际系统组成方框图。

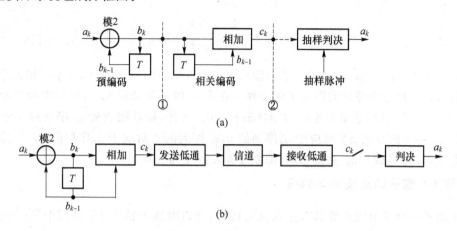

(a)

(b)

图 6-24　第 1 类部分响应系统框图

输入数据序列 a_k 经过预编码变为 b_k 序列,其预编码编码规则是原本不相关的码元之间引入了相关性

$$b_k = a_k \oplus b_{k-1} \qquad (\text{模 2 加}) \qquad (6\text{-}14)$$

这就是对 a_k 的相关编码,其作用是把原本不相关的二电平数据脉冲序列变换为相关的三电平脉冲序列 c_k。然后,把 b_k 序列作为发送滤波器的输入数据序列,则在接收端 c_k 有(相关编码)

$$c_k = b_k + b_{k-1} \qquad (\text{算术加}) \qquad (6\text{-}15)$$

另外,从式(6-15)可得

$$c_{k-1} = b_{k-1} + b_{k-2} \qquad (\text{算术加}) \qquad (6\text{-}16)$$

可见 c_k 与 b_{k-1} 有关,而 c_{k-1} 也与 b_{k-1} 有关,这样 b_k 就与 c_k 和 c_{k-1} 都有关,这正是相关编码名称的由来,使得原本不相关的码元之间引入了相关性。例如,当发送端序列 $\{a_k\}$ 取值为 ±1 的双极性码时,接收端 $\{c_k\}$ 序列取值则为 0,±2。

根据模 2 加运算规则,相同为 0,不同为 1。可得接收端的判决规则是

$$c_k = \begin{cases} \pm 2 \text{ 或 } 0 & \text{判 “0”} \\ 1 & \text{判 “1”} \end{cases} \qquad (6\text{-}17)$$

接收端在收到 c_k 后,作模 2 加处理,则有

$$[c_k]_{\bmod 2} = [b_k + b_{k-1}]_{\bmod 2} = b_k \oplus b_{k-1} = a_k \qquad (6\text{-}18)$$

这个结果说明,对 c_k 作模 2 加处理后,若对 c_k 以 1 为参考作全波整流,便可以直接得到发送端的 a_k,此时不需要预先知道 a_{k-1},也就不存在误码扩散问题。

通常,把上述过程中的 a_k 按式(6-14)变成 b_k,称为预编码,而把式(6-15)的关系式称为相关编码。因此,整个上述处理过程可概括为“预编码—相关编码—模 2 判决”过程。

【例 6.3.2】 设发送数据序列 a_k 为 0011100101,请写出采用预编码的第 1 类部分响应系统的编码处理过程。

解　首先设初始状态 $b_0 = 0$,则根据上述编码规则,发送数据序列 $a_k \rightarrow b_k \rightarrow c_k \rightarrow a_k'$ 的处理过程如下:

k		0	1	2	3	4	5	6	7	8	9	10
发	a_k		0	0	1	1	1	0	0	1	0	1
	b_{k-1}	0	0	0	1	0	1	1	1	0	0	1
	b_k		0	0	1	0	1	1	1	0	0	1
收	c_k		0	0	1	1	2	2	1	0	1
	a'_k		0	0	1	1	1	0	0	1	0	1

从上述例子可以看出,相关编码器的输出电平为 3 个,即 $-2,0,+2$,原本不相关序列经过相关编码器后在相邻符号之间引入了相关性。在求 b_k 时需要知道 b_{k-1},实际中的初始状态的 b_{k-1} 是可以任意假定的,这里假定的初始状态 $b_0=0$。另外,接收端收到 c_k 序列判决为 a'_k 序列的过程是: c_k 序列的 0 或 ±2 对应于 a'_k 序列的 0; c_k 序列的 1 对应于 a'_k 序列的 1。如传输过程中不产生误码,则 a'_k 就与 a_k 完全相同,即恢复原发送序列。

3. 第 4 类部分响应波形与编码

第 4 类部分响应形成系统具有正弦低通特性,是以时间上错开 $2T$ 的两个 $\frac{\sin x}{x}$ 波形相减作为基本传输信号 $g(t)$,其波形如图 6-25 所示,对冲激脉冲 $\delta(t)$ 的响应表达式为

$$g(t)=g_1(t)-g_2(t)=\frac{\sin 2\pi f_{\mathrm{N}}t}{2\pi f_{\mathrm{N}}t}-\frac{\sin 2\pi f_{\mathrm{N}}(t-2T)}{2\pi f_{\mathrm{N}}(t-2T)} \tag{6-19}$$

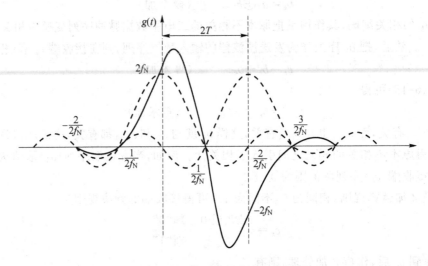

图 6-25　第 4 类部分响应波形

从图 6-25 可以看出,虚线部分是两个错开 $2T$ 的 $\frac{\sin x}{x}$ 波形相减,实线部分是相减以后得到的波形。可以看出,该波形仍然是每隔 $\frac{1}{2f_{\mathrm{N}}}$ 出现一个零点。而且,合成的波形第一个过零点的旁瓣衰减得很快,可以很好地解决码间干扰问题。但是,这样发送端发一个"1",接收端也会收到两个值,因此要留下第 1 个,去掉第 2 个。同前也存在误码扩散问题。

解决误码扩散问题可以采用预编码。图 6-26 给出了第 4 类部分响应系统实现的方框图,其中从点①到点②为相关编码部分。

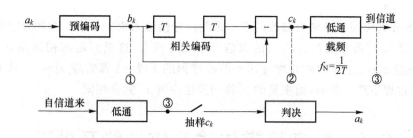

图 6-26 第 4 类部分响应形成框图

相关编码部分传输函数的幅频特性 $|H_{12}(f)|$（如图 6-27 所示）为正弦特性,且在 f_N 处为频谱零点,若在 f_N 处用一垂直或斜切滤波器,即为第 4 类部分响应系统的幅频特性,如图 6-28 所示。

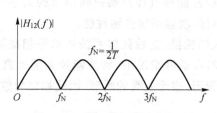

图 6-27 第 4 类部分响应相关
编码的幅频特性

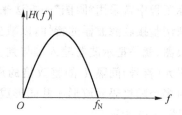

图 6-28 第 4 类部分响应形成
系统的幅频特性

由于第 4 类部分响应的低频分量小,所以得到广泛应用。

第 4 类部分响应形成系统的预编码的变换编码规则是

$$b_k = a_k \oplus b_{k-2} \qquad （\text{模 2 加}） \tag{6-20}$$

式中,a_k 和 b_k 有"0"和"1"两种状态,用"0"和"1"两种电平表示。相关编码的规则是

$$c_k = b_k - b_{k-2} \qquad （\text{算术减}） \tag{6-21}$$

c_k 有三种电平:± 1 和 0。由模 2 运算规则有

$$c_k = \begin{cases} \pm 1 & \text{当 } a_k = 1,\text{判"1"} \\ 0 & \text{当 } a_k = 0,\text{判"0"} \end{cases} \tag{6-22}$$

接收端可按上式判决,由 c_k 可以恢复 a_k。

【例 6.3.3】 设发送数据序列 a_k 为 0011100101,请写出采用预编码的第 4 类部分响应系统的编码处理过程。

解 首先设初始状态 $b_{-1} = b_0 = 0$,则根据上述编码规则,发送数据序列 $a_k \rightarrow b_k \rightarrow c_k \rightarrow a_k'$ 的处理过程如下:

	k	0	1	2	3	4	5	6	7	8	9	10
发端	a_k			0	0	1	1	1	0	0	1	0	1
	b_{k-2}	0	0	0	0	0	1	1	0	1	0	0	1
	b_k			0	0	1	1	0	1	1	0	0	1
收端	c_k			0	0	1	1	−1	0	0	−1	0	1
	a_k'			0	0	1	1	1	0	0	1	0	1

155

第4类部分响应编码又称为修改的双二进制信号传输系统。与第1类部分响应系统分析方法相同，计算 b_k 时需知道 b_{k-2}，b_{k-2} 的取值可假定为初态，这里假定的初态是 $b_{-1} = b_0 = 0$。另外，由 c_k 恢复 a'_k 时：c_k 序列的 0 对应 $a'_k = 0$；c_k 序列的 1 或 -1 都对应 $a'_k = 1$。从上述举例可看出，若传输过程不产生误码，则恢复的 a'_k 将与发送序列 a_k 完全相同。

6.4 数字基带传输系统性能及处理

6.4.1 眼图

在实际工程中常采用"眼图"的方法来估计系统性能和直接观察码间串扰的大小，也可以用此图形来调整接收滤波器的特性，以减少码间串扰、改善系统传输性能。

所谓眼图，就是把示波器输入端与判决器输入端相接，然后调整示波器水平扫描周期，使其与接收码元(符号)间隔 T 的整数倍的周期同步，在这种情况下，示波器荧光屏上就能够显示出一种由多个随机码元波形所共同形成的稳定图形，很像人眼的图形，因此称之为数字信号的眼图，如图 6-29 所示。

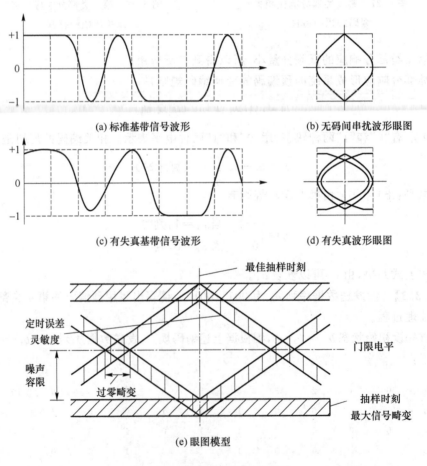

(a) 标准基带信号波形 (b) 无码间串扰波形眼图

(c) 有失真基带信号波形 (d) 有失真波形眼图

(e) 眼图模型

图 6-29 数字基带信号的眼图

当二进制基带信号波形无失真时,如图 6-29(a)所示,各码元波形在眼图中迹线重合成一条清晰的轮廓线,好像一只完全张开的"大眼睛",如图 6-29(b)所示。图 6-29(b)中最上边的水平线由连"1"码引起的持续正电平产生,最下边的水平线由连"0"码引起的持续负电平产生,中间部分由"1""0"交替码产生。当观察图 6-29(c)时,由于存在码间串扰,各码元显示在示波器上的扫描轨迹不能完全重合,从而形成线迹较粗且模糊不清的、没有完全张开的"眼睛",如图 6-29(d)所示。可见,眼图"眼睛"的张开程度将反映码间串扰的严重程度。

当存在噪声时,噪声将叠加在信号上,使得眼图的迹线模糊不清。由于噪声是随机的,而且幅度大的噪声出现概率较小,人们很难通过示波器观察到,故利用眼图只能大致估计噪声的强弱。注意,当示波器扫描周期选为 nT_b 时,对二进制信号来说,示波器上将并排显示出 n 只"眼睛"。

为了说明眼图与系统性能之间的关系,将眼图简化为图 6-29(e)所示的模型,该模型从以下几个方面表述了眼图与系统性能的关系。

(1) 最佳抽样时刻。在眼睛张开最大的时刻代表最佳抽样时刻。眼图张开的宽度决定于接收波形可以不受串扰影响而抽样再生的时间间隔。显然,最佳抽样时刻应选在眼睛张开最大的时刻。

(2) 系统性能对定时误差(或抖动)的灵敏度。对定时误差的灵敏度可以用眼图的斜边之斜率决定,斜率越大,对定时误差就越灵敏,则要求系统定时准确度越高。

(3) 最大失真量。在抽样时刻,眼图阴影区的垂直宽度表示信号的最大失真量。

(4) 噪声容限。在抽样时刻上、下两阴影区间隔的一半是最小噪声容限(或称为噪声边际)。噪声容限是表示可能引起错误判决的最小噪声值。噪声小于此值不会引起错误判决,噪声大于此值,则可能引起错判。但是否错判要看该时刻信号失真是否达到阴影区的边界,即噪声与失真的影响是否使该时刻的信号值越过门限电平。

(5) 过零畸变(零点偏移范围)。眼图左(右)角阴影部分的水平宽度称为过零畸变,过零畸变反映了传输系统的过门限点失真,是接收波形零交点位置的变化范围,在许多接收设备中,定时信息是由信号零点位置来提取的,过门限点失真越大,对定时信号的提取越不利。

(6) 门限电平。眼图模型中央的横轴位置中间对应于判决门限电平。

(7) 非线性失真。眼图在垂直方向上的不对称性表示信道中存在的非线性失真。

当用眼图观察到基带传输系统存在严重码间串扰或噪声("眼睛"张开很小,甚至完全闭合)时,应采用均衡技术对码间串扰等进行校正,以减小码间串扰等对信号传输的影响。

6.4.2　均衡

1. 传输系统的无失真条件

当一个信号波形通过线性系统时,一般地说,输出信号的波形可能会产生一定的失真,这是人们所不希望的。那么什么样的系统才能使输入信号顺利通过而不失真呢?

设输入信号为 $x(t)$,通过线性系统 $H(\omega)$ 的输出信号为 $y(t)$。如果要求输出信号不失真,则 $y(t)$ 波形完全与 $x(t)$ 相同,仅在幅度上放大系数 K(K 是常数)倍和在波形上延迟固定时间 τ_d,即

$$y(t) = Kx(t - \tau_d) \tag{6-23}$$

满足上式的系统特性 $H(\omega)$ 就是传输不失真系统的频域条件。将输出响应信号 $y(t) =$

$Kx(t-\tau_d)$ 进行傅里叶变换,得 $Y(\omega)$,即

$$y(t)=Kx(t-\tau_d)\leftrightarrow Y(\omega)=KX(\omega)e^{-j\omega\tau_d} \tag{6-24}$$

相应地,有冲激响应的傅里叶变换为 $h(t)\leftrightarrow H(\omega)$,激励信号的傅里叶变换为 $x(t)\leftrightarrow X(\omega)$,由传输函数定义有

$$H(\omega)=\frac{Y(\omega)}{X(\omega)}=\frac{KX(\omega)e^{-j\omega\tau_d}}{X(\omega)}=Ke^{-j\omega\tau_d} \tag{6-25}$$

即传输系统的频域不失真条件。可见,这时传输系统的传输特性 $H(\omega)$ 的幅频特性 $|H(\omega)|$ 应等于常数 K,而相位特性 $\angle\varphi(\omega)$ 为线性函数,等于 $-\omega\tau_d$。系统不失真传输的幅频特性如图6-30(a)所示,相频特性如图6-30(b)所示。

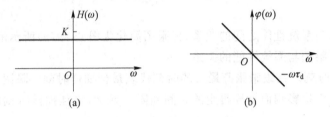

(a)　　　　　　　　　　　(b)

图 6-30　系统不失真传输的幅频、相频特性

数据基带传输系统中存在振幅频率失真和相位频率失真(或称群时延失真)等线性失真。由于线性失真将对数字基带信号的传输引起波形失真而产生码间串扰,故需要对系统中的线性失真进行校正,该校正过程称为均衡(或称为补偿)。

理论和实践均已证明,在数据基带系统中插入一种可调(也可不调)滤波器可以校正或补偿系统特性,减小码间干扰的影响,这种起补偿作用的滤波器称为均衡器。从均衡器的设计原理出发,可以将其分为频域均衡器和时域均衡器。频域均衡的原理是针对传输系统的幅频、相频失真而设计一个与级联传输系统均衡电路,使其幅频、相频特性对传输系统的幅频、相频特性正好形成补偿,使得总的幅频、相频特性基本满足系统不失真传输的幅频、相频条件。根据频域均衡器是否具有自适应能力,又分为非自适应频域均衡器和自适应频域均衡器。频域均衡技术是从模拟通信发展起来的,在数字通信中仍然使用。下面简单介绍仅适用于数字通信的时域均衡器。

2. 时域均衡器

所谓时域均衡是从系统的时域脉冲响应出发,利用均衡器产生的时间波形去补偿的方法对失真波形直接进行校正,使包括均衡器在内的整个传输系统的冲激响应满足无码间串扰条件。时域均衡的出发点与频域均衡不同,它不是为了获得信道的平坦幅频特性和群时延特性,而是使整个基带系统形成码间串扰最小的波形。另外,时域均衡无须预先得知信道特性,而可以通过观察波形直接进行均衡器的调整,故时域均衡又称为波形均衡。

为了有效地实现均衡,均衡器通常是接在传输系统滤波器和抽样判决器之间,如图6-31所示。

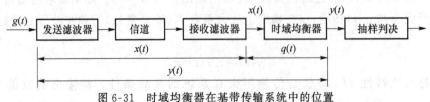

图 6-31　时域均衡器在基带传输系统中的位置

时域均衡器又称为横向滤波器、横截滤波器。所谓横向滤波器是由多抽头延迟线、加权系数相乘器(可变增益放大器)和求和相加器组成的线性系统。数据传输系统中使用最普遍的均衡器是如图 6-32(a)所示的横向滤波器,该图是时域均衡器为具有 $2N+1$ 个抽头的横向滤波器的示意图。横向滤波器也可以作为线路均衡器,其输入、输出波形分别如图 6-32(b)、图 6-32(c)所示。

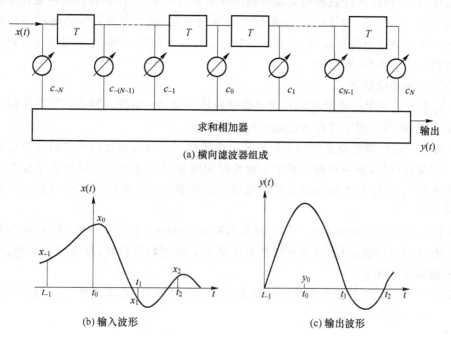

(a) 横向滤波器组成

(b) 输入波形　　　　　　　　　　(c) 输出波形

图 6-32　横向滤波器及其输入、输出波形

横向滤波器的核心部分是带有 $2N+1$ 个抽头的延时线,其抽头延时间隔等于抽样周期 T,延时线各个抽头的输出都是经过一个可变增益(可正、可负即可反相)放大器,然后在一个相加器中经过不同延时和增益调整的波形相加,输出就是经过校正和均衡的波形。

一般说来,延时线有 $2N+1$ 个抽头,每个抽头输出的波形是一样的,只是时间上顺序延迟一个抽样周期 T。接延时线中心抽头的放大器增益 c_0 比其他 $2N$ 个放大器增益 $c_i(i$ 为 $-N\sim+N$ 间除 0 以外的整数)大得多,且每一个抽头系数都对中心抽头系数 c_0 归一化。这样,输出波形主要就由中心抽头的输出来决定,其他各抽头输出加权(即增益调整的倍率)后,用来校正波形的过零点。

根据信号与线性系统原理,很容易得出均衡器的输出为

$$y(t) = \sum_{i=-N}^{N} c_i x(t - iT_s) \tag{6-26}$$

在各个抽样时刻 $t=kT_s$ 的输出值为

$$y(kT_s) = \sum_{i=-N}^{N} c_i x[(k-i)T_s] \tag{6-27}$$

简写为

$$y_k = \sum_{i=-N}^{N} c_t x_{k-1} \tag{6-28}$$

式(6-28)表明,均衡器输出波形在第 k 个抽样时刻得到的样值 y_k,将由 $2N+1$ 个值来确定,其

中各个值是 $x(t)$ 经过延迟后与相应的加权系数相乘的结果,对于有码间干扰的输入波形 $x(t)$,可以选择适当的加权系数,使输出 $y(t)$ 的码间干扰在一定程度上得到减小。

6.4.3 数据序列的扰乱与解扰

所谓扰码,是将输入任意的短周期序列信号或全"0"、全"1"序列按照某种规律变换(扰乱)为长周期序列,且"0""1"为等概率、前后独立的随机序列,使之具有足够的随机性。经过扰码扰乱的数据序列通过系统传输后,在接收端要还原成原始数据序列,这就需要在接收端进行扰码的逆过程——解扰码,即解扰。

扰码的主要用途如下。

(1) 防止发送功率谱密度中因有固定谱线而易干扰其他系统。因为数据是短周期序列中的短周期重复,使其频谱中存在幅度较大的离散线谱。

(2) 有利于数据接收设备中的定时恢复。由于数据接收设备使用的定时信号常常是从数据波形中直接提取的,如果发送序列中出现长时间的全"1"、全"0",就可能由于接收信号长时间没有电平变化,而使接收端提取定时信息的滤波器输出的定时信号低于背景噪声而造成定时中断和失误。

(3) 有利于自适应均衡器的工作。因为当发送数据序列中出现全"0"时,接收端就会由于长时间没有波形,自适应均衡器得不到必要的参考来估计响应参数,从而使抽头增益漂移,导致均衡器偏离最佳状态。

扰码虽然"扰乱"了数据信息的原有形式,但是这种"扰乱"是人为的,是有规律和确知的,因而也是可以还原和消除的。

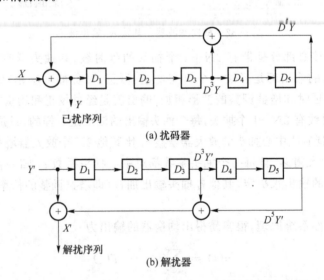

(a) 扰码器

(b) 解扰器

图 6-33 扰码器与解扰器

扰码器原理如图 6-33(a)所示,它是由一个"前馈"移位寄存器构成的。相应的解扰器原理如图 6-33(b)所示。整个扰码器是由线性反馈移位寄存器和模二和相加电路构成的。

为了便于分析扰码器和解扰器的工作原理,引入了延迟算子 D。图 6-33 中,每经过一次移位,在时间上延迟一个码元时间,用运算符号 D 表示。图中 D_1 为一级移位寄存器,输出为 D_1Y;以此类推,五级移位寄存器,输出为 D^5Y。这里扰码器该有几级移位寄存器可视具体情况而定,没有严格限定。现以三级和五级反馈为例。而解扰器则根据扰码器进行设计。

先看发送端扰码原理,如图 6-33(a)所示,设 X 和 Y 分别表示输入和输出序列,其逻辑关系有

$$X \oplus D^3Y \oplus D^5Y = Y \tag{6-29}$$

将式(6-29)进行等式运算,用 $D^3Y \oplus D^5Y$ 模 2 加等式两边,得

$$X \oplus D^3Y \oplus D^5Y \oplus D^3Y \oplus D^5Y = Y \oplus D^3Y \oplus D^5Y \tag{6-30}$$

即

$$X = Y(1 \oplus D^3 \oplus D^5)(自身序列的模 2 加为零)$$

解出扰码器的输出为

$$Y = \frac{1}{1 \oplus D^3 \oplus D^5} X \tag{6-31}$$

式中的 Y 就是扰码器输出的已扰乱数据序列。

然后再看接收端是如何解扰的,解扰器原理如图 6-33(b)所示。设 Y' 和 X' 表示解扰器输入和输出序列,则

$$X' = Y' \oplus D^3Y' \oplus D^5Y' = (1 \oplus D^3 \oplus D^5)Y' \tag{6-32}$$

如果数据序列传输过程中没有误码,则有 $Y' = Y$。将式(6-31)代入式(6-32),得

$$X' = (1 \oplus D^3 \oplus D^5) \cdot \frac{1}{1 \oplus D^3 \oplus D^5} \cdot X = X \tag{6-33}$$

可见解扰器输出恢复了原数据序列。

【例 6.4.1】 若已知数据序列为 1010 1010 1000 0000 0000,即具有短周期和相当多的连"0"。试求序列通过如图 6-33(a)所示的扰码器后的输出序列。

解　根据式(6-29)展开得

$$Y = (1 \oplus D^3 \oplus D^5 \oplus D^6 \oplus D^9 \oplus D^{10} \oplus D^{11} \oplus D^{12} \oplus D^{13} \oplus D^{17} \oplus$$
$$D^{18} \oplus D^{20} \oplus D^{21} \oplus D^{26} \oplus D^{31} \oplus D^{34} \oplus \cdots)X$$

因为 D^n 只是将 X 序列延迟 n 个码元,故可将上式中各项所对应的序列逐行按照时序对齐排列起来,由于比 $D^{20}X$ 大的幂次,其延迟已经超出输入的码位数,故可以不计。Y 也只要计算到 20 个码位为止。扰码器的扰乱原理有一个特点,按照这种规律进行扰码后,送到接收端,接收端也按照这种规律进行相应的解扰。从扰码序列输出 Y 可看出,短周期已不存在,输入的全"0"序列也被扰乱,而 Y 中的"0""1"个数已基本相等,所以起到了扰码的作用。扰码器和解扰器按时序逻辑运算的示意图如图 6-34 所示。

$$
\begin{aligned}
X &= 10101010100000000000 \\
D^3X &= 00010101010100000000000 \\
D^5X &= 00000101010101000000000000 \\
D^6X &= 00000010101010100000000000 \\
D^9X &= 00000000010101010100000000000 \\
D^{10}X &= 00000000001010101010000000000000 \\
D^{11}X &= 00000000000101010101000000000000 \\
D^{12}X &= 00000000000010101010100000000000 \\
D^{13}X &= 00000000000001010101010000000000000 \\
D^{17}X &= 00000000000000010101010100000000000 \\
D^{18}X &= 00000000000000001010101010000000000000 \\
\oplus\ D^{20}X &= 00000000000000000010101010100000000000 \\
\hline
Y &= 10111000010010110011
\end{aligned}
$$

图 6-34　扰码器和解扰器按时序逻辑运算示意图

6.5　基带传输仿真

本节将通过 SystemView 仿真软件仿真 AMI 码和 HDB3 码的编码过程及其功率谱,观察信号传输过程中的眼图。

6.5.1　AMI 码和 HDB3 码的功率谱仿真

1. 仿真模型

根据 AMI 编码规则构建 SystemView 编码仿真模型。AMI 码编码器的仿真模型如图 6-35 所示。

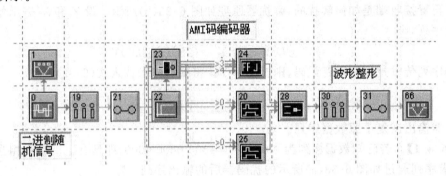

图 6-35　AMI 码仿真模型

图符 0 是二进制数字信源,产生幅度为 1 V、频率为 10 Hz(码元速率 10 Bd)的单极性矩形随机序列。图符 19、21、22、23、24、20、25、28 完成 AMI 码编码,图符 30、31 产生矩形波形,图符 1 显示二进制随机序列波形,图符 66 显示 AMI 波形。

AMI 编码过程及其功率谱仿真模型图中各图符参数设置表如表 6-1 所示。

表 6-1　AMI 编码过程及其功率谱仿真模型图中各图符参数设置表

编号	图符块属性	类型	参数
0	Source	Noise/PN/PN Seq	Amp＝500e−3 V, Offset＝500e−3 V, Rate＝10 Hz, Phase＝0 deg, No. Levels＝2
1	Sink	Graphic/Systemview	Custom Sink Name:二进制随机序列
66			Custom Sink Name:AMI 码
19	Operator	Sample/Hold/Sampler	Sample Rate＝10 Hz, Aperture＝0 sec, Jitter＝0 sec
30			Sampler Type:Non-Interp Look Right
20	Logic	Devices/Parts/One Shot	Gate Delay＝0 s, Threshold＝500e−3 V, True Output＝1 V, Pulse Width＝100e−3 s, Rise Time＝0 s
25			Gate Delay＝0 s, Threshold＝500e−3 V, True Output＝−1 V, Pulse Width＝100e−3 s, Rise Time＝0 s
21	Operator	Sample/Hold/Hold	Hold Value:Zero, Gain＝1
31			Hold Value:Last Sample, Gain＝1
22	Source	Aperiodic/Step Fct	Amp＝1 V, Start Time＝0 sec, Offset＝0 V

编号	图符块属性	类型	参数
23	Logic	Gates/Buffers/Invert	Gate Delay＝0 s，Threshold＝500e−3 V，True Output＝1 V，False Output＝0 V，Rise Time＝0 s，Fall Time＝0 s
24	Logic	FF/Latch/Reg/FFJK *	Gate Delay＝0 s，Threshold＝500e−3 V，True Output＝1 V，False Output＝0 V，Rise Time＝0 s，Fall Time＝0 s
28	Logic	Mixed Signal/SPDT	Gate Delay＝0 s，Ctrl Thresh＝500e−3 V

2. 仿真演示

（1）AMI 码波形

在"Preferences"菜单下选"Options"，然后在弹出窗口中选"System Time"页面。系统时间设置：采样速率 100 Hz，样点数 512。运行系统，随机二进制序列和其对应的 AMI 码波形如图 6-36 所示。

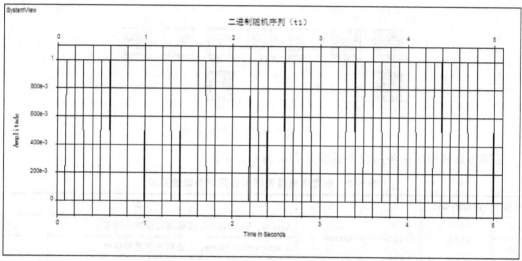

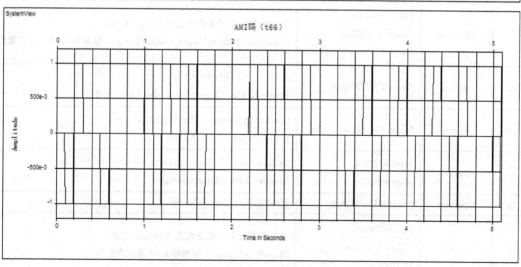

图 6-36　二进制随机序列与其对应的 AMI 码波形

（2）AMI 码的功率谱

重新设置系统运行时间,将样点数设置为 4 096。运行系统,进入分析窗。更新数据,得到的二进制随机序列和 AMI 码波形的幅度谱图。

同样可以设计 HDB3 编码器,并在 SystemView 建立其仿真模型,得到 HDB3 的频谱特性,它与 AMI 码的频谱特性类似。设计 HDB3 码的 SystemView 仿真系统可参考相关资料。

6.5.2 眼图仿真

1. 仿真模型

评价基带传输系统性能的一个简便方法就是眼图。为了在 SystemView 中观察基带系统眼图及信道干扰对眼图的影响,首先需要建立一个数字基带系统的 SystemView 仿真模型。仿真模型如图 6-37 所示。

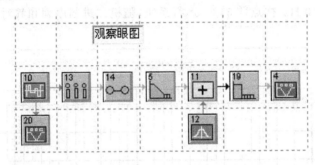

图 6-37　数字基带系统仿真模型

眼图仿真模型图中各图符参数设置表如表 6-2 所示。

表 6-2　眼图仿真模型图中各图符参数设置表

编号	图符块属性	类型	参数
4	Sink	Graphic/Systemview	Custom Sink Name：接收滤波器输出信号
20			Custom Sink Name：二进制数字基带信号
5	Operator	Filters/Systems /Liner Sys Filters /Raised Cosine	进入参数设置界面依次选中 Design/Comm... /Template Filters/Raised Cosine/Design,按照图 6-38 设置参数值
10	Source	Noise/PN/PN Seq	Amp=1 V, Offset=0 V, Rate=10 Hz, Phase=0 deg, No.Levels=2
12	Source	Noise/PN/Gauss Noise	Constant Parameter：Std Deviation Std Deviation=0 V, Mean=0 V
13	Operator	Sample/Hold /Sampler	Sample Rate=10 Hz, Aperture=0 sec, Jitter=0 sec Sampler Type：Interpolating
14	Operator	Sample/Hold/Hold	Hold Value：Zero, Gain=1
19	Operator	Filters/Systems /Liner Sys Filters /LowPass	进入参数设置界面依次选中 Design/FIR... /LowPass/Design,按照图 6-39 设置参数值

图 6-37 是从数字信源至接滤波器的数字基带传输系统模型。图符 10 产生码元速率为 10 Bd、幅度为 1 的双极性二进制数字信号。图符 13、14 以 10 Hz 的频率对数字基带信号进行采样并保持(保持 0),将信号转换成冲激序列。图符 5 是一个升余弦滤波器,滚降开始处的频率为 5 Hz,滚降结束处的频率为 15 Hz,等效低通带宽为 10 Hz。图符 19 是接收滤波器,它是一个截止频率为 16 Hz 的 FIR 低通滤波器。因此,整个系统的传输特性为图符 5 所对应的升余弦特性,它是个无码间干扰的系统,最大无码间干扰速率为 20 Bd,10 Bd 也是一个无码间干扰速率。图符 11 和图符 12 模拟加性高斯白噪声信道。

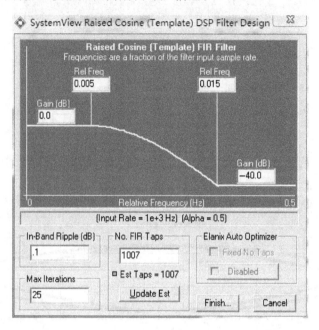

图 6-38　t5 参数设置图

2. 仿真演示

系统时间设置:采样点数为 10 000,采样频率为 1 000 Hz。

(1) 无码间干扰无噪声时的眼图

首先观察没有干扰时的眼图。双击高斯噪声图符 12,选择参数按钮,将噪声的标准偏差 (StdDeviation)和均值(Mean)都设置为 0。

运行系统,进入分析窗,单击图标 $\sqrt{a}$ 打开信宿计算器来绘制眼图。在 SystemView 的分析窗口中要绘制眼图,需用到信宿计算器的时间切片功能。在信宿计算器中,单击 Style 标签,再选择切片按钮(Slice),在后面的文本框中设置切片的开始时间(Start)为 0.956 s,切片长度(Length)为 0.1 s。

为了绘制眼图,时间切片的长度应该设为码元周期的整数倍,倍数较大时观察到的"眼睛"个数较多,反之则"眼睛"个数较少,本例中选择的时间长 0.1 s,等于码元周期,因此眼图中只有一只"眼睛"。切片的开始时间也是一个重要参数,开始时间选择得不合适得不到完整的眼图。确定切片开始时间的简单办法是根据波形初步确定一个时间值,对比眼图再进行适当调整。

选择要绘制眼图的波形,单击"OK"按钮,得到眼图如图 6-40 所示。

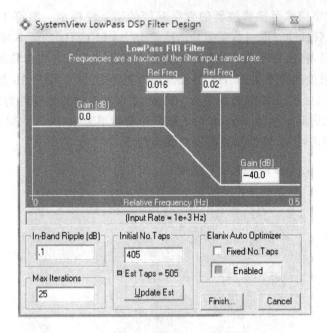

图 6-39　t19 参数设置图

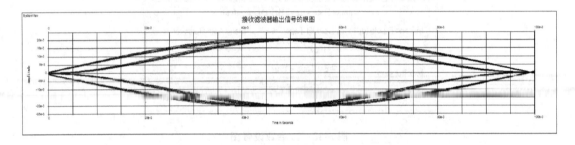

图 6-40　无码间干扰无噪声时的眼图

（2）无码间干扰有噪声时的眼图

观察信道中加入噪声时的眼图。将图符 12 的标准偏差设置为 0.03,重新运行系统仿真,进入分析窗,更新数据,可观察到信道有加性高斯噪声干扰时的眼图,如图 6-41 所示。由于噪声的影响,"眼图"张开的幅度明显减小。

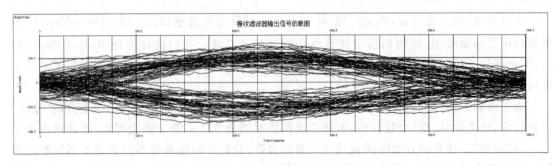

图 6-41　无码间干扰有噪声时的眼图

（3）有码间干扰无噪声时的眼图

将图符 10 的码元速率改为 12 Baud，将图符 13 的采样速率也设置为 12 Hz。12 Baud 是此基带系统的一个有码间干扰速率。将噪声设置为 0，将切片开始时间设置为 0.915 s，将切片长度设置为 0.083 33 s（码元周期），得到有码间干扰接收信号的眼图如图 6-42 所示。

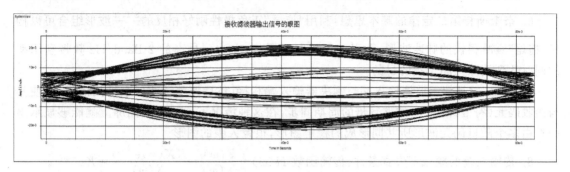

图 6-42　有码间干扰无噪声时的眼图

由图 6-42 可见，眼图由多条线交织在一起组成，不如无码间干扰时的眼图那么清晰。这几条线越靠近，眼图越清晰，表示码间干扰越小；反之几条线越分散，表示码间干扰越大。

（4）有码间干扰有噪声时的眼图

再将噪声的标准偏差设置为 0.03，此时接收波形既有码间干扰又有噪声。运行系统，在分析窗中更新数据，得到的眼图如图 6-43 所示。

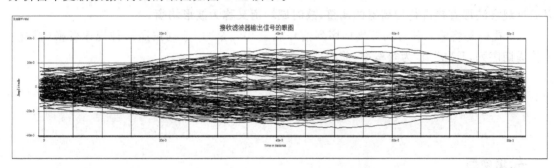

图 6-43　有码间干扰有噪声时的眼图

图 6-43 所示的眼图已基本闭合，与图 6-42 对比，可见码间干扰对系统性能的影响。

本章小结

1. 数字基带传输系统主要由信道信号形成器、信道、接收滤波器和抽样（或称抽样）判决器等组成。

2. 在数字通信中常用的基本码型有单极性不归零码、单极性归零码、双极性不归零码、双极性归零码、传号交替反转码、差分码和多电平码等。

3. 整个随机数字信号序列功率谱可能包括两个部分：离散谱和连续谱。连续谱决定信号频带宽度，离散谱决定定时分量。

4. 奈奎斯特第一准则：如果传输系统等效网络具有理想低通特性，且截止频率为 f_N，则该系统中允许的最高码元(符号)速率为 $2f_N$,这时系统输出波形在峰值点上不产生前后符号间的干扰。

5. 为了能满足奈奎斯特准则,要求形成滚降特性的条件是,过理想低通特性的$(f_N,0.5)$点处作奇对称的函数。

6. 奈奎斯特第二定律的基本思想:利用"拖尾"正负极性刚好相反的 $\frac{\sin x}{x}$ 波形组合可以构成"拖尾"衰减很快的脉冲波形,即引入可控制的干扰,在达到最高的 2 Baud/Hz 频带利用率的同时达到消除码间干扰的目的。

7. 眼图,就是把示波器输入端与判决器输入端相接,然后调整示波器水平扫描周期,使其与接收码元(符号)间隔 T 的整数倍的周期同步,在这种情况下示波器荧光屏上就能够显示出一种由多个随机码元波形所共同形成的稳定图形,很像人眼的图形。

8. 传输系统的频域不失真条件:传输函数 $H(\omega)=\dfrac{Y(\omega)}{X(\omega)}=\dfrac{KX(\omega)\mathrm{e}^{-\mathrm{j}\omega\tau_\mathrm{d}}}{X(\omega)}=K\mathrm{e}^{-\mathrm{j}\omega\tau_\mathrm{d}}$。

9. 由于线性失真将对数字基带信号的传输引起波形失真而产生码间串扰,故需要对系统中的线性失真进行校正,该校正过程称为均衡。

10. 时域均衡是从系统的时域脉冲响应出发,利用均衡器产生的时间波形去补偿的方法,对失真波形直接进行校正,使包括均衡器在内的整个传输系统的冲激响应满足无码间串扰条件。时域均衡的出发点与频域均衡不同,它不是为了获得信道的平坦幅频特性和群时延特性,而是使整个基带系统形成码间串扰最小的波形。另外,时域均衡无须预先得知信道特性,而可以通过观察波形直接进行均衡器的调整,故时域均衡又称为波形均衡。

11. 扰码是将输入任意的短周期序列信号或全"0"、全"1"序列按照某种规律变换(扰乱)为长周期序列,且"0""1"为等概率、前后独立的随机序列。

习　　题

一、填空题

1. 数字信号基本码型有(　　)、(　　)、(　　)、(　　)、(　　)、(　　)和多电平码等。

2. 常用的数字基带传输线路码型中属于差分码的是(　　)和(　　)等。

3. 基带信号的功率谱中一般有(　　)谱和(　　)谱。在"0""1"等概时,(　　)极性信号的功率谱中没有(　　)谱。

4. 根据是否进行调制,数据传输可分为(　　)和(　　)。

5. 根据奈奎斯特第一准则,无码间干扰条件下,数字基带传输系统的频带利用率的极限值为(　　)。

6. 幅频特性滚降的传输特性关于(　　)对称,而在滚降区为(　　)对称。

7. 为提高数字基带传输系统性能而采取的处理技术有:(　　)处理和(　　)处理。其中(　　)处理在收发两端是互逆的,并且可以用相同的电路实现。

8. 实际工程中常用(　　)来估计系统性能和直接观察码间干扰的大小。

二、选择题

1. 在"0""1"等概时,下列线路码中高低电平不等概的是(　　)。

A. NRZ 码　　　　　　　　　　B. 曼彻斯特码

C. 密勒码　　　　　　　　　　D. 双极性归零码

2. 在"0""1"不等概时,下列线路码中高低电平等概的是(　　　)。

A. NRZ 码　　　　　　　　　　B. 曼彻斯特码

C. 密勒码　　　　　　　　　　D. 双极性归零码

3. 造成码间干扰的主要因素是(　　　)。

A. 时钟抖动　　　　　　　　　B. 信道幅频特性不理想

C. 随机噪声干扰　　　　　　　D. 其他系统干扰

4. 某四进制基带传输系统,其最高频带利用率为(　　　)。

A. 1 Baud/Hz　　　　　　　　B. 2 Baud/Hz

C. 2 bit/Hz　　　　　　　　　D. 4 bit/Hz

5. 下面关于扰乱的说法不正确的是(　　　)。

A. 有利于接收设备的定时恢复　　B. 消除短周期序列以免干扰其他系统

C. 有利于自适应均衡器的工作　　D. 使序列中的"0""1"个数相等

三、判断题

(　　) 1. NRZ 码无法直接提取定时信息。

(　　) 2. 单极性归零码可以直接提取位定时信息。

(　　) 3. 双极性不归零码在"0"和"1"符号等概率出现时无直流分量。在接收端恢复信号的判决门限电平为"0",因而不受信道特性变化的影响,抗干扰能力较强。

(　　) 4. 双极性归零码的带宽是单极性归零码的 2 倍。

(　　) 5. AMI 码型把二进制脉冲序列变为三电平的符号序列,属于三进制码型。

(　　) 6. 差分码波形代表的信息符号与码元本身电平或极性无关,而仅与相邻码元的电平变化有关。

(　　) 7. 数字基带信号的连续谱决定信号频带宽度,离散谱决定定时分量。

(　　) 8. 数字基带传输系统的最高频带利用率为 2 bit/(s·Hz)。

(　　) 9. 在眼图中,最佳抽样时刻应选眼睛张开最大的时刻。

(　　) 10. 时域均衡可以通过观察波形直接进行均衡器的调整。

四、简答题

1. 简述数据传输对线路码型的要求。

2. 简述奈奎斯特第一准则。

3. 简述奈奎斯特第二准则。

4. 简述眼图与系统性能的关系。

5. 简述时域均衡器的原理。

6. 简述扰码的主要作用。

五、综合题

1. 已知二进制序列 100101100111,画出其曼彻斯特编码和差分曼彻斯特编码的波形。

2. 已知二进制序列(V_+)10000101100000000001100001,画出其 HDB3 码的波形。

3. 已知某数据基带传输系统的波形形成特性为

$$|H(f)| = \begin{cases} \dfrac{1}{2\,000}, & |f| \leqslant 500 \\[2mm] \dfrac{1}{2\,000}\left\{\cos^2 \dfrac{\pi}{2\,000}(|f|-500)\right\}, & 500 < |f| \leqslant 1\,000 \\[2mm] 0, & |f| > 1\,000 \end{cases}$$

试求：

① 该系统的奈奎斯特速率；

② 该形成特性的滚降系数；

③ 该系统的信道带宽。

4. 已知二进制序列 100101100111，请写出第 1 类和第 4 类部分响应系统的编码处理过程。

第7章 数字调制

本章内容

◇ 幅度键控技术；

◇ 频率键控技术；

◇ 相位键控技术；

◇ 现代数字调制技术。

本章重点

◇ 二进制幅度键控(2ASK)技术；

◇ 二进制频率键控(2FSK)技术；

◇ 二进制相位键控(2PSK)技术。

本章难点

◇ 二进制差分相位键控(2DPSK)技术。

学习本章目的和要求

◇ 掌握二进制数字调制技术的调制、解调方法；

◇ 理解二进制数字调制技术的带宽；

◇ 了解现代数字调制技术。

在第4章我们已经了解了模拟信号的各种调制方式，并完成了把低频信号"搬移"到高频处或指定频段(为了频分复用或无线电发射)的任务。同样的概念依然适用于对数字信号的处理。数字基带信号不能直接通过带通信道传输，需将数字基带信号变换成数字频带信号。

基带信号指频带分布在低频段(通常包含直流)且未经调制的信号，基带传输指直接传输基带信号的通信方式。频带信号(带通信号)指经过调制后的信号，频带传输指数字基带信号经调制后在信道中传输。

用数字基带信号去控制高频载波的幅度、频率或相位，称为数字调制。相应的传输方式称为数字信号的调制传输、载波传输或频带传输。数字调制完成基带信号功率谱的搬移(搬上)。接收端从已调高频载波上将数字基带信号恢复出来(搬下)，称为数字解调。也就是说，低通型信道采用数字信号的基带传输，带通型信道采用数字信号的调制传输。

模拟调制的过程，载波参数连续变化；数字调制的过程，载波参数离散变化。所以数字调制也称键控。考虑到载波信号(一般采用正余弦信号)有幅度、频率和相位三个参数，数字调制方式主要有三种：幅度调制，称为幅度键控(也称幅移键控)，记为 ASK(Amplitude Shift

Keying);频率调制,称为频率键控(也称频移键控),记为 FSK(Frequency Shift Keying);相位调制,称为相位键控(也称相移键控),记为 PSK(Phase Shift Keying)。而这三种方式在模拟调制时分别称为幅度调制(AM)、频率调制(FM)和相位调制(PM)。

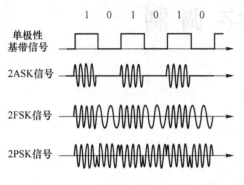

图 7-1　2ASK、2FSK、2PSK 波形

所谓"键控"是指一种如同"开关"控制的调制方式。例如,对于二进制数字信号,由于调制信号只有两个状态,调制后的载波参量也只能具有两个取值,其调制过程就像用调制信号去控制一个开关,从两个具有不同参量的载波中选择相应的载波输出,从而形成已调信号。"键控"就是这种数字调制方式的形象描述。

二进制是数字调制最简单的情况,它改变载波的幅度、频率、相位只有两种状态。2ASK、2FSK、2PSK 的波形如图 7-1 所示。

下面主要介绍 ASK、FSK、PSK 的调制、带宽和解调,关于 2ASK 信号的抗噪声性能,不建议高职高专学生深入学习,本章不进行详细分析。如果读者需要学习,可参考其他相关书籍。

7.1　幅度键控(ASK)

二进制幅度键控是最早出现的一种数字调制方式,记为 2ASK。2ASK 信号,其幅度按调制信号有"0"或"1"两种取值,最简单的形式为通断键控(OOK)。

7.1.1　2ASK 信号的调制

用二进制数字基带信号控制载波的幅度,二进制数字序列只有"1""0"两种状态。调制后的载波也只有两种状态:有载波输出传送"1",无载波输出传送"0"。图 7-2 所示为 2ASK 具体实现及波形图。假定调制信号是单级性非归零的二进制序列:发"1"码时,输出载波 $A\cos\omega_c t$;发"0"码时,无输出。

图 7-2(a)是 2ASK 模拟调制框图,乘法器完成调制功能,其已调信号(相乘器)输出信号 $s(t)$ 表达式为

$$s(t) = A(t)\cos(\omega_c t + \theta) \tag{7-1}$$

调制信号 $A(t)$ 为单极性二进制序列,其表达式为

$$A(t) = \begin{cases} A, & \text{当发送"1"时} \\ 0, & \text{当发送"0"时} \end{cases} \tag{7-2}$$

图 7-2(b)是 2ASK 开关键控框图,其已调信号(相乘器)输出信号 $s(t)$ 表达式为

$$s_{OOK}(t) = a_n A\cos(\omega_c t + \theta) \tag{7-3}$$

式(7-3)中,A 为载波幅度,a_n 为第 n 个码元的电平值,a_n 可表示为

$$a_n = \begin{cases} 1, & \text{出现概率为 } P \\ 0, & \text{出现概率为 } 1-P \end{cases} \tag{7-4}$$

则已调信号

$$S_{OOK}(t) = A\left[\sum_n a_n g(t-nT_s)\right]\cos(\omega_c t + \theta) \qquad (7\text{-}5)$$

式(7-5)中，T_s 为调制信号间隔，$g(t)$ 为单极性脉冲信号的时间波形，a_n 为式(7-4)表示的二进制数字信息。此式为双边带调幅信号的时域表达式，它说明 2ASK(OOK)信号是双边带调幅信号。

图 7-2(c)是 2ASK 已调信号波形图。发"1"码时，有信号即载波信号；发"0"码时，无信号，实现了幅度调制。

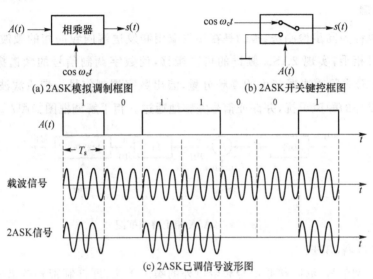

(a) 2ASK模拟调制框图　　　　(b) 2ASK开关键控框图

(c) 2ASK已调信号波形图

图 7-2　2ASK 具体实现及波形图

7.1.2　2ASK 信号的带宽

若二进制序列的功率谱密度为 $P_B(f)$，2ASK 信号的功率谱密度为 $P_{ASK}(f)$，则有

$$P_{ASK}(f) = \frac{1}{4}\left[P_B(f+f_c) + P_B(f-f_c)\right] \qquad (7\text{-}6)$$

由式(7-6)可知，幅度键控信号的功率谱是基带信号功率谱的线性搬移，所以 2ASK 调制为线性调制，其频谱宽度是二进制基带信号的两倍，即 $2f_s$。图 7-3 给出了 2ASK 信号的功率谱示意图。由于基带信号是矩形波，其频谱宽度从理论上来说为无穷大，以载波 f_c 为中心频率，在功率谱密度的第一对过零点之间集中了信号的主要功率，因此，通常取第一对过零点的带宽作为传输带宽，称之为谱零点带宽。

2ASK 信号带宽

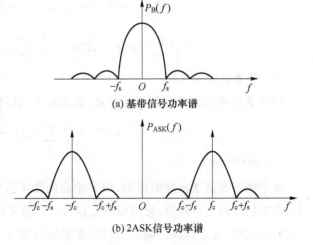

(a) 基带信号功率谱

(b) 2ASK信号功率谱

图 7-3　2ASK 信号功率谱

$$B = 2f_s = \frac{2}{T_s} \tag{7-7}$$

式(7-7)中,f_s 为基带脉冲的速率,T_s 为基带脉冲周期,f_s 为基带信号的谱零点带宽,在数量上与基带信号的码元速率 f_s 相同,这说明 2ASK 信号的传输带宽是码元速率的 2 倍。

7.1.3 2ASK 信号的解调

1. 相干解调

相干解调也称为同步检测法,指的是在接收端用和发送端同频同相的载波信号与信道中接收的已调信号相乘,实现 2ASK 频谱的再次搬移,使数字调制信号的频谱搬回零频附近。低通滤波器(LPF)去除乘法器产生的高频分量,滤出数字调制信号。带通滤波器(BPF)滤除接收信号频带以外的噪声干扰,并保证信号完整地通过。相干解调框图如图7-4所示。

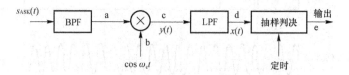

图 7-4　2ASK 相干解调框图

(1) 带通滤波器(BPF)

BPF 取出已调信号,滤除接收信号频带以外的噪声干扰,即抑制带外频谱分量,保证信号完整地通过。

(2) 乘法器

乘法器实现 2ASK 频谱的再次搬移,使数字调制信号的频谱搬回到零频附近。其输出表达式为

$$y(t) = s_{ASK}(t) \cdot \cos \omega_c t = A\Big[\sum_n a_n g(t - nT_s)\Big]\cos \omega_c t \cdot \cos \omega_c t$$

$$= \frac{A}{2}(1 + \cos 2\omega_c t) \cdot \sum_n a_n g(t - nT_s)$$

$$= \frac{A}{2}\sum_n a_n g(t - nT_s) + \frac{A}{2}\sum_n a_n g(t - nT_s) \cdot \cos 2\omega_c t \tag{7-8}$$

(3) 低通滤波器(LPF)

LPF 去除乘法器产生的高频分量,滤出数字调制信号。其输出为

$$x(t) = \frac{A}{2}\sum_n a_n g(t - nT_s) \tag{7-9}$$

(4) 抽样判决

由于噪声及信道特性的影响,LPF 输出的数字信号是不标准的,通过对信号再抽样,利用判决器对抽样值进行判决,便可以恢复原"1""0"数字序列。

判决准则:大于判决门限判为"1",否则判为"0"。

2ASK 相干解调各点波形如图 7-5 所示。

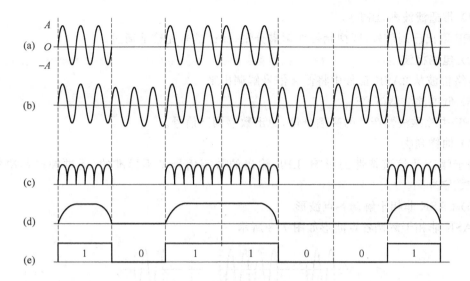

图 7-5　2ASK 相干解调各点波形

相干解调（同步检测法）的优点是稳定，有利于位定时的提取。但是必须保证本地载波要与发送载波同频同相，以确保数据的正确解调，这在实际应用中较难实现。

2. 非相干解调

将一段时间长度的高频信号的峰值点连线，就可以得到上方（正的）一条线和下方（负的）一条线，这两条线叫作包络线。包络线就是反映高频信号幅度变化的曲线。对于等幅高频信号，这两条包络线就是平行线。包络线示意图如图 7-6 所示。

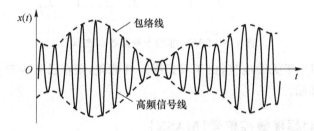

图 7-6　包络线示意图

当用一个低频信号对一个高频信号进行幅度调制（即调幅）时，低频信号就成了高频信号的包络线，这就是所讲的幅度调制信号。

从幅度调制信号中将低频信号解调出来的过程，就称作包络检波。也就是说，包络检波是幅度检波，是一种非相干解调，即不需要和发送端同频同相的本地载波。

利用包络检波器实现非相干解调框图如图 7-7 所示，LPF 滤除包络信号中的高频成分，平滑包络信号。可以看出，非相干解调较实现容易。

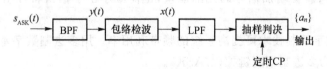

图 7-7　2ASK 非相干解调框图

（1）带通滤波器（BPF）

BPF 取出已调信号，即抑制带外频谱分量，保证信号完整地通过。

（2）包络检波

包络检波从 2ASK 信号中将低频信号解调出来。

（3）低通滤波器（LPF）

LPF 去除乘法器产生的高频分量，滤出数字调制信号。

（4）抽样判决

由于噪声及信道特性的影响，LPF 输出的数字信号是不标准的，通过抽样判决恢复原"1""0"数字序列。

（5）2ASK 非相干解调各点波形

2ASK 非相干解调各点波形如图 7-8 所示。

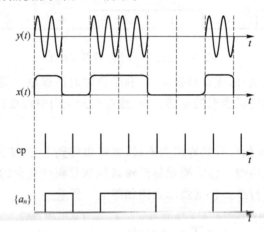

图 7-8 2ASK 非相干解调各点波形图

2ASK 信号早期用于无线电报，由于其抗噪声性能差，现在已较少被使用，但 2ASK 信号是其他数字调制的基础。

7.1.4 多进制幅度键控信号（MASK）

在二进制数字调制中每个符号只能表示"0"和"1"（＋1 或－1）。但在许多实际的数字传输系统中，却往往采用多进制的数字调制方式。与二进制数字调制系统相比，多进制数字调制系统具有如下两个特点。第一，在相同的信道码源调制中，每个符号可以携带 $\log_2 M$ 比特信息，因此当信道频带受限时，多进制数字调制技术可以使信息传输率增加，提高了频带利用率。但由此付出的代价是增加了信号功率和实现上的复杂性。第二，在相同的信息速率下，由于多进制方式的信道传输速率可以比二进制的低，因而多进制信号码源的持续时间要比二进制的宽。加宽码元宽度，就会增加信号码元的能量，也能减小由于信道特性引起的码间干扰的影响等。

采用多进制数字调制技术可提高系统的频带利用率。用多进制数字基带信号对高频载波进行幅度调制，称为多进制幅度键控（MASK）。

首先，将二进制数字序列转换为 M 进制序列。每 k 位一组，有 2^k 种组合，可表示 M 个状态，形成 M 进制序列。对高频载波进行 ASK 调制，就可得到 MASK 信号。

已调波有 M 个幅度,其已调信号波形如图 7-9 所示。

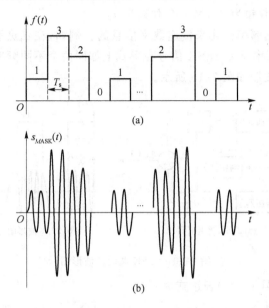

图 7-9   MASK 时域波形图

图 7-9 中,已调信号表达式为

$$s_{\text{MASK}}(t) = \left[\sum_{n=-\infty}^{\infty} a_n g(t - nT_s) \right] \cos \omega_c t \tag{7-10}$$

其中,$g(t)$ 是高度为 1、宽度为 T_s 的矩形脉冲,且有 $\sum_{i=0}^{M-1} P_i = 1$。

$$a_n = \begin{cases} 0, & \text{概率为 } P_0 \\ 1, & \text{概率为 } P_1 \\ 2, & \text{概率为 } P_2 \\ \vdots & \vdots \\ M-1, & \text{概率为 } P_{M-1} \end{cases} \tag{7-11}$$

M 进制基带数字序列的带宽只与脉冲周期 T_M 有关,而与 M 无关,其带宽是基带信号带宽的两倍,即 $B_{\text{MASK}} = 2f_M = 2/T_M$,$f_M$ 是 M 进制基带脉冲的速率,T_M 是 M 进制基带脉冲周期。

MASK 的解调方式和 2ASK 一样,有相干解调和非相干解调两种。

7.2   频率键控(FSK)

频率键控是数字信号改变载波的频率,即用不同的频率代表不同的数字信号。

7.2.1   2FSK 信号的调制

二进制频率键控(2FSK)是用二进制数字序列控制载波的频率。发送端用不同频率的高频载波对应数字基带信号的不同状态,接收端将不同频率的高频载波还原成基带数字信号的对应状态,完成解调。载波频率变化时,相邻码元载波的相位可能是连续的(相位连续的

FSK),也可能是不连续的(相位不连续的 FSK)。相位不连续的 2FSK 信号可看作是两个交错的 ASK 信号之和,一个载频为 f_1,另一个载频为 f_2。

2FSK 是利用载波的频率变化来传递数字信息的。例如,在二进制情况下,1 对应于载波频率 f_1,0 对应于载波频率 f_2。2FSK 信号在形式上如同两个不同频率交替发送的 ASK 信号相叠加。2FSK 调制及波形如图 7-10 所示。

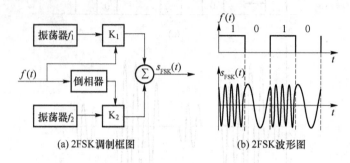

(a) 2FSK调制框图　　　(b) 2FSK波形图

图 7-10　2FSK 调制及波形图

图 7-10 中,已调信号 $s_{FSK}(t)$ 表达式为

$$s_{FSK}(t) = \left[\sum_n a_n g(t - nT_s)\right]\cos \omega_1 t + \left[\sum_n \bar{a}_n g(t - nT_s)\right]\cos \omega_2 t \qquad (7\text{-}12)$$

$$a_n = \begin{cases} 0, & \text{概率为 } P \\ 1, & \text{概率为 } 1-P, \end{cases} \qquad \bar{a}_n = \begin{cases} 1, & \text{概率为 } P \\ 0, & \text{概率为 } 1-P \end{cases}$$

式(7-12)中,$g(t)$ 是宽度为 T_s 的基本矩形脉冲,$\bar{a}_n$ 表示 a_n 的非。

2FSK 相当于两个不同载频的 ASK 信号之和,2FSK 信号的波形及分解如图 7-11 所示。由图可见,2FSK 信号可分解为"1"码时用载波 f_1 调制和"0"码时用载波 f_2 调制的两个 2ASK 信号之和。

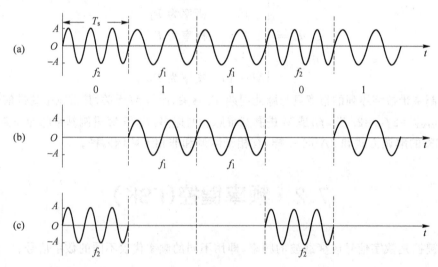

图 7-11　2FSK 信号分解图

7.2.2　2FSK 信号的带宽

2FSK 信号功率谱如图 7-12 所示。

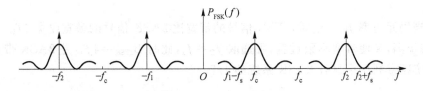

图 7-12　2FSK 信号功率谱

由图 7-12 可见，2FSK 信号带宽

$$B = |f_2 - f_1| + 2f_s \tag{7-13}$$

功率谱分析：功率谱以 f_c 为中心，对称分布。

设 2FSK 两个载频的中心频率为 f_c，频差为 Δf，则

$$\Delta f = f_2 - f_1 \tag{7-14}$$

频偏

$$f_D = \frac{\Delta f}{2} = \frac{f_2 - f_1}{2} \tag{7-15}$$

中心频率

$$f_c = (f_1 + f_2)/2 \tag{7-16}$$

定义调频指数（频移指数）

$$h = \frac{f_2 - f_1}{R_s} = \frac{\Delta f}{R_s} = \frac{2f_D}{R_s} \tag{7-17}$$

其中，R_s 为基带信号带宽。

在调频指数较小时功率谱为单峰，随着调频指数的增大（f_1 与 f_2 之差增大），功率谱出现双峰（此处为考虑基带信号的直流分量），如图 7-13 所示。

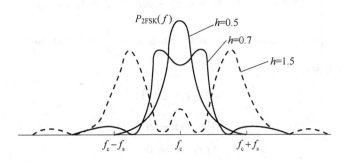

图 7-13　2FSK 出现双峰

当出现双峰时，带宽可近似为

$$B_{2FSK} \approx 2f_s + |f_2 - f_1| \tag{7-18}$$

从以上分析可得出以下结论。

(1) 2FSK 信号的功率谱与 2ASK 信号的功率谱相似，同样由离散谱和连续谱两部分组成。其中，连续谱由两个双边谱叠加而成，而离散谱出现在两个载频位置上，这表明 2FSK 信号中含有载波 f_1、f_2 的分量。

(2) 连续谱的形状随着 $|f_2 - f_1|$ 的大小而异。$|f_2 - f_1| > f_s$ 出现双峰；$|f_2 - f_1| < f_s$ 出现单峰。

(3) 2FSK 信号的频带宽度为

$$B_{2FSK} = |f_2 - f_1| + 2f_s = 2f_D + 2f_s = (2 + h)f_s \tag{7-19}$$

式中，$f_s = \dfrac{1}{T_s} = R_s$ 是基带信号的带宽，$f_D = \dfrac{\Delta f}{2} = \dfrac{f_2 - f_1}{2}$ 为频偏，$h = \dfrac{f_2 - f_1}{R_s} = \dfrac{\Delta f}{R_s}$ 为偏移率（或

频移指数)。

可见,当码元速率 f_s 一定时,2FSK 信号的带宽比 2ASK 信号的带宽要宽 $2f_D$。通常为了便于接收端检测,又使带宽不致过宽,可选取 $f_D = f_s$,此时 $B_{2FSK} = 4f_s$,是 2ASK 带宽的两倍,相应地,系统频带利用率只有 2ASK 系统的 1/2。

7.2.3 2FSK 信号的解调

2FSK 解调思路是将二进制频率键控信号分解成两路 2ASK 信号分别进行解调,有相干解调和非相干解调两种方式。

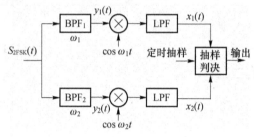

图 7-14 2FSK 相干解调框图

1. 相干解调

2FSK 相干解调框图如图 7-14 所示。

设 ω_1 代表"1"码,ω_2 代表"0"码。BPF_1 和 BPF_2 可将两者分开,把代表"1"码的 $y_1(t)$ 和代表"0"码的 $y_2(t)$ 分成两路 ASK 信号,采用相干解调方式解调。抽样判决可恢复原数据序列。

BPF 输出序列表达式为

$$\begin{cases} y_1(t) = A\cos \omega_1 t \\ y_2(t) = A\cos \omega_2 t \end{cases} \tag{7-20}$$

乘法器输出函数表达式为

$$\begin{cases} y_1(t)\cos \omega_1 t = A\cos \omega_1 t\cos \omega_1 t = \dfrac{A}{2} + \dfrac{A}{2}\cos 2\omega_1 t \\ y_2(t)\cos \omega_2 t = A\cos \omega_2 t\cos \omega_2 t = \dfrac{A}{2} + \dfrac{A}{2}\cos 2\omega_2 t \end{cases} \tag{7-21}$$

LPF 输出函数表达式为

$$\begin{cases} x_1(t) = \dfrac{A}{2} \\ x_2(t) = 0 \end{cases}$$
$$\begin{cases} x_1(t) = 0 \\ x_2(t) = \dfrac{A}{2} \end{cases} \tag{7-22}$$

判决准则:若 $x_1 > x_2$,则判为"1";若 $x_1 < x_2$,则判为"0"。

2. 非相干解调

包络检波器取出两路的包络 $x_1(t)$ 和 $x_2(t)$。对包络采样并判决,可恢复原数字序列。判决准则:若 $x_1 > x_2$,则判为"1";若 $x_1 < x_2$,则判为"0"。2FSK 非相干解调框图如图 7-15 所示。

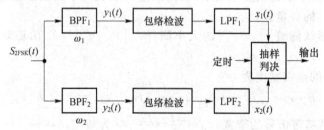

图 7-15 2FSK 非相干解调框图

非相干解调各点波形如图 7-16 所示。

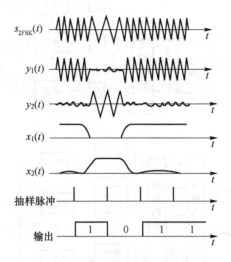

图 7-16　2FSK 非相干解调各点波形

7.2.4　多进制频率键控信号(MFSK)

用 M 个频率不同的正弦波分别代表 M 进制数字信号的 M 个状态,在某一码元时间内只发送其中一个频率。多进制频率控制信号表达式为

$$s_{MFSK}(t) = \begin{cases} A\cos\omega_1 t \\ A\cos\omega_2 t \\ \vdots \\ A\cos\omega_M t \end{cases} \tag{7-23}$$

MFSK 调制解调框图如图 7-17 所示,串/并变换电路将串行输入的 k 位二进制码转换成为并行输出的 k 位二进制码,然后由逻辑电路转换成具有 M 个状态的逻辑电平,这里 k 位二进制码有 2^k 种组合。k 位二进制码来到时,逻辑电路输出相应的逻辑电平,该逻辑电平打开相应的开关,使对应的载波发送出去,同时关闭其他的开关,不让其他载波发送出去。一组组二进制码输入时,加法器的输出便是 MFSK 信号。

接收带通滤波器滤除 MFSK 信号的带外噪声,各带通滤波器进行分频。有信号通过的那一路的包络检波器有包络信号输出,其他包络检波器没有信号输出。抽样判决器在某一时刻比较所有包络检波器的输出电压,将最大者输出,就得到一个 M 进制码元。逻辑电路将此码元译码,形成并行的 k 位二进制码,并/串变换电路转换成串行二进制码,完成解调任务。

还可采用分路滤波相干解调方式,包络检波器由乘法器和 LPF 代替。MFSK 系统占用频带较宽,频带利用率低,用于调制速率不高的传输系统。

这种方式产生的 MFSK 信号,其相位不连续,可看作是 M 个振幅相同、载波不同、时间上互不重叠的二进制 ASK 信号的叠加。MFSK 系统带宽

$$B_{MFSK} = f_H - f_L + 2f_M \tag{7-24}$$

式中,f_H 为最高载频,f_L 为最低载频,f_M 为 M 进制码元速率。

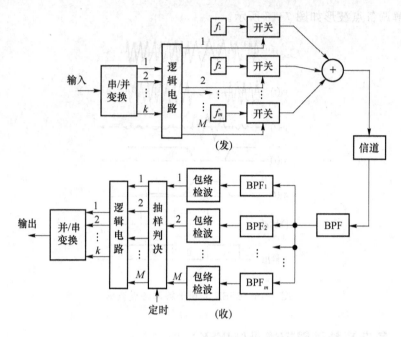

图 7-17　MFSK 调制解调框图

7.3　相位键控(PSK 和 DPSK)

二进制相位键控(2PSK)用二进制数字基带信号控制高频载波的相位,使高频载波的相位随着数字基带信号变化。2PSK 包括绝对调相和相对(差分)调相。

7.3.1　2PSK 信号

1. 2PSK 信号的调制

绝对调相 2PSK(有时也称为 BPSK)利用载波初相位的绝对值(即固定的某一相位)来表示数字信号。例如,"1"码用载波的 0 相位表示,"0"码用载波的 π 相位表示,反之亦可。利用载波相位的绝对数值传送数字信息。

2PSK 信号的调制有模拟调制和开关键控调制两种方式,调制框图及 2PSK 信号波形图如图 7-18 所示。图中,"1"用 0 相位调制,"0"用 π 相位调制。

2PSK 信号的时域表达式为

$$
\begin{aligned}
s_{2\text{PSK}}(t) &= \begin{cases} A\cos \omega_c t, & \text{``1''} \\ A\cos (\omega_c t + \pi), & \text{``0''} \end{cases} \\
&= \begin{cases} A\cos \omega_c t, & \text{``1''} \\ -A\cos \omega_c t, & \text{``0''} \end{cases} \quad\quad (7\text{-}25) \\
&= \sum_n a_n g(t - nT_s) \cos \omega_c t
\end{aligned}
$$

$\sum\limits_n a_n g(t - nT_s)$ 是双极性不归零二进制数字序列,$a_n = 1$ 或 $a_n = -1$。若 a_n 为单极性序

列,需通过极性变换将其变换为双极性序列。若 a_n 为双极性序列,可省略极性变换过程。

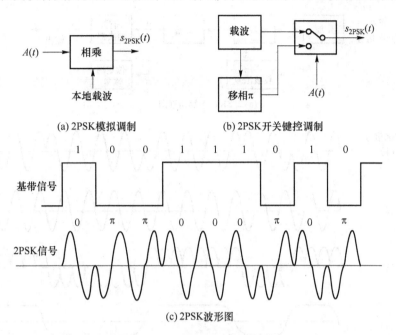

(a) 2PSK模拟调制   (b) 2PSK开关键控调制

(c) 2PSK波形图

图 7-18   2PSK 调制框图及波形图

2. 2PSK 信号的带宽

2PSK 与 2ASK 的表达式形式一致,只不过 2PSK 信号是双极性脉冲序列的双边带调制,而 2ASK 信号是单极性脉冲序列的双边带调制。

调制信号为双极性 NRZ 数字序列时,二进制相移键控信号实际上是一种 DSB-SC 信号,因而带宽与 ASK 相同。2PSK 功率谱如图 7-19 所示。

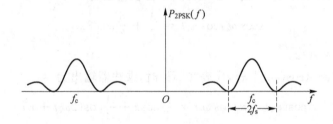

图 7-19   2PSK 功率谱

2PSK 信号带宽为

$$B_{2PSK} = 2f_s = \frac{2}{T_s} \tag{7-26}$$

3. 2PSK 信号的解调

2PSK 信号相当于 DSB-SC 信号,只能采用相干解调方式解调,在 DSB-SC 解调器之后加一抽样判决器,即可恢复原数字信号。

PSK 信号的解调必须用相干解调方法,功率谱中没有载频,而此时如何获得同频同相的载频就成了关键问题。采用相干载波,必须具有和发送端载波同频同相的本地载波,但本地相干载波的提取较为困难。

图 7-20 是 2PSK 相干解调框图及各点波形图,图中假定用于解调的本地载波与发送端的

载波同频同相。

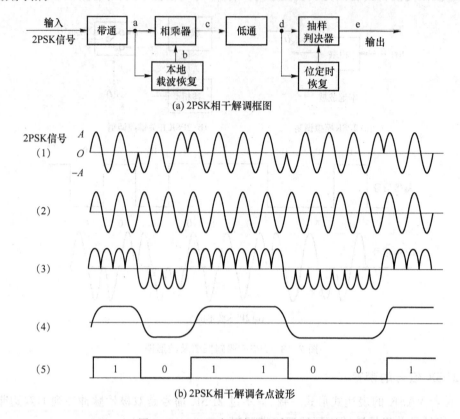

(a) 2PSK 相干解调框图

(b) 2PSK 相干解调各点波形

图 7-20　2PSK 相干解调及各点波形

图 7-20 中,"1""0"码的解调过程如下。

(1) 相位为 0(传 $A\cos\omega_c t$,代表"1"码)时,乘法器输出为

$$A\cos\omega_c t\cos\omega_c t = \frac{A}{2} + \frac{A}{2}\cos 2\omega_c t$$

经过 LPF 后,输出为 $A/2$。

(2) 相位为 π(传 $A\cos(\omega_c t + \pi)$,代表"0"码)时,乘法器输出为

$$A\cos(\omega_c t + \pi)\cos\omega_c t = \frac{A}{2}\cos\pi + \frac{A}{2}\cos(2\omega_c t + \pi)$$

经过 LPF 后,输出为 $-A/2$。

(3) 判决准则:抽样值大于 0,判为"1";抽样值小于 0,判为"0"。

2PSK 信号相干解调,如果本地载波与发送载波不同相,会造成错误判决,这种现象称为相位模糊或者"倒 π"现象。例如,本地载波与发送载波相位相反,采样判决器输出将与发送的数字序列相反,造成错误。一般本地载波从接收信号中提取,发送信号在传输过程中会受到噪声的影响,使其相位随机变化而产生相位误差,这种相位误差难以消除。因而 2PSK 信号容易产生误码,实际中不常被采用。

7.3.2　2DPSK 信号

二进制相对调相(差分调相)2DPSK 利用相邻码元载波相位的相对变化来表示数字信号,

利用前后相邻码元的载波相对相位变化传递数字信息。相对相位指本码元载波初相与前一码元载波终相的相位差。由于整个圆周相位为 2π，采用二进制时，把圆周二等分，相位差应选 π。相位对可以选 0、π 组合，$\pi/2$、$3\pi/2$ 组合，$\pi/4$、$5\pi/4$ 组合等。为简单起见，一般选相位 0、π 组合。

例如，规定"1"码载波相位变化 π，即与前一码元载波终相差 π，"0"码载波相位不变化，即与前一码元载波终相相同。这种规则也称为"1 变 0 不变"规则。另外就是"0 变 1 不变"规则，"0"码载波相位变化 π，即与前一码元载波终相差 π，"1"码载波相位不变化，即与前一码元载波终相相同。

1. 2DPSK 信号的产生

（1）差分编码后绝对调相

由于初始相位不同，2DPSK 信号的相位可以不同；2DPSK 信号的相位并不直接代表基带信号，前后码元的相对相位才决定信息符号。

把 DPSK 波形看成 PSK 波形，所对应的序列是 b_n。b_n 是相对（差分）码，而 a_n 是绝对码，这里是"1"差分码。2DPSK 信号对绝对码来说是相对相移键控，对差分码来说是绝对相移键控。将绝对码变换为相对码，再进行 PSK 调制，就可得到 DPSK 信号。

差分码编码规则：

$$b_n = a_n \oplus b_{n-1} \tag{7-27}$$

其中，b_{n-1} 的初始值可以任意设定。

图 7-20 是绝对码"101100101"的二进制相对调相 2DPSK 波形，图中假设 $b_{n-1}=0$，$a_n=101100101$，则按式（7-24）得到 $b_n=110111001$，然后对 b_n 绝对调相，即 $b_n=1$ 时用 0 相位，$b_n=0$ 时用 π 相位，得到最终的 $s_{2DPSK}(t)$ 波形如图 7-21 所示。

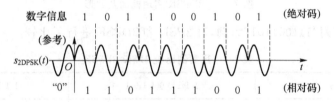

图 7-21 差分编码后绝对调相得到 2DPSK 信号

（2）"1 变 0 不变"规则

对 2DPSK 信号，用"1"表示载波相位变化 π，即与前一码元载波终相差 π；用"0"表示载波相位不变，即与前一码元载波终相相同。即传"1"码时相位翻转，传"0"码时相位不变，简称"1 变 0 不变"。

在图 7-20 中，初始参考相位为 π，绝对码 $a_1a_2a_3a_4a_5a_6a_7a_8a_9=101100101$，按照"1 变 0 不变"规则，$a_1=1$ 对应的 2DPSK 波形为 0 相位（与前一码元相差 π），$a_2=0$ 对应的波形为 0 相位（与前一码元相差 0，即不变），$a_3=1$ 对应的 2DPSK 波形为 π 相位（与前一码元相差 π），以此类推，可画出图 7-21 最终的 2DPSK 波形。

设初始参考相位为 0，读者可按照此规则自行画出图 7-20 中的 2DPSK 波形。

这里需注意：由于初始相位不同，2DPSK 信号的相位可以不同；2DPSK 信号的相位并不直接代表基带信号；前后码元的相对相位才决定信息符号。

2PSK 和 2DPSK 信号应具有相同形式的表达式，不同的是，2PSK 的调制信号是绝对码数字基带信号,2DPSK 的调制信号是原数字基带信号的差分码。2DPSK 信号和 2PSK 信号的功率谱密度是完全一样的。

2DPSK 和 2PSK 信号带宽一样,均为 $B_{2PSK}=2f_s=\dfrac{2}{T_s}$;与 2ASK 带宽相同,也是码元速率的两倍。

2DPSK 信号的具体实现框图及各点波形如图 7-22 所示。

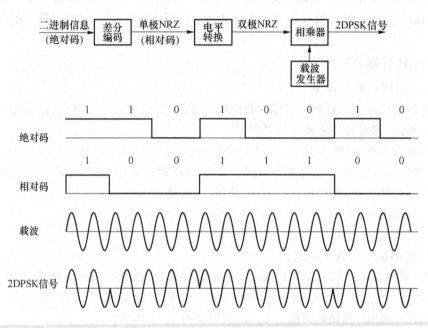

图 7-22　2DPSK 实现框图及波形

表 7-1 以码序列"111001101"为例,对 2PSK 和 2DPSK 进行了比较。

表 7-1　用实例比较 2PSK、2DPSK

基带信号	111001101	111001101
初始相位 θ	0	π
2PSK 码元相位 $\Delta\theta$	$\pi\pi\pi00\pi\pi0\pi$	$\pi\pi\pi00\pi\pi0\pi$
2DPSK 码元相位($\theta+\Delta\theta$)	$\pi0\pi\pi\pi0\pi\pi0$	$0\pi000\pi00\pi$

2DPSK 中,码元的相位并不直接代表基带信号,相邻码元的相位差才代表基带信号。

2. 2DPSK 信号的解调

由于 2DPSK 信号的产生有一种方法是先差分编码再绝对调相,借鉴这种思想,2DPSK 信号的解调可以先绝对解调再差分译码完成。

(1) 相干解调(极性比较法)

2DPSK 信号相干解调出来的是差分调制信号,2PSK 相干解调器之后再接一差分译码器,将差分码变换为绝对码,就可得原调制信号序列。2DPSK 极性比较法解调框图及各点波形如图 7-23 所示。

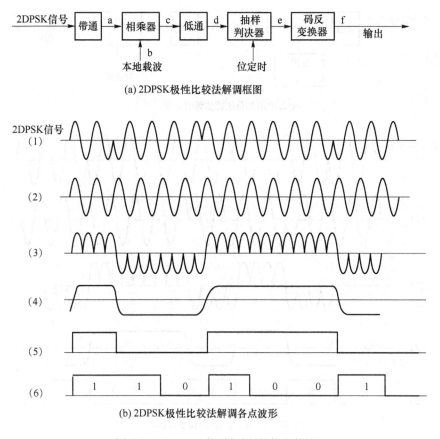

(a) 2DPSK极性比较法解调框图

(b) 2DPSK极性比较法解调各点波形

图 7-23　2DPSK 相干解调（极性比较法）

从图 7-23 可以看出，2DPSK 信号解调不存在"倒 π"现象，即使相干载波出现倒相，使 b_n 变为 $\bar{b}_n$，差分译码器也能使 $a_n = b_n \oplus b_{n-1}$ 恢复出来。

（2）差分相干解调（相位比较法）

通过比较前后码元载波的初相位来完成解调，用前一码元的载波相位作为解调后一码元的参考相位，解调器输出的就是所需要的绝对码。要求载波频率为码元速率的整数倍，这时载波的初始相位和末相相位相同。BPF 输出分成两路，一路加到乘法器，另一路延迟一个码元周期，作为解调后一码元的参考载波。差分相干解调框图如图 7-24 所示。

相乘器完成鉴相器的功能，即比较 a_n 与 b_n（即 a_{n-1}）的相位，如相同则得到正的输出，如相反则得到负的输出（图 7-24（c）图波形），实际上，相乘器完成的是同或功能，图 7-24（c）的波形是 a_n 与 a_{n-1} 同或的结果，最后经过判决（判决准则：$x<0$ 判为"1"，$x>0$ 判为"0"），得到的输出序列与发送的序列 a_n 相同。

差分相干解调法不需要差分译码器和专门的本地相干载波发生器，只需要将 2DPSK 信号延迟一个码元时间，然后与接收信号相乘，再通过低通滤波和抽样判决就可以解调出原数字调制序列。

极性比较法解调设备简单，但对延迟电路精度要求比较高。

2DPSK 信号产生时是用差分码对载波进行调制，在解调时只要前后码元的相对相位关系不被破坏，即使出现了"倒 π"现象，只要能鉴别码元之间的相对关系，就能恢复原二进制绝对码序列，因此避免了相位模糊问题，应用十分广泛。

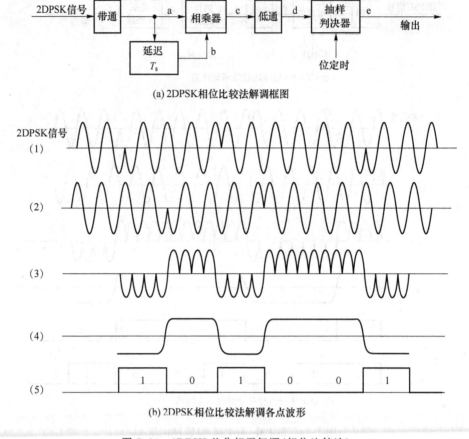

(a) 2DPSK相位比较法解调框图

(b) 2DPSK相位比较法解调各点波形

图 7-24　2DPSK 差分相干解调(相位比较法)

2PSK 和 2DPSK 对比分析如下。

(1) 相位与信息代码的关系

2PSK:前后码元相异时,2PSK 信号相位变化 180°;相同时,2PSK 信号相位不变。可简称为"异变同不变"。

2DPSK:码元相位只差为"1"时,2DPSK 信号的相位变化 180°;为"0"时,2DPSK 信号的相位不变。可简称为"1 变 0 不变"。

举例:假设码元宽度等于载波周期的 1.5 倍,2PSK、2DPSK 信号如图 7-25 所示。

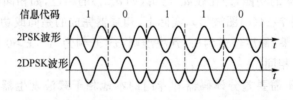

图 7-25　2PSK 与 2DPSK 的比较

(2) 功率谱密度

2DPSK 可以与 2PSK 具有相同形式的表达式。不同的是,2PSK 中的基带信号对应绝对码序列,2DPSK 中的基带信号对应相对码序列。2DPSK 信号和 2PSK 信号的功率谱密度是完全一样的。

（3）信号带宽

2PSK、2DPSK 与 2ASK 带宽相同，也是码元速率的两倍。

（4）抗噪声性能

2DPSK 系统是一种实用的数字调相系统，但其抗加性白噪声性能比 2PSK 的要差。

7.3.3 多进制相位键控

MPSK 用具有多个相位状态的正弦波来表示多进制数字基带信号的不同状态。M 进制信号与二进制信号之间的关系为 $M = 2^k$。载波的一个相位对应 k 位二进制码元。如果载波有 2^k 个相位，可代表 k 位二进制码元的 M 种组合。

MPSK 分为多进制绝对相移键控（MPSK）和多进制相对（差分）相移键控（MDPSK）。MPSK 的信号表达式为

$$s_{MPSK}(t) = A_0 \cos(\omega_c t + \theta_n) \tag{7-28}$$

式（7-28）中，$\theta_n = \dfrac{2\pi}{M} n, n = 0, 1, \cdots, M-1$。

假定载波频率 ω_c 是基带信号速率的整数倍，则

$$s_{MPSK}(t) = A \sum_{n=-\infty}^{\infty} g(t - nT_k) \cos(\omega_c t + \theta_n)$$

$$= A\cos \omega_c t \sum_{n=-\infty}^{\infty} (\cos \theta_n) g(t - nT_k) - A\sin \omega_c t \sum_{n=-\infty}^{\infty} (\sin \theta_n) g(t - nT_k) \tag{7-29}$$

式（7-29）中，$g(t)$ 是高度为 1，宽度为 T_k 的脉冲；T_k 为 k 比特码元的持续时间。

式（7-29）表明，MPSK 信号可等效为两个正交载波进行多电平双边带调幅所得已调波之和。其带宽与 MASK 信号一样，是调制信号带宽的两倍。

MPSK 信号的 M 个相位与其代表的 k 位二进制码元之间是一一对应的关系。各相位值都是相对于参考相位而言的，通常取 0 相位作为参考相位。对绝对调相，参考相位为未调载波的初相；对相对调相，参考相位为前一码元载波的末相，正为超前，负为落后。采用等间隔的相位差，相位间隔是 $2\pi/M$。

随着 M 的增大，相位间隔减小，系统可靠性下降，所以 M 不能太大。最常使用的是四相 PSK（4PSK）和八相 PSK（8PSK）。

图 7-26(a)所示是 $\dfrac{\pi}{2}$ 相移系统，图 7-26(b)所示是 $\dfrac{\pi}{4}$ 相移系统，虚线为参考相位。

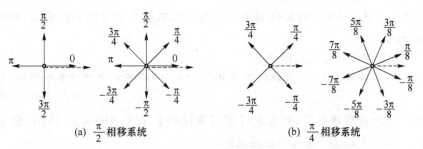

(a) $\dfrac{\pi}{2}$ 相移系统　　　　(b) $\dfrac{\pi}{4}$ 相移系统

图 7-26　$\dfrac{\pi}{2}$ 和 $\dfrac{\pi}{4}$ 相移系统

7.3.4 二进制数字调制系统的性能比较

（1）误码率

二进制数字调制系统误码率曲线如图 7-27 所示。

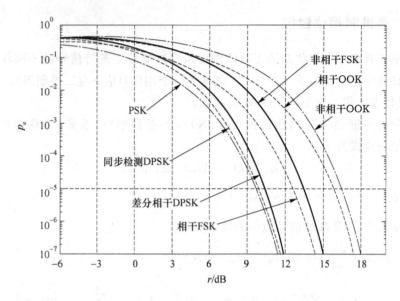

图 7-27 二进制数字调制系统误码率曲线

（2）频带宽度

2ASK 系统和 DPSK(2DPSK)系统的频带宽度为

$$B_{2ASK} = B_{2PSK} = B_{2DPSK} = \frac{2}{T_s} = 2f_s$$

2FSK 系统的频带宽度为

$$B_{2FSK} = |f_2 - f_1| + \frac{2}{T_s}$$

（3）对信道特性变化的敏感性

在 2FSK 系统中，判决器是根据上下两个支路解调输出样值的大小来作出判决，不需要人为地设置判决门限，因而 2FSK 系统对信道的变化不敏感。

在 2PSK 系统中，判决器的最佳判决门限为零，与接收机输入信号的幅度无关。因此，接收机总能保持工作在最佳判决门限状态。

对于 2ASK 系统，判决器的最佳判决门限与接收机输入信号的幅度有关，对信道特性变化敏感，性能最差。

对于二进制数字调制系统总结如下。

① 同类键控系统中，相干方式略优于非相干方式，但相干方式需要本地载波，所以设备较为复杂。

② 在相同误比特率情况下，对接收峰值信噪比的要求为：2PSK 比 2FSK 低 3 dB，2FSK 比 2ASK 低 3 dB。所以 2PSK 抗噪性能最好。

③ 在码元速率相同的条件下，FSK 占有频带高于 2PSK 和 2ASK，所以得到广泛应用的是 2DPSK 和非相干的 FSK。

7.4　现代数字调制技术

7.4.1　正交振幅调制(QAM)

正交振幅调制是用两个独立的基带数字信号对两个相互正交的同频载波进行抑制载波的双边带调制,利用这种已调信号在同一带宽内频谱正交的性质来实现两路并行的数字信息传输。QAM 主要用于高速传输场合。

2ASK 频带利用率是 $1\ \text{bit}\cdot\text{s}^{-1}\cdot\text{Hz}^{-1}$。利用正交调制技术,频带利用率可提高一倍。对于多进制,还可提高频带利用率。

QAM 调制框图如图 7-28 所示。

输入二进制数字序列 a_n 通过串/并变换,交替选取比特,转换为两个独立的二进制数据流 $x'(t)$ 和 $y'(t)$,速率减半,经 2/M 变换器变为 M 进制基带信号 $x(t)$ 和 $y(t)$,再分别对同相载波(如 $\cos\omega_c t$)和正交载波(如 $\sin\omega_c t$)相乘,最后将两路信号相加即可得到 QAM 信号。

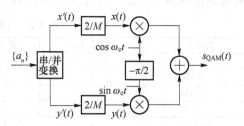

图 7-28　QAM 调制框图

图 7-28 中,

$$\begin{cases} x(t) = \sum_{k=-\infty}^{\infty} x_k g(t-kT_m) \\ y(t) = \sum_{k=-\infty}^{\infty} y_k g(t-kT_m) \end{cases} \tag{7-30}$$

正交振幅调制信号的一般表示式为

$$s_{\text{QAM}}(t) = x(t)\cos\omega_c t + y(t)\sin\omega_c t \tag{7-31}$$

信号矢量端点的分布图称为星座图。通常,可以用星座图来描述 QAM 信号的信号空间分布状态。MQAM 的主要方式有二进制 QAM(4QAM)、四进制 QAM(16QAM)、八进制 QAM(64QAM)等,分别有 2^2、2^4、2^6 个矢量端点。图 7-29 所示是 4QAM、16QAM、64QAM 的星座图。信号状态和信号电平之间的关系为 $M=m^2$,m 为电平数,M 为信号状态。图 7-29 中信号点的分布成方形,故称其为方形星座,也称其为标准型 16QAM。

(a) 4QAM星座图　　(b) 16QAM星座图　　(c) 64QAM星座图

图 7-29　MQAM 星座图

QAM 信号的解调:正交相干解调,解调框图如图 7-30 所示。LPF 输出抽样判决恢复出 M 电平信号 $x(t)$ 和 $y(t)$。

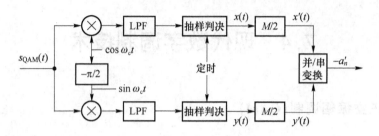

图 7-30　MQAM 相干解调图

几种常用调制技术的比较见表 7-2,通过比较可以看出,在频带受限系统,QAM 是一种很有发展前途的调制方式,现已有 64QAM、256QAM 等集成芯片。

表 7-2　各种数字调制技术的比较

调制方式	编码/bit	带宽/Hz	符号速率/Baud	带宽效率/bit·s^{-1}·Hz^{-1}
2PSK	1	f_s	f_s	1
4PSK	2	$f_s/2$	$f_s/2$	2
4QAM	2	$f_s/2$	$f_s/2$	2
16PSK	4	$f_s/4$	$f_s/4$	4
16QAM	4	$f_s/6$	$f_s/6$	4
64QAM	6	$f_s/2$	$f_s/2$	6
256QAM	8	$f_s/8$	$f_s/8$	8

QAM 是一种矢量调制,是幅度和相位联合调制的技术,它同时利用了载波的幅度和相位来传递信息比特,不同的幅度和相位代表不同的编码符号。因此在一定的条件下,QAM 可实现更高的频带利用率,而且抗噪声能力强,实现技术简单。QAM 在中、大容量数字微波通信系统、有线电视网络高速数据传输、卫星通信系统等领域得到了广泛应用。

7.4.2　高斯最小频移键控(GMSK)

一般的频移键控信号由于相位不连续、频偏较大等原因,其频谱利用率较低。为了减小已调波带宽和对邻道的干扰,调制前对基带信号进行高斯滤波,再进行最小频移键控调制,称为高斯最小频移键控(Gaussian Minimum Shift Keying, GMSK)。GMSK 也称为快速频移键控,是二进制连续相位 FSK 的一种特殊形式。GMSK 使用高斯预调制滤波器进一步减小调制频谱的最小相位频移键控,可以降低频率转换速度。

基带信号先经过高斯滤波器(低通滤波器)形成高斯脉冲,再进行 MSK 调制。高斯脉冲无陡峭的边沿,亦无拐点,已调波相位在 MSK 的基础上进一步平滑。其频谱特性优于 MSK。

GMSK 信号具有以下特点:

(1) MSK 信号是恒定包络信号;

(2) 在码元转换时刻,信号的相位是连续的,以载波相位为基准的信号相位在一个码元期间内线性地变化 $\pm\pi/2$;

(3) 在一个码元期间内,信号应包括四分之一载波周期的整数倍,信号的频率偏移等于 $1/4T_s$,相应的调制指数 $h=0.5$。

图 7-31 中,实线是 MSK 功率谱密度,虚线是 2PSK 功率谱密度。与 2PSK 相比,MSK 信号的功率谱更加紧凑,其第一个零点出现在 $0.75/T_s$ 处,而 2PSK 的第一个零点出现在 $1/T_s$ 处。这表明,MSK 信号功率谱的主瓣所占的频带宽度比 2PSK 信号的窄。当 $(f-f_c)\rightarrow\infty$ 时,MSK 的功率谱以 $(f-f_c)^{-1}$ 的速率衰减,它要比 2PSK 的衰减速率快得多,

因此对邻道的干扰也较小。

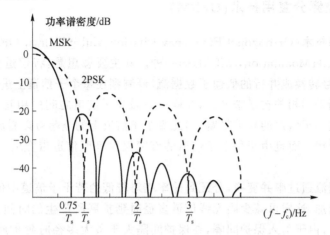

图 7-31　MSK 与 2PSK 功率谱密度对比图

　　MSK 调制方式的突出优点是已调信号具有恒定包络,且功率谱在主瓣以外衰减较快。但是,在移动通信中,对信号带外辐射功率的限制十分严格,一般要求必须衰减 70 dB 以上。从 MSK 信号的功率谱可以看出,MSK 信号仍不能满足这样的要求。高斯最小频移键控 (GMSK)就是针对上述要求提出来的。GMSK 调制方式能满足移动通信环境下对邻道干扰的严格要求,它以其良好的性能被数字蜂窝移动通信系统(GSM)所采用。

　　MSK 调制是调制指数为 0.5 的二进制调频,基带信号为矩形波形。为了压缩 MSK 信号的功率谱,可在 MSK 调制前加入预调制滤波器,对矩形波形进行滤波,得到一种新型的基带波形,使其本身和尽可能高阶的导数都连续,从而得到较好的频谱特性。

　　通过计算机模拟得到的 GMSK 信号的功率谱如图 7-32 所示。图中,横坐标为归一化频差$(f-f_c)T_b$,纵坐标为功率谱密度,参变量 B_bT_b 为高斯低通滤波器的归一化 3 dB 带宽 B_b 与码元长度 T_b 的乘积。$B_bT_b=\infty$ 的曲线是 MSK 信号的功率谱密度。GMSK 信号的功率谱密度随 B_bT_b 值的减小变得紧凑起来。

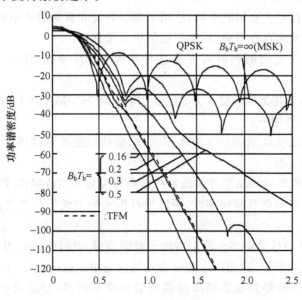

图 7-32　GMSK 功率谱密度

7.4.3 正交频分复用技术(OFDM)

正交频分复用技术(Orthogonal Frequency Division Multiplexing，OFDM)实际上是多载波调制(Multi-CarrierModulation，MCM)的一种。其主要思想是：将信道分成若干正交子信道，将高速数据信号转换成并行的低速子数据流，调制到在每个子信道上进行传输。正交信号可以通过在接收端采用相关技术来分开，这样可以减少子信道之间的相互干扰 ICI 。每个子信道上的信号带宽小于信道的相关带宽，因此每个子信道上的衰落可以看成平坦性衰落，从而可以消除符号间干扰。而且由于每个子信道的带宽仅仅是原信道带宽的一小部分，信道均衡变得相对容易。

高速信息数据流通过串并变换，分配到速率相对较低的若干子信道中传输，每个子信道中的符号周期相对增加，这样可减少因无线信道多径时延扩展所产生的时间弥散性对系统造成的码间干扰。另外，由于引入保护间隔，在保护间隔大于最大多径时延扩展的情况下，可以最大限度地消除多径带来的符号间干扰。如果用循环前缀作为保护间隔，还可避免多径带来的信道间干扰。

在过去的频分复用(FDM)系统中，整个带宽分成 N 个子频带，子频带之间不重叠，为了避免子频带间相互干扰，频带间通常加保护带宽，但这会使频谱利用率下降。为了克服这个缺点，OFDM 采用 N 个重叠的子频带，子频带间正交，因而在接收端无须分离频谱就可将信号接收下来。OFDM 系统的一个主要优点是正交的子载波可以利用快速傅里叶变换(FFT/IFFT)实现调制和解调。对于 N 点的 IFFT 运算，需要实施 N^2 次复数乘法，而采用常见的基于 2 的 IFFT 算法，其复数乘法仅为 $(N/2)\log_2 N$，可显著降低运算复杂度。

在 OFDM 系统的发射端加入保护间隔，主要是为了消除多径所造成的 ISI(子载波之间的正交性遭到破坏而产生不同子载波之间的干扰)。其方法是在 OFDM 符号保护间隔内填入循环前缀，以保证在 FFT 周期内 OFDM 符号的时延副本内包含的波形周期个数也是整数。这样，时延小于保护间隔的信号就不会在解调过程中产生 ISI。

OFDM 的优点主要如下。

(1) 可有效对抗信号波形间的干扰，适用于多径环境和衰落信道中的高速数据传输。

(2) 通过各子载波的联合编码，具有很强的抗衰落能力。

(3) 各子信道的正交调制和解调可通过离散傅里叶反变换(IDFT)和离散傅里叶变换(DFT)实现。

(4) OFDM 较易与其他多种接入方式结合，构成 MC-CDMA 和 OFDM-TDMA 等。

OFDM 的缺点主要如下。

(1) 由于传送端及接收端的抽样速率不一样，会造成抽样点的误差，导致幅度失真、相位飘移(Phase Shift)、ICI 等。

(2) 传送接收端的相对运动的督普勒效应也会造成载波相位飘移(Carrier Phase Offset)，在产生高频载波时由于都会有起始相位，所以很难用人为因素使传送端高频载波和接收端载波完全同步。

(3) 由于 OFDM 信号是由多个调制后的子载波信号的线性叠加，因此可能会造成比平均信号准位高的瞬间尖峰信号，进而产生高峰值对均值功率比效应。

(4) 相位飘移传送升频及接收端降频载波的频率不同步，会造成载波频率偏移(Carrier Frequency Offset，CFO)。传送及接收端的相对运动所产生的多普勒频移也会产生 CFO。

OFDM 的主要应用有以下几个方面。

（1）数字声广播工程（DAB）

欧洲的数字声广播工程——DABEUREKA147 计划——已成功地使用了 OFDM 技术。为了克服多个基站可能产生的重声现象，人们在 OFDM 的信号前增加了一定的保护时隙，有效地解决了基站间的同频干扰，实现了单频网广播，大大减少了整个广播占用的频带宽度。

（2）HFC 网

HFC（Hybrid Fiber Cable）网是一种光纤/同轴混合网。目前，OFDM 被应用到有线电视网中，在干线上采用光纤传输，而用户分配网络仍然使用同轴电缆。这种光电混合传输方式提高了图像质量，并且扩大了有线电视的使用范围。

（3）移动通信

在移动通信信道中，由多径传播造成的时延扩展在城市地区大致为几微秒到数十微秒，这会带来码间干扰，恶化系统性能。近年来，国外已有人研究采用多载波并传 16QAM 调制的移动通信系统。将 OFDM 技术和交织技术、信道编码技术结合，可以有效地对抗码间干扰，这已成为移动通信环境中抗衰落技术的研究方向。

7.5　数字调制系统仿真

7.5.1　2ASK 系统仿真

由于 2ASK 系统解调有相干解调和非相干解调两种，所以 2ASK 系统仿真分相干解调和非相干解调两种方式进行介绍。

1. 2ASK 相干解调

（1）2ASK 相干解调仿真模型

2ASK 相干解调仿真模型如图 7-33 所示，系统采样频率设为 2 000 Hz。

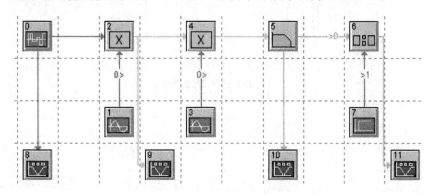

图 7-33　2ASK 相干解调仿真模型

该模型中，调制部分由图符 0、1、2、8、9 组成，解调部分由图符 3、4、5、10 组成，判决再生部分由图符 6、7、11 组成。

2ASK 相干解调仿真模型中各图符参数设置见表 7-3。

表 7-3　2ASK 相干解调仿真模型中各图符参数配置表

图符编号	库/名称	参 数
0	Source/PN Seq	Amp＝0.5 V, Offset＝0.5，Rate＝50 Hz, Phase＝0 deg, No levels＝2
1、3	Source/Sinusoid	Amp＝1 V, Freq＝150 Hz, Phase＝0 deg
5	Operator/Liner Sys Filters/Analog/Lowpass	Low Cuttoff＝55 Hz
6	Operator/Logic/Compare	Select Comparison＝a＞＝b，True Output＝1, False Output＝0
7	Source/Aperiodic/Step Fct	Amplitude＝0.25 V, Start Time＝0，Offset＝0 V

（2）2ASK 相干解调仿真模型中各示波器的波形

2ASK 相干解调各点波形如图 7-34 所示。

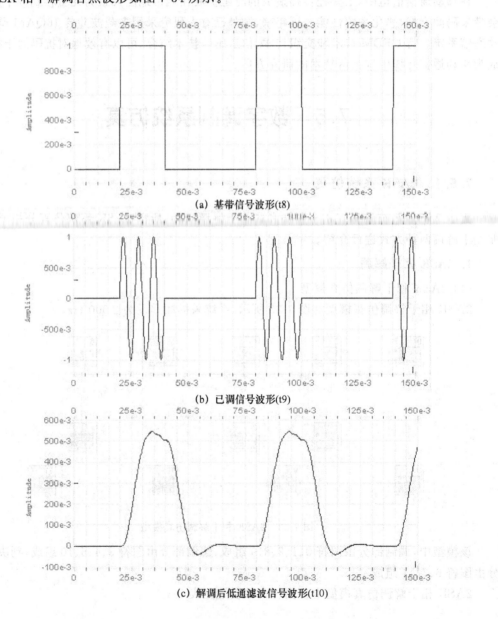

(a) 基带信号波形(t8)

(b) 已调信号波形(t9)

(c) 解调后低通滤波信号波形(t10)

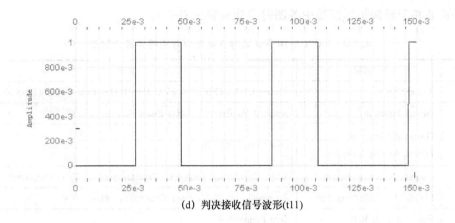

(d) 判决接收信号波形(t11)

图 7-34　2ASK 相干解调各点波形图

图 7-34 中各点波形分析如下。

① 图符 8 观察的波形

图符 8 观察的是输入的二进制基带波形,输入的基带信号是二进制单极性伪随机码(即 PN 序列),可看出输入的序列为"01001001"。

② 图符 9 观察的波形

图符 9 观察的是 2ASK 已调信号波形。

可以看出 2ASK 调制的结果,当发送的基带码元为"1"时有载波进行调制,为"0"时则没有,相应输出的调制信号为"0",因为 2ASK 是单极性码。

③ 图符 10 观察的波形

图符 10 观察的是 2ASK 相干解调的低通滤波输出波形。

④ 图符 11 观察的波形

图符 11 观察的是 2ASK 相干解调判决输出波形。

可以看出 2ASK 相干解调出来的波形与输入的原基带信号基本保持一致,有一点延迟,但在允许范围内,仿真正确。

2. 2ASK 非相干解调(2ASK 包络检波)

(1) 2ASK 非相干解调仿真模型

2ASK 非相干解调仿真模型如图 7-35 所示,系统采样频率为 2 000 Hz。

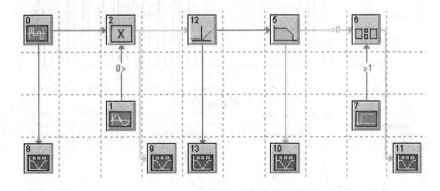

图 7-35　2ASK 非相干解调仿真模型图

2ASK 非相干解调仿真模型中各图符参数设置见表 7-4。

表 7-4　2ASK 非相干解调仿真模型中各图符参数设置表

图符编号	库/名称	参　　数
0	Source/PN Seq	Amp＝0.5 V，Offset＝0.5，Rate＝50 Hz，Phase＝0 deg，No levels＝2
1	Source/Sinusoid	Amp＝1 V，Freq＝150 Hz，Phase＝0 deg
5	Operator/Liner Sys Filters/Analog/Lowpass	Low Cuttoff＝55 Hz
6	Operator/Logic/Compare	Select Comparison＝a＞＝b，True Output＝1，False Output＝0
7	Source/Aperiodic/Step Fct	Amplitude＝0.25 V，Start Time＝0 s，Offset＝0 V
12	Function/Half Rctfy	Zero Point＝0 V

（2）2ASK 非相干解调仿真模型中各示波器的波形

2ASK 非相干解调各点波形如图 7-36 所示。

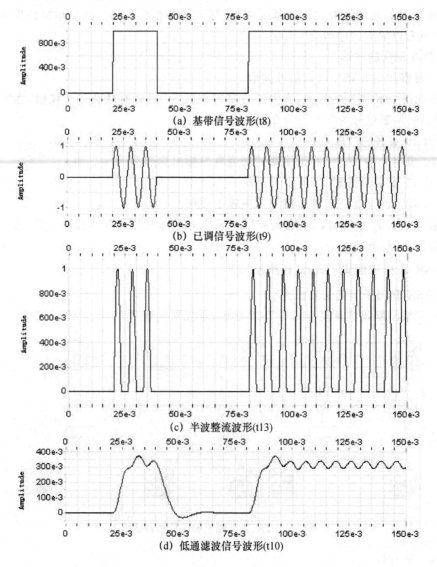

(a) 基带信号波形(t8)

(b) 已调信号波形(t9)

(c) 半波整流波形(t13)

(d) 低通滤波信号波形(t10)

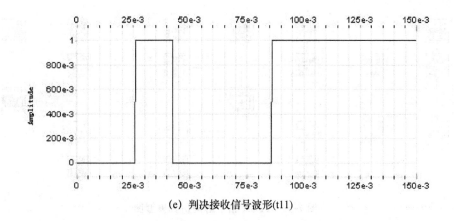

(e) 判决接收信号波形(t11)

图 7-36 2ASK 非相干解调各点波形图

图 7-36 中各点波形分析如下。

① 输入的二进制基带波形(t8 所示波形)

输入的基带信号是二进制单极性伪随机码(即 PN 序列),可看出输入的序列为"0100111"。

② 2ASK 调制信号(已调信号)(t9 所示波形)

可以看出 2ASK 调制的结果,当发送的基带码元为"1"时有载波进行调制,为"0"时则没有,相应输出的调制信号为"0"。

③ 2ASK 非相干解调的半波整流输出波形(t13 所示波形)

可以看出 2ASK 的半波整流输出波形是对 2ASK 调制信号进行整流,变成幅度全是正的正弦波。

④ 2ASK 非相干解调的低通滤波输出波形(t10 所示波形)

可以看出 2ASK 非相干解调的低通滤波输出波形是半波整流输出波形的包络线。

⑤ 2ASK 非相干解调的判决输出波形(t11 所示波形)

可以看出 2ASK 非相干解调出来的波形与输入的原基带信号基本保持一致,有一点延迟,但在允许范围内,仿真正确。

2ASK 非相干解调判决器在最后的输出判决时起着非常重要的作用,最佳判决电压是必须考虑的,在仿真时取峰值的一半作为判决电压。判决电压把不是矩形的波恢复为矩形脉冲,得到原始输入的基带信号。

系统仿真结果分析:

图 7-36(a)所示的调制信号的图形与图 7-36(e)所示的解调后的信号图形基本一致,在每段的起始因为信号不稳定,所以出现了微小的波动。这与滤波器滤波误差也相关。

相干解调需要插入相干载波,而非相干解调不需要载波,因此非相干解调时设备较简单。

对于 2ASK 系统,大信噪比条件下使用非相干解调,而小信噪比条件下使用相干解调。

7.5.2　2FSK 系统仿真

1. 2FSK 相干解调

(1) 2FSK 相干解调仿真模型

2FSK 相干解调仿真模型如图 7-37 所示。

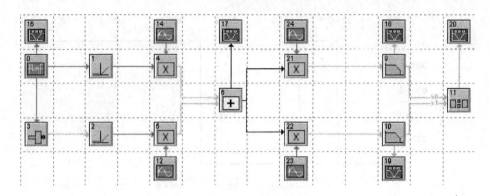

图 7-37　2FSK 相干解调仿真模型图

2FSK 相干解调仿真模型中各图符参数设置见表 7-5。

表 7-5　2FSK 相干解调仿真模型中各图符参数设置表

图符编号	库/名称	参数
0	Source/PN Seq	Amp＝1 V, Offset＝0 V, Rate＝10 Hz, Phase＝0 deg, No levels＝2
1、2	Function/Non Linear/Half Rctfy	Zero Point＝0 V
3	Operator/Logic/Not	Threshold＝0.5，True Output＝1，False Output＝－1
9、10	Operator/Liner Sys Filters/Analog/Lowpass	Low Cuttoff＝15 Hz
11	Operator/Logic/Compare	Select Comparison＝a＞＝b，True Output＝1，False Output＝－1
12、13	Source/Sinusoid	Amp＝1 V, Freq＝100 Hz, Phase＝0 deg
14、15	Source/Sinusoid	Amp＝1 V, Freq＝50 Hz, Phase＝0 deg

（2）2FSK 相干解调仿真模型中各示波器的波形

2FSK 相干解调各点波形如图 7-38 所示。

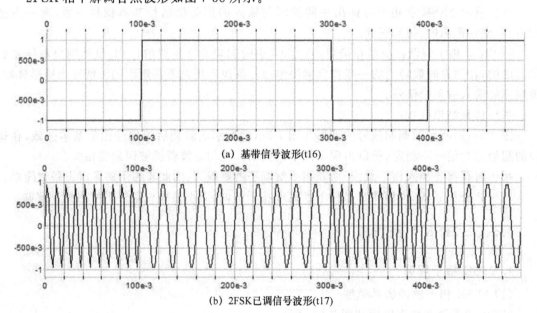

(a) 基带信号波形(t16)

(b) 2FSK 已调信号波形(t17)

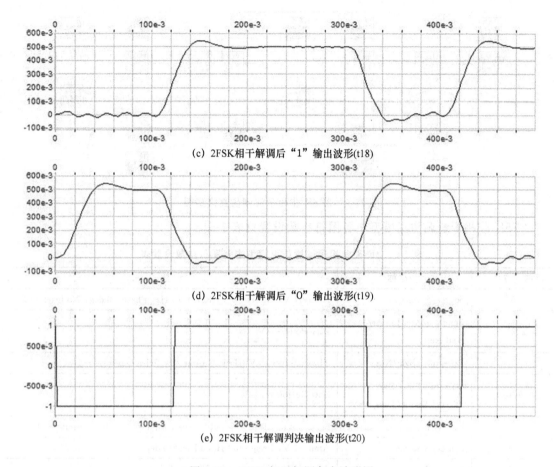

(c) 2FSK相干解调后"1"输出波形(t18)

(d) 2FSK相干解调后"0"输出波形(t19)

(e) 2FSK相干解调判决输出波形(t20)

图 7-38 2FSK 相干解调各点波形图

图 7-38 中各点波形分析如下。

① 输入的二进制基带波形

输入的基带信号是二进制双极性伪随机码(即 PN 序列),频率为 10 Hz,可看出输入的序列为"－1＋1＋1＋1－1＋1"。

② 2FSK 调制信号(已调信号)

可以看出 2FSK 调制的结果,当发送的双极性基带的码元为"1"时有频率 50 Hz 的载波为其进行调制,当发送的双极性基带的码元为"0"时有频率 100 Hz 的载波为其进行调制。

③ 2FSK 相干解调的低通滤波输出波形

图 7-38(c)是发送码元"1"对应的低通滤波输出波形,图 7-38(d)是发送码元"0"对应的低通滤波输出波形,判决时输出如图 7-38(e)所示的判决输出波形。

④ 2FSK 相干解调判决输出波形

可以看出 2FSK 相干解调出来的波形与输入的原基带信号基本保持一致,有一点延迟,但在允许范围内,仿真正确。

2. 2FSK 非相干解调

(1) 2FSK 非相干解调仿真模型

2FSK 非相干解调仿真模型如图 7-39 所示,时钟频率为 500 Hz。

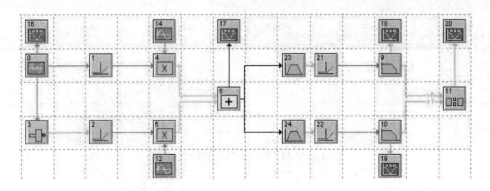

图 7-39　2FSK 非相干解调仿真模型图

2FSK 非相干解调仿真模型中各图符参数设置见表 7-6。

表 7-6　2FSK 非相干解调仿真模型中各图符参数设置表

图符编号	库/名称	参 数
0	Source/PN Seq	Amp＝1 V, Offset＝0 V, Rate＝10 Hz, Phase＝0 deg, No levels＝2
1、2、21、22	Function/Non Linear/Half Rctfy	Zero Point＝0 V
3	Operator/Logic/Not	Threshold＝0.5 V, True Output＝1, False Output＝−1
9、10	Operator/Liner Sys Filters/Analog/Lowpass	Low Cuttoff＝15 Hz
11	Operator/Logic/Compare	Select Comparison＝a＞−b, True Output＝1, False Output＝−1
12	Source/Sinusoid	Amp＝1 V, Freq＝100 Hz, Phase＝0 deg
14	Source/Sinusoid	Amp＝1 V, Freq＝50 Hz, Phase＝0 deg
23	Operator/Liner Sys Filters/Analog/Bandpass	Low Cuttoff＝40 Hz, Hi Cuttoff＝60 Hz
24	Operator/Liner Sys Filters/Analog/Bandpass	Low Cuttoff＝90 Hz, Hi Cuttoff＝110 Hz

(2) 2FSK 非相干解调仿真模型中各示波器的波形

2FSK 非相干解调各点波形如图 7-40 所示。

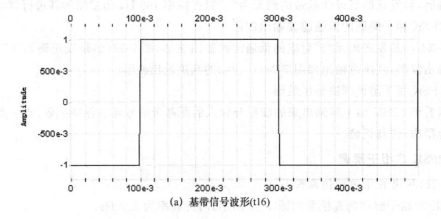

(a) 基带信号波形(t16)

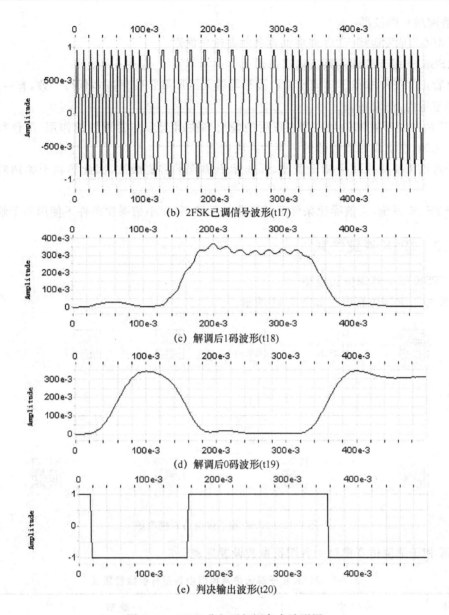

(b) 2FSK已调信号波形(t17)

(c) 解调后1码波形(t18)

(d) 解调后0码波形(t19)

(e) 判决输出波形(t20)

图 7-40　2FSK 非相干解调各点波形图

图 7-40 中各点波形分析如下。

① 输入的二进制基带波形

输入的基带信号是二进制双极性伪随机码(即 PN 序列),可看出输入的序列为"－1＋1＋1－1－1"。

② 2FSK 调制信号(已调信号)

可以看出 2FSK 调制的结果,当发送的基带的码元为"1"时有载波 1 进行调制,发送码元为"－1"时有载波 2 进行调制,因为 2FSK 是双极性码。

③ 解调后 1 码波形

2FSK 的调制信号经过带通滤波器、半波整流电路、低通滤波器后,得到低通滤波输出波形。图 7-40(c)是发送码元"1"对应的低通滤波输出波形。

④ 解调后 0 码波形

图 7-40(d)是发送码元"0"对应的低通滤波输出波形。

⑤ 2FSK 非相干解调的判决输出波形

可以看出 2FSK 非相干解调出来的波形与输入的原基带信号基本保持一致,有一点延迟,但在允许范围内,仿真正确。

2FSK 的非相干解调的判决器在最后的输出判决时起着非常重要的作用,最佳判决电压是需要考虑的,在仿真时取峰值的一半为判决电压。

相干解调需要插入两个相干载波,而非相干解调不需要载波,因此非相干解调时设备较简单。

对于 2FSK 系统,大信噪比条件下使用非相干解调,而小信噪比条件下使用相干解调。

7.5.3 2PSK 系统仿真

(1) 2PSK 相干解调仿真模型

2PSK 相干解调仿真模型如图 7-41 所示。

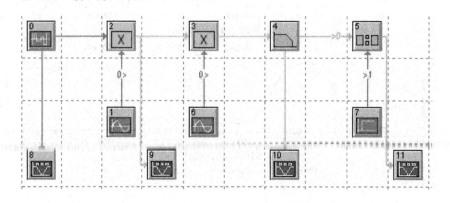

图 7-41　2PSK 相干解调仿真模型图

2PSK 相干解调仿真模型中各图符参数设置见表 7-7。

表 7-7　2PSK 相干解调仿真模型中各图符参数设置表

图符编号	库/名称	参　数
0	Source/PN Seq	Amp＝1 V, Offset＝0 V, Rate＝10 Hz, Phase＝0 deg, No levels＝2
4	Operator/Liner Sys Filters/Analog/Lowpass	Low Cuttoff＝12 Hz
5	Operator/Logic/Compare	Select Comparison＝a＞＝b, True Output＝1, False Output＝－1
1、6	Source/Sinusoid	Amp＝1 V, Freq＝20 Hz, Phase＝0 deg
7	Source/Aperiodic/Step Fct	Amp＝0 V, Start Time＝0 sec, Offset＝0 V

(2) 2PSK 相干解调仿真模型中各示波器的波形

2PSK 相干解调各点波形如图 7-42 所示。

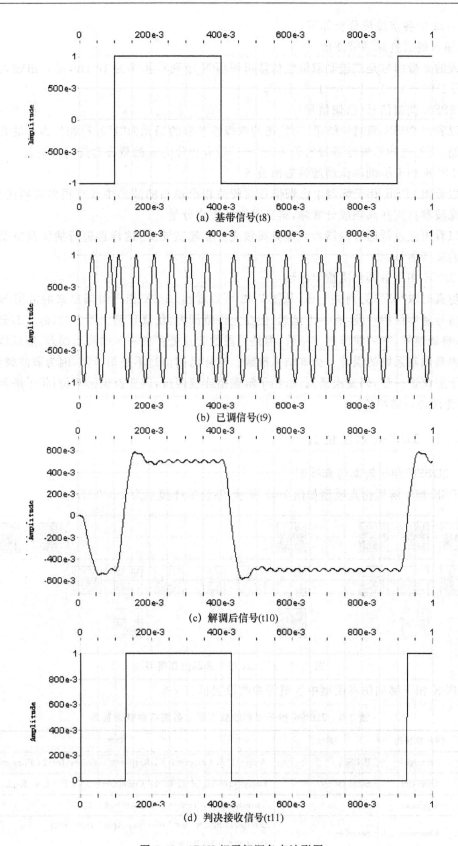

(a) 基带信号(t8)

(b) 已调信号(t9)

(c) 解调后信号(t10)

(d) 判决接收信号(t11)

图 7-42 2PSK 相干解调各点波形图

图 7-42 中各点波形分析如下。

① 输入的二进制基带波形

输入的基带信号是二进制双极性伪随机码(PN 序列),频率为 10 Hz,可看出输入的序列为"$-1+1+1+1-1-1-1-1-1+1$"。

② 2PSK 调制信号(已调信号)

可以看出 2PSK 调制的结果,当发送的双极性基带的码元为"1"时有相位为 0 的载波为其进行调制,当发送的双极性基带的码元为"-1"时有相位为 π 的载波为其进行调制。

③ 2PSK 相干解调的低通滤波输出波形

可以看出 2PSK 相干解调中已调信号与载波相乘输出的波形中含有很多高频成分,需要用低通滤波器将这些高频成分滤除,得到需要的直流分量。

可以看出经过低通滤波器后大部分高频成分已经被滤除,这样再进行抽样判决就可以解调出原始基带信号。

④ 2PSK 相干解调判决输出波形

在仿真时取"0"作为判决电压,从图 7-42 可以看出 2PSK 相干解调出来的波形与输入的原基带信号基本保持一致,有一点延迟,但在允许范围内,仿真正确。图 7-42(a)、(d)分别为调制信号、解调信号,它们波形整体一致,但是每段的起点处存在一定的波动误差,造成该现象的主要原因是调制系统的误差。仿真结果准确。同样已调信号不是很清楚,因为载波频率太高。

相干解调错一位,码变换错两位;相干解调错连续两位,码变换也错两位;相干解调错连续 n 位,码变换还是错两位。

7.5.4　2DPSK 系统仿真

(1) 2DPSK 相干解调仿真模型

2DPSK 相干解调仿真模型如图 7-43 所示,系统抽样频率为 1 000 Hz。

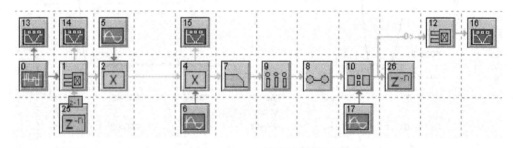

图 7-43　2DPSK 相干解调仿真模型图

2DPSK 相干解调仿真模型中各图符参数设置见表 7-8。

表 7-8　2DPSK 相干解调仿真模型中各图符参数设置表

编号	图符块属性	类型	参数
0	Source	PN Seq	Amp=1 V, Offset=0 V, Rate=10 Hz, Levels=2, Phase=0 deg
25、26	Operator	Smpl Delay	Delay=100Samples, Initial Condition=0 V, Fill Last Register
1、12	Operator	XOR	Threshold=0, True=1, False=-1
9	Operator	Sampler	Interpolating, Rate=1 000 Hz, Aperture=0 sec, Aperture Jitter=0 sec

编号	图符块属性	类型	参数
8	Operator	Hold	Last Value, Gain=1
5、6	Source	Sinusoid	Amp=1 V, Freq=100 Hz, Phase=0 deg
17	Source	Sinusoid	Amp=1 V, Freq=1 000 Hz, Phase=0 deg
1	Logic	XOR	Threshold=0, True=1, False=−1
10	Operator	Logic/Compare	Select Comparison=a>=b, True Output=1, False Output=−1
7	Operator	Liner Sys Filters/Analog/Lowpass	Low Cuttoff=10 Hz

（2）2DPSK 相干解调仿真模型中各示波器的波形

2DPSK 相干解调各点波形如图 7-44 所示。

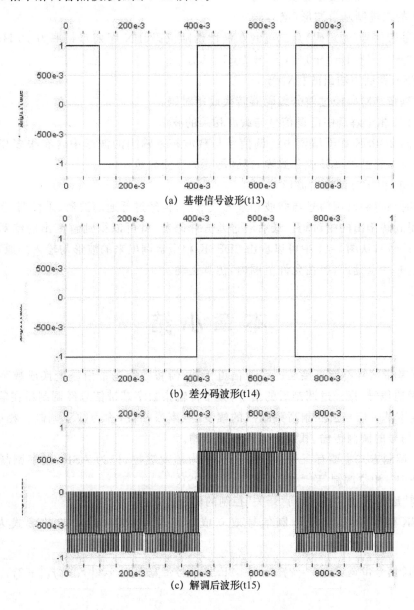

(a) 基带信号波形(t13)

(b) 差分码波形(t14)

(c) 解调后波形(t15)

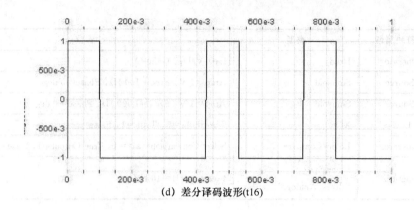

(d) 差分译码波形(t16)

图 7-44 2DPSK 相干解调各点波形图

图 7-44 中各点波形分析如下。

① 输入的二进制基带波形(绝对码)

输入的基带信号(绝对码)是二进制双极性伪随机码(PN 序列),频率为 10 Hz,可看出输入的序列为"+1−1−1−1+1−1−1−1+1−1−1−1"。

② 2DPSK 调制中输出的相对码

输入的基带绝对码经过差分编码器转换成相对码。

③ 2DPSK 相干解调中已调信号与载波相乘的波形

可以看出 2DPSK 相干解调中已调信号与载波相乘输出的波形中含有很多高频成分,需要用低通滤波器将这些高频成分滤除,得到需要的直流分量。

④ 2DPSK 相干解调输出波形

在仿真时当得到已调信号与载波相乘的波形后,再经过低通滤波器、采样器、保持电路、抽样判决器,得到解调出的相对码。最后经过差分译码器,就可以得到解调出的绝对码(即输入的原始基带信号),从图 7-44 中可以看出 2DPSK 相干解调出来的波形与输入的原基带信号基本保持一致,有一点延迟,但在允许范围内,仿真正确。

本 章 小 结

1. 数字基带信号不能直接通过带通信道传输,需将数字基带信号变换成数字频带信号。频带信号(带通信号)指经过调制后的信号,频带传输指数字基带信号经调制后在信道中传输。

2. 用数字基带信号去控制高频载波的幅度、频率或相位,称为数字调制。相应的传输方式称为数字信号的调制传输、载波传输或频带传输。

3. 数字调制方式主要有三种:幅度调制,称为幅度键控,记为 ASK;频率调制,称为频率键控,记为 FSK;相位调制,称为相位键控,记为 PSK。

4. 所谓"键控"是指一种如同"开关"控制的调制方式。

5. 2ASK 信号,其幅度按调制信号取 0 或 1 有两种取值,最简单的形式为通断键控(OOK)。

6. 2ASK 信号带宽 $B_{2ASK} = 2f_s = \dfrac{2}{T_s}$,2FSK 信号带宽 $B_{2FSK} = |f_2 - f_1| + 2f_s$,2PSK 信号

带宽 $B_{2PSK} = 2f_s = \dfrac{2}{T_s}$。可见 2ASK、2PSK 信号带宽相同,小于 2FSK 信号带宽。

7. 2ASK 解调方式有两种:相干解调和非相干解调。相干解调也称为同步检测法,指的是在接收端用和发送端同频同相的载波信号与信道中的已调信号相乘。

8. 当用一个低频信号对一个高频信号进行幅度调制(即调幅)时,低频信号就成了高频信号的包络线,这就是幅度调制信号。

9. 从幅度调制信号中将低频信号解调出来的过程,就叫作包络检波。也就是说,包络检波是幅度检波,是一种非相干解调,即不需要和发送端同频同相的本地载波。

10. 二进制频率键控(2FSK)是用二进制数字序列控制载波的频率。

11. 2FSK 解调思路是将二进制频率键控信号分解成两路 2ASK 信号分别进行解调,有相干解调和非相干解调两种方式。

12. 绝对调相 2PSK 利用载波初相位的绝对值(即固定的某一相位)来表示数字信号。相对调相 2DPSK 中,码元的相位并不直接代表基带信号,相邻码元的相位差才代表基带信号。

13. 相位调制解调只能用相干解调,2DPSK 解调有极性比较法和相位比较法两种方式。

14. 对二进制数字调制系统总结如下。

(1) 同类键控系统中,相干方式略优于非相干方式,但相干方式需要本地载波,所以设备较为复杂。

(2) 在相同误比特率情况下,对接收峰值信噪比的要求为:2PSK 比 2FSK 低 3 dB,2FSK 比 2ASK 低 3 dB。所以 2PSK 的抗噪性能最好。

(3) 在码元速率相同的条件下,FSK 占有频带高于 2PSK 和 2ASK。

15. 采用多进制数字调制技术可提高系统的频带利用率。

16. 现代数字调制技术有正交振幅调制(QAM)、高斯最小频移键控(GMSK)、正交频分复用技术(OFDM)等。

习　题

一、填空题

1. 2FSK 信号当 $f_2 - f_1 < f_s$ 时其功率谱将出现(　　);当 $f_2 - f_1 > f_s$ 时其功率谱将出现(　　)。

2. 2ASK 信号解调有(　　)和(　　)两种方法。

3. PSK 是利用载波的(　　)来表示符号,而 DPSK 是利用载波的(　　)来表示符号。

4. 在数字调制传输系统中,PSK 方式所占用的频带宽度与 ASK 的(　　),PSK 方式的抗干扰能力比 ASK 的(　　)。

5. 2DPSK 的解调方法有两种,分别是(　　)和(　　)。

6. 采用 2PSK 传输中,由于提取的载波存在(　　)现象,该问题可以通过采用(　　)方式加以克服。

二、单选题

1. 三种数字调制方式之间,其已调信号占用频带的大小关系为(　　)。

A. 2ASK＝2PSK＝2FSK   B. 2ASK＝2PSK＞2FSK

C. 2FSK＞2PSK＝2ASK   D. 2FSK＞2PSK＞2ASK

2. 在数字调制技术中,其采用的进制数越高,则(　　)。

A. 抗干扰能力越强   B. 占用的频带越宽

C. 频谱利用率越高   D. 实现越简单

3. 可以采用差分解调方式进行解调的数字调制方式是(　　)。

A. ASK   B. PSK   C. FSK   D. DPSK

4. 以下数字调制中,不能采用包络检波进行解调的是(　　)。

A. ASK   B. OOK   C. FSK   D. PSK

5. 在等概的情况下,以下数字调制信号的功率谱中不含有离散谱的是(　　)。

A. ASK   B. OOK   C. FSK   D. PSK

6. 16QAM 属于的调制方式是(　　)。

A. 混合调制   B. 幅度调制   C. 频率调制   D. 相位调制

7. 对于 2PSK,采用直接法载波同步会带来的载波相位模糊是(　　)。

A. $90°$和 $180°$不定   B. $0°$和 $180°$不定

C. $90°$和 $360°$不定   D. $0°$和 $90°$不定

8. 设数字码序列为 0110100,以下数字调制的已调信号波形中为 2PSK 波形的是(　　)。

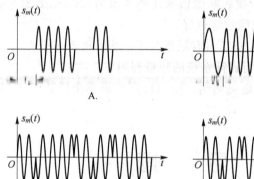

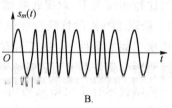

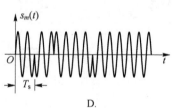

三、判断题

(　　) 1. 数字调制中三种调制方式占用频带大小的关系是 2FSK＞2PSK＝2ASK。

(　　) 2. 2DPSK 占用的频带与 2ASK 占用的频带一样宽。

(　　) 3. PSK 和 DPSK 只是载波相位的表示不同,因此应用中选用哪种均可。

(　　) 4. 2PSK 信号的频谱比 2ASK 信号的频谱要宽。

(　　) 5. 采用相对调相可以解决载波相位模糊带来的问题。

(　　) 6. 在数字调制中,数字调相可以用调幅的方式来实现。

四、综合题

1. 设发送数字信息序列为 11010011,码元速率为 $R_B=2\ 000$ Baud。现采用 2FSK 进行调制,并设 $f_1=2$ kHz 对应"1", $f_2=4$ kHz 对应"0", f_1、f_2 的初始相位为 $0°$。

(1) 画出 2FSK 信号的波形。

（2）计算 2FSK 信号的带宽。

2. 设发送数字信息序列为 011010001，码元速率为 $R_B = 2\ 000$ Baud，载波频率为 4 kHz。

（1）分别画出 2ASK、2PSK、2DPSK 信号的波形（2ASK 的规则："1"有载波，"0"无载波；2PSK 的规则："1"为 0°，"0"为 180°；2DPSK 的规则："1"变"0"不变，且设相对码参考码元为 "0"）。

（2）计算 2ASK、2PSK、2DPSK 信号的带宽。

第8章 差错控制编码

本章内容

◇ 差错控制的基本概念及原理；

◇ 简单的差错控制编码；

◇ 线性分组码和汉明码；

◇ 循环码；

◇ 卷积码；

◇ Turbo 码。

本章重点

◇ 差错控制编码的基本概念及原理；

◇ 线性分组码的编解码；

◇ 循环码的编解码。

本章难点

◇ 线性分组码的编解码；

◇ 卷积码的编解码。

学习本章目的和要求

◇ 理解差错控制编码的原理；

◇ 掌握线性分组码和循环码的编解码；

◇ 了解卷积码和 Turbo 码的原理及应用。

为了提高传输的可靠性，除了选择适合信道的传输方式外，还要采用差错控制技术。本章首先简要介绍差错控制的基本概念和原理，然后介绍几种常用的差错控制编码实现方法，包括简单的差错控制编码、线性分组码和汉明码、循环码、卷积码及 Turbo 码。

8.1 差错控制的基本概念及原理

数据通信要求信息传输具有高度的可靠性，即要求误码率足够低。然而，数据信号在传输过程中不可避免地会发生差错，即出现误码。造成误码的原因很多，主要原因可以归纳为两方面：一是信道不理想造成的符号间干扰；二是噪声对信号的干扰。对于前者，通常通过均衡方法可以改善以致消除,因此,常把信道中的噪声作为造成传输差错的主要原因。差错控制是对传输差错采取的技术措施,目的是提高传输的可靠性。

8.1.1 差错控制的基本思想

差错控制的基本思想是通过对信息序列作某种变换,使原来彼此独立的、没有相关性的信息码元序列,经过某种变换后,产生某种规律性(相关性),从而在接收端有可能根据这种规律性来检查,进而纠正传输序列中的差错。变换的方法不同就构成不同的编码和不同的差错控制方式。

差错控制的核心是抗干扰编码,即差错控制编码,简称纠错编码,也叫信道编码。

8.1.2 差错类型

数据信号在信道中传输会受到各种不同的噪声干扰。噪声大体分为两类:随机噪声和脉冲噪声。前者包括热噪声、传输媒介引起的噪声等;后者包括雷电、开关等引起的瞬态电信号的变化。不同的噪声,引起的差错类型也不同:随机噪声导致随机差错,脉冲噪声造成突发差错。

(1) 随机差错,又称独立差错,是指错码的出现是随机的,且错码之间是统计独立的。存在这种差错的信道称为随机信道,如微波接力和卫星转发信道。

(2) 突发差错,是指成串集中出现的错码,即在一些短促的时间区间内出现大量错码,而在这些短促的时间区间之间又存在较长的无错码区间。产生突发差错的信道称为突发信道,如短波、散射等信道。

实际信道是复杂的,所出现的差错也不是单一的,而是随机差错和突发差错并存的,只不过有的信道以某种差错为主而已。既存在随机差错又存在突发差错,且哪一种都不能忽略不计的信道,称为混合信道。

一般来说,针对随机差错的编码方法与设备比较简单,成本较低,效果较显著;而纠正突发差错的编码方法和设备较复杂,成本较高,效果不如前者显著。

8.1.3 差错控制方式

在数据通信系统中,差错控制方式一般可以分为 4 种类型,如图 8-1 所示。

1. 检错重发

检错重发又称自动重发请求(Automatic Repeat reQuest,ARQ),如图 8-1(a)所示。这种差错控制方式是在发送端对数据序列按一定的规则进行编码,使之具有一定的检错能力,成为能够检测错误的码组(检错码)。接收端收到码组后,按编码规则校验有无错码,并把校验结果通过反向信道反馈到发送端。如无错码,就反馈继续发送信号。如有错码,就反馈重发信号,发送端把前面发出的信息重新传送一次,直到接收端正确收到为止。

这种方式的优点是检错码构造简单,插入的监督码位不多,设备不太复杂。其缺点是实时性差,且必须有反向信道,通信效率低。当信道干扰增大时,整个系统可能处在重发循环中,甚至不能通信。

2. 前向纠错

前向纠错(Forward Error Correcting,FEC)方式,如图 8-1(b)所示。前向纠错系统中,发

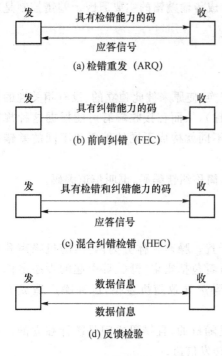

(a) 检错重发 (ARQ)

(b) 前向纠错 (FEC)

(c) 混合纠错检错 (HEC)

(d) 反馈检验

图 8-1　差错控制方式的 4 种类型

送端的信道编码器将输入数据序列按某种规则变换成能够纠正错误的码,接收端的译码器根据编码规律不仅可以检测出错码,而且能够确定错码的位置并自动纠正。

这种方式的优点是不需要反馈信道,也不会由于反复重发而延误时间,实时性好。其缺点是要求附加的监督码较多,传输效率低,纠错设备比检错设备复杂。

3. 混合纠错检错

混合纠错检错(Hybrid Error Correcting,HEC)方式是前向纠错方式和检错重发方式的结合,如图 8-1(c)所示。在这种系统中,发送端发送同时具有检错和纠错能力的码,接收端收到码后,检查错误情况,如果错误少于纠错能力,则自行纠正;如果错误很多,超出纠错能力,但未超出检错能力,即能判决有无错码而不能判决错码的位置,此时收端自动通过反向信道发出信号要求发端重发。

混合纠错检错方式在实时性和译码复杂性方面是前向纠错和检错重发方式的折中,因而近年来在数据通信系统中采用较多。

4. 反馈校验

反馈校验方式又称回程校验,如图 8-1(d)所示。接收端把收到的数据序列原封不动地转发回发送端,发送端将原发送的数据序列与返送回的数据序列比较,如果发现错误,则发送端进行重发,直到发端没有发现错误为止。

这种方式的优点是不需要纠错、检错的编解码器,设备简单。缺点是需要双向信道,实时性差,且每一信码都相当于至少传送了两次,所以传输效率低。

上述差错控制方式应根据实际情况合理选用。在上述方法中,除反馈校验方式外,都要求发送端发送的数据序列具有纠错或检错能力。为此,必须对信息源输出的数据加入多余码元(监督码元)。这些监督码元与信息码元之间有一定的关系,使接收端可以根据这种关系由信道译码器来发现或纠正可能存在的错码。

8.1.4　差错控制编码原理

1. 差错控制编码的基本原理

差错控制的核心是差错控制编码,不同的编码方法有不同的检错或纠错能力,差错控制编码一般是在用户信息序列后插入一定数量的新码元,这些新插入的码元称为监督码元。它们不受用户的控制,最终也不送给接收用户,只是系统在传输过程中为了减少传输差错而采用的一种处理过程。如果信道的传输速率一定,加入差错控制编码,就降低了用户输入的信息速率,新加入的码元越多,冗余度越大,检错纠错越强,但效率越低。由此可见,通过差错控制编码提高传输的可靠性是以牺牲传输效率为代价的。

在二进制编码中,1 位二进制编码可表示两种不同的状态,2 位二进制编码可表示 4 种不同的状态,3 位二进制编码可表示 8 种不同的状态,n 位二进制编码可表示 2^n 种不同的状态。在 n 位二进制编码的 2^n 种不同的状态中,能表示有用信息的码组称为许用码组,不能表示有用信息的码组称为禁用码组。下面举例说明差错控制编码的基本原理。

(1)如果要传送 A 和 B 两个信息,可以用 1 位二进制编码表示,如用"0"码表示信息 A,用"1"码表示信息 B。在这种情况下,若传输中产生错码,即"0"错成"1",或"1"错成"0",接收端都无从发现,因此这种情况没有检错和纠错能力。

(2)如果分别在"0"和"1"后面附加一个"0"和"1",变为"00"和"11",还是传送 A 和 B 两个信息,即"00"表示 A,"11"表示 B。2 位二进制编码可表示 4 种不同的状态,即 00、01、10 和 11。"00"和"11"为许用码组,"01"和"10"为禁用码组。这时,在传输"00"和"11"时,若发生 1 为错码,则变为"01"或"10",成为禁用码组,接收端可知传输错误。这表明附加 1 位码以后,码组具有了检出 1 位错码的能力。但因译码器不能判决哪位是错码,所以不能予以纠正,这表明没有纠正错码的能力。

(3)若在信息码之后附加两位监督码,即用"000"表示 A,"111"表示 B,3 位二进制编码可表示 8 种不同的状态,即 000、001、010、011、100、101、110、111。"000"和"111"为许用码组,"001""010""011""100""101""110"为禁用码组。此时,在传输"000"和"111"时,若产生一位错误,则码组将变为禁用码组,接收端可以判决传输出错。不仅如此,接收端还可以根据"大数"法则来纠正一个错误,即 3 位码中如有 2 个或 3 个"0"码,则判为"000"码,如有 2 个或 3 个"1"码,则判为"111"码。此时,还可以纠正一位错码。如果在传输过程中产生两位错码,也将变为禁用码组,此时可以检测出错码,但不能纠错。

归纳起来,若要传送 A 和 B 两个信息,若用 1 位码表示,则没有检错和纠错能力;若用 2 位码表示(加 1 位监督码),则可以检错 1 位,不能纠错;若用 3 位码表示(加 2 位监督码),最多可以检错 2 位,并能纠错 1 位。如表 8-1 所示。

表 8-1 差错控制编码原理举例

编码方法	信息		检、纠错能力
	A	B	
1 位编码方法	0	1	无检、纠错能力
2 位编码方法	00	11	检错 1 位,不能纠错
3 位编码方法	000	111	检错 2 位,纠错 1 位

由此可见,差错控制编码之所以具有检错和纠错能力,是因为在信息码之外附加了监督码,即码的检错和纠错能力是用信息量的冗余度来换取的。

在纠错编码中,将信息传输效率也称为编码效率,用 R 表示,定义为

$$R = \frac{k}{n} \tag{8-1}$$

其中,k 为信息码元的数目,n 为编码后码组的总数目($n = k + r$,r 为监督码元的数目)。显然,R 越大,编码效率越高,它是衡量编码性能的一个重要参数。对于一个好的编码方案,不但希望它的检错纠错能力强,而且希望它的编码效率高,但两方面的要求是矛盾的,在设计中要全面考虑。人们研究的目标就是寻找一种编码方法,使所加的监督码元最少,而检错、纠错能力又高,且便于实现。

2. 码重和码距的概念

(1) 码重

在信道编码中,定义码组中非零码元的数目为码组的重量,简称码重。例如,"010"码组的码重为 1,"011"码组的码重为 2。电传、电报及条形码中被广泛使用的恒比码,其许用码组长度相等,码重也相等,因此"0"和"1"的个数比值恒定。常用的恒比码是一种非线性码。若码长为 n,重量为 W,则这类码的码字个数为 C_n^W,禁用码字数目为 $2^n - C_n^W$。该码的检错能力很强,除成对出现的错误不能发现外,所有其他类型错误均能发现。后面讲到的循环码中,一个循环节内的各码组的码重也都相等,可见码重是一些编码规则中经常需要考虑的一个重要因素。

(2) 码距与汉明距离

把两个码组中对应码位上具有不同二进制码元的个数定义为两码组的距离,简称码距。例如,"00"与"01"的码距为 1,"110"与"101"的码距为 2。

在一种编码中,任意两个许用码组间的距离的最小值,称为这一编码的汉明(Hamming)距离,用 $d_{\min}$ 来表示。例如,"011""110"与"101" 三个许用码组组成的码组集合中的两两码距都为 2,因此该编码的汉明距离为 2。

3. 汉明距离与检错和纠错能力的关系

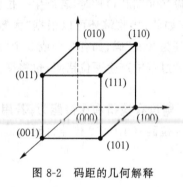

图 8-2 码距的几何解释

为了说明汉明距离与检错和纠错能力的关系,把 3 位码元构成的 8 个码组用一个三维立方体来表示,如图 8-2 所示。图中立方体的各顶点分别为 8 个码组,每个码组的 3 位码元的值就是此立方体各顶点的坐标。由图 8-2 可以看出,码距对应于各顶点之间沿立方体各边行走的几何距离(最少边数)。

下面将具体讨论一种编码的最小码距(汉明距离)与这种编码的检错和纠错能力的数量关系。一般情况下,对于分组码有以下结论。

(1) 为检测 e 个错码,要求最小码距

$$d_{\min} \geqslant e+1 \tag{8-2}$$

或者说,若一种编码的最小距离为 $d_{\min}$,则它一定能检出 $e \leqslant d_{\min}-1$ 个错码。式(8-2)可以通过图 8-3(a)来说明。图中 C 表示某码组,当误码不超过 e 个时,该码的位置将不超过以 C 为圆心、以 e 为半径的圆(实际上是多维的球)。只要其他任何许用码组都不落入此圆内,C 码组发生 e 个误码时就不可能与其他许用码组相混。这就证明了其他许用码组必须位于以 C 为圆心、以 $e+1$ 为半径的圆上或圆外,所以该码的最小码距 $d_{\min}$ 为 $e+1$。

(2) 为纠正 t 个错码,要求最小码距

$$d_{\min} \geqslant 2t+1 \tag{8-3}$$

或者说,若一种编码的最小距离为 $d_{\min}$,则它一定能纠正 $t \leqslant (d_{\min}-1)/2$ 个错码。式(8-3)可以通过图 8-3(b)来说明。图中 C_1 和 C_2 分别表示任意两个许用码组,当各自错码不超过 t 个时,发生错码后两个许用码组的位置移动将分别不会超过以 C_1 和 C_2 为圆心、以 t 为半径的圆。只要这两个圆不相交,则当错码小于 t 个时,根据它们落在哪个圆内就能判断为 C_1 或 C_2 码组,即可以纠正错误。而以 C_1 和 C_2 为圆心的两个圆不相交的最近圆心距离为 $2t+1$,这就是纠正 t 个错码的最小码距了。

（3）为纠正 t 个错码，同时检测 $e(e>t)$ 个错码，要求最小码距

$$d_{min} \geqslant e+t+1 \qquad (8-4)$$

在解释此式之前，先来说明什么是"纠正 t 个错码，同时检测 e 个错码"（简称纠检结合）。在某些情况下，要求对于出现较频繁但错码数很少的码组，按前向纠错方式工作；同时对一些错码数较多的码组，在超过该码的纠错能力后，能自动按检错重发方式工作，以降低系统的总误码率。这种方式就是"纠检结合"。

在上述"纠检结合"系统中，差错控制设备按照接收码组与许用码组的距离自动改变工作方式。若接收码组与某一许用码组间的距离在纠错能力 t 范围内，则按纠错方式工作；若与任何许用码组间的距离都超过 t，则按检错方式工作。

我们可以用图 8-3（c）来说明式（8-4）。图中 C_1 和 C_2 分别表示任意两个许用码组，在最不利的情况下，C_1 发生 e 个错码而 C_2 发生 t 个错码，为了保证这时两码组仍不发生相混，则要求以 C_1 为圆心、以 e 为半径的圆必须与以 C_2 为圆心、以 t 为半径的圆不发生交叠，即要求最小码距 $d_{min} \geqslant e+t+1$。同时，还可以看到当错码超过 t 个时，两圆有可能相交，因而不再有纠错能力，但仍可检测 e 个错码。

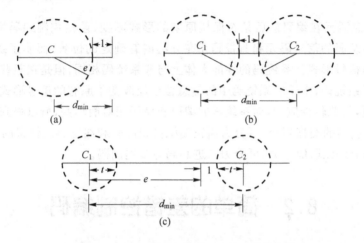

图 8-3　汉明距离与检错和纠错能力的关系

可以证明，在随机信道中采用差错控制编码，即使只能纠正（或检测）这种码组中 1～2 个错误，也可以使误码率下降几个数量级。这就表明，就算是较简单的差错控制编码，也具有较大的实际应用价值。当然，如在突发信道中传输，由于误码是成串集中出现的，所以上述只能纠正码组中 1～2 个错码的编码，其效用就不像在随机信道中那样显著了，需要采用更为有效的纠错编码。

8.1.5　差错控制编码的分类

从不同的角度出发，差错控制编码有不同的分类方法。

（1）按码组的功能分，差错控制编码有检错码和纠错码两类。一般地说，在译码器中能够检测出错码，但不知道错码的准确位置的码，称为检错码，它没有自动纠正错误的能力。如在译码器中不仅能发现错误，而且知道错码的准确位置，自动进行纠正错误的码，则称为纠错码。

（2）按码组中监督码元与信息码元之间的关系分，差错控制编码有线性码和非线性码两类。线性码是指监督码元与信息码元之间的关系呈线性关系，即可用一组线性代数方程联系

起来;非线性码指的是监督码元与信息码元之间是非线性关系。

（3）按照信息码元与监督码元的约束关系,差错控制编码又可分为分组码和卷积码两类。所谓分组码是将信息序列以每 k 个码元分组,通过编码器在每 k 个码元后按照一定的规则产生 r 个监督码元,组成长度为 $n=k+r$ 的码组,每一码组中的 r 个监督码元仅监督本码组中的信息码元,而与别组无关。分组码一般用符号 (n,k) 表示,前面 k 位 $(a_{n-1},a_{n-2},\cdots,a_r)$ 为信息位,后面附加 r 个监督位 $(a_{r-1},a_{r-2},\cdots,a_0)$,如图 8-4 所示。

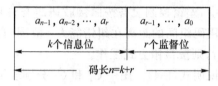

图 8-4　分组码的结构

在卷积码中,每组的监督码元不但与本组码的信息码元有关,而且还与前面若干组的信息码元有关,即不是分组监督,而是每个监督码元对它的前后码元都实行监督,前后相连,有时也称连环码。

（4）按照信息码元在编码前后是否保持原来的形式不变,差错控制编码可划分为系统码和非系统码。系统码的信息码元和监督码元在分组内有确定的位置,而非系统码中信息码元则改变了原来的信号形式。系统码的性能大体上与非系统码相同,但是在某些卷积码中,非系统码的性能优于系统码,由于非系统码中的信息位已经改变了原有的信号形式,这给观察和译码都带来了麻烦,因此较少应用,而系统码的编码和译码相对简单些,所以得到了广泛应用。

（5）按纠正差错的类型划分,可分为纠正随机错误的码和纠正突发错误的码。

（6）按照每个码元取值来分,可分为二进制码与多进制码。

8.2　简单的差错控制编码

奇偶校验码及其衍生的几种简单的差错控制编码,它们都属于线性分组码。

1. 奇偶校验码

这是一种最简单的检错码,又称奇偶监督码,在数据通信中得到了广泛应用。奇偶校验码分为奇校验码和偶校验码,两者的构成原理是一样的。其编码规则是先将所要传输的数据码元(信息码)分组,在分组信息码元后面附加 1 位监督位,使得该码组中信息码和监督码合在一起"1"的个数为偶数(偶监督)或奇数(奇监督)。表 8-2 是按照偶监督规则插入监督位的。

表 8-2　奇偶校验码

消息	信息位	监督位	消息	信息位	监督位
晴	0 0	0	阴	1 0	1
云	0 1	1	雨	1 1	0

在接收端检查码组中"1"的个数,如发现不符合编码规律就说明产生了差错,但是不能确定差错的具体位置,即不能纠错。

奇偶校验码的这种监督关系可以用公式表示。设码组长度为 n,表示为 $(a_{n-1},a_{n-2},\cdots,$

a_1, a_0），其中前 $n-1$ 位为信息码元，第 n 位为监督位 a_0。

在偶校验时，有

$$a_{n-1} \oplus a_{n-2} \oplus \cdots \oplus a_1 \oplus a_0 = 0 \qquad (8\text{-}5)$$

其中 $\oplus$ 表示模 2 加，监督码元可由式(8-5)产生，即

$$a_0 = a_{n-1} \oplus a_{n-2} \oplus \cdots \oplus a_2 \oplus a_1 \qquad (8\text{-}6)$$

在奇校验时，有

$$a_{n-1} \oplus a_{n-2} \oplus \cdots \oplus a_1 \oplus a_0 = 1 \qquad (8\text{-}7)$$

监督码元可由式(8-7)产生，即

$$a_0 = a_{n-1} \oplus a_{n-2} \oplus \cdots \oplus a_2 \oplus a_1 \oplus 1 \qquad (8\text{-}8)$$

这种奇偶校验码只能发现单个或奇数个错误，而不能检测出偶数个错误，但是可以证明出错位数为 $2t-1$（奇数）的概率总比出错位数为 $2t$（偶数）的概率大得多（t 为正整数），即错一位码的概率比错两位码的概率大得多，错三位码的概率比错四位码的概率大得多。因此，绝大多数随机错误都能用简单奇偶校验查出，这正是这种方法被广泛用于以出现随机错误为主的计算机通信系统的原因。但这种方法难于对付突发差错，所以在突发错误很多的信道中不能单独使用。最后指出，奇偶校验码的最小码距为 2，所以没有纠错能力。

2. 水平奇偶校验码

为了提高上述奇偶校验码的检错能力，特别是弥补不能检测突发错误的缺陷，引出了水平奇偶校验码。它的构成思路是：将信息码序列按行排成方阵，每行后面加一个奇或偶校验码，即每行为一个奇偶校验码组（见表 8-3，以偶校验码为例），但发送时采用交织的方法，即按方阵中列的顺序进行传输：11101,11001,10000,…,10101，到了接收端仍将码元排成与发送端一样的方阵形式，然后按行进行奇偶校验。由于这种差错控制编码是按行进行奇偶校验，因此称为水平奇偶校验码。

可以看出，由于在发送端是按列发送码元而不是按码组发送码元，因此把本来可能集中发生在某一码组的突发错误分散在了方阵的各个码组中，于是可得到整个方阵的行监督。采用这种方法可以发现某一行上所有奇数个错误，以及所有长度不大于方阵中行数的突发错误，但是仍然没有纠错能力。

表 8-3　水平奇偶校验码

信息码元										监督码元
1	1	1	0	0	1	1	0	0	0	1
1	1	0	1	0	0	1	1	0	1	0
1	0	0	0	0	1	1	1	0	1	1
0	0	0	1	0	0	0	0	1	0	0
1	1	0	0	1	1	1	0	1	1	1

3. 二维奇偶校验码

二维奇偶校验码是将水平奇偶校验码改进而得的，又称为水平垂直奇偶校验码。它的编码方法是在水平校验基础上对方阵中每一列再进行奇偶校验，发送时按行或列的顺序传输。到了接收端重新将码元排成发送时的方阵形式，然后每行、每列都进行奇偶校验。如表 8-4 所示。

表 8-4　二维奇偶校验码

	信息码元									监督码元
1	1	1	0	0	1	1	0	0	0	1
1	1	0	1	0	0	1	1	0	1	0
1	0	0	0	1	1	1	0	1	1	1
0	0	0	1	0	0	0	0	1	0	0
1	1	0	0	1	0	1	1	1	1	1
监督码元　0	1	1	0	1	1	0	0	0	0	1

（1）这种码比水平奇偶校验码有更强的检错能力。它能发现某行或某列上奇数个错误和长度不大于方阵中行数（或列数）的突发错误。

（2）这种码还有可能检测出一部分偶数个错误。当然,若偶数个错误恰好分布在矩阵的4个顶点上,这样的偶数个错误是检测不出来的。

（3）这种码还可以纠正一些错误。例如,某行某列均不满足监督关系而判定该行该列交叉位置的码元有错,从而纠正这一位置上的错误。

二维奇偶校验码检错能力强,又具有一定的纠错能力,且容易实现,因而得到了广泛的应用。

8.3　线性分组码和汉明码

8.3.1　线性分组码

线性码是指监督码元和信息码元之间满足一组线性方程的码;分组码是监督码元仅对本码组中的码元起监督作用,或者说监督码元仅与本码组的信息码元有关。既是线性码又是分组码的编码就叫作线性分组码。线性分组码是信道编码中最基本的一类,前面所介绍的各种纠错编码都属于线性分组码。下面研究线性分组码的一般问题。

1. 线性分组码的基本概念

线性分组码的构成是将信息序列划分为等长(k位)的序列段,共有2^k个不同的序列段。在每一个信息段之后附加r位监督码元,构成长度为$n=k+r$的分组码(n,k),当监督码元与信息码元的关系为线性关系时,构成线性分组码。

在n位长的二进制码组中,共有2^n个码字。但由于2^k个信息段仅构成2^k个n位长的码字,称这2^k个码字为许用码字,而其他2^n-2^k个码字为禁用码字。禁用码字的存在可以发现错误或纠正错误。

2. 线性分组码的监督矩阵和生成矩阵

如前所述,(n,k)线性分组码中,$n-k$个附加的监督码元是由信息码元的线性运算产生的,下面以$(7,4)$线性分组码为例,说明如何构造这种线性分组码。

$(7,4)$线性分组码中,每一个长度为4的信息分组经编码后变换成长度为7的码组,用$c_6 c_5 c_4 c_3 c_2 c_1 c_0$表示这7个码元,其中$c_6 c_5 c_4 c_3$为信息码元,$c_2 c_1 c_0$为监督码元。监督码元可按下面方程组计算：

$$\begin{cases} c_2 = c_6 \oplus c_5 + \oplus c_4 \\ c_1 = c_6 \oplus c_5 \oplus c_3 \\ c_0 = c_6 \oplus c_4 \oplus c_3 \end{cases} \tag{8-9}$$

利用式(8-9)，每给出一个 4 位的信息组，就可以编码输出一个 7 位的码字。由此得到 16 (2^4)个许用码组，信息位与其对应的监督位列于表 8-5 中。

表 8-5 (7,4)线性分组码的编码表

信息位	监督位	信息位	监督位
$c_6\ c_5\ c_4\ c_3$	$c_2\ c_1\ c_0$	$c_6\ c_5\ c_4\ c_3$	$c_2\ c_1\ c_0$
0 0 0 0	0 0 0	1 0 0 0	1 1 1
0 0 0 1	0 1 1	1 0 0 1	1 0 0
0 0 1 0	1 0 1	1 0 1 0	0 1 0
0 0 1 1	1 1 0	1 0 1 1	0 0 1
0 1 0 0	1 1 0	1 1 0 0	0 0 1
0 1 0 1	1 0 1	1 1 0 1	0 1 0
0 1 1 0	0 1 1	1 1 1 0	1 0 0
0 1 1 1	0 0 0	1 1 1 1	1 1 1

式(8-9)的监督方程组可以改写为

$$\begin{cases} c_6 \oplus c_5 \oplus c_4 \oplus c_2 = 0 \\ c_6 \oplus c_5 \oplus c_3 \oplus c_1 = 0 \\ c_6 \oplus c_4 \oplus c_3 \oplus c_0 = 0 \end{cases} \tag{8-10}$$

进一步,写成矩阵形式为

$$\begin{bmatrix} 1 & 1 & 1 & 0 & 1 & 0 & 0 \\ 1 & 1 & 0 & 1 & 0 & 1 & 0 \\ 1 & 0 & 1 & 1 & 0 & 0 & 1 \end{bmatrix} \begin{bmatrix} c_6 \\ c_5 \\ c_4 \\ c_3 \\ c_2 \\ c_1 \\ c_0 \end{bmatrix} = \begin{bmatrix} 0 \\ 0 \\ 0 \end{bmatrix} \tag{8-11}$$

若令

$$\boldsymbol{H} = \begin{bmatrix} 1 & 1 & 1 & 0 & 1 & 0 & 0 \\ 1 & 1 & 0 & 1 & 0 & 1 & 0 \\ 1 & 0 & 1 & 1 & 0 & 0 & 1 \end{bmatrix}$$

$$\boldsymbol{C} = \begin{bmatrix} c_6\ c_5\ c_4\ c_3\ c_2\ c_1\ c_0 \end{bmatrix}$$

$$\boldsymbol{0} = \begin{bmatrix} 000 \end{bmatrix}$$

则式(8-11)可简记为

$$\boldsymbol{H}\boldsymbol{C}^{\mathrm{T}} = \boldsymbol{0}^{\mathrm{T}} \ \text{或} \ \boldsymbol{C}\boldsymbol{H}^{\mathrm{T}} = \boldsymbol{0} \tag{8-12}$$

右上标"T"表示将矩阵转置。例如,$\boldsymbol{H}^{\mathrm{T}}$ 是 $\boldsymbol{H}$ 的转置,即 $\boldsymbol{H}^{\mathrm{T}}$ 的第一行为 $\boldsymbol{H}$ 的第一列,$\boldsymbol{H}^{\mathrm{T}}$ 的第二行为 $\boldsymbol{H}$ 的第二列,等等。

由于式(8-11)来自监督方程,因此称 H 为线性分组码的监督矩阵。只要监督矩阵 H 给定,编码对监督位和信息位的关系就完全确定了。从式(8-10)和式(8-11)都可看出,H 的行数就是监督关系式的数目,它等于监督码元的数目 r,而 H 的列数就是码长 n,这样 H 为 $r \times n$ 阶矩阵。矩阵 H 的每行元素"1"表示相应码元之间存在偶监督关系。例如,H 的第一行 1110100 表示监督位 c_2 是由信息位 $c_6 c_5 c_4$ 的模 2 和决定的。

式(8-11)中的监督矩阵 H 可以分成两部分:

$$H = \begin{bmatrix} \overset{k}{\overbrace{\begin{matrix} 1 & 1 & 1 & 0 \end{matrix}}} & 1 & 0 & 0 \\ 1 & 1 & 0 & 1 & 0 & 1 & 0 \\ 1 & 0 & 1 & 1 & 0 & 0 & 1 \end{bmatrix} = [\boldsymbol{P} \vdots \boldsymbol{I}_r] \tag{8-13}$$

式中,$\boldsymbol{P}$ 为 $r \times k$ 阶矩阵,$\boldsymbol{I}_r$ 为 $r \times r$ 阶单位方阵。将具有 $[\boldsymbol{P} \cdot \boldsymbol{I}_r]$ 形式的 H 矩阵称为典型形式的监督矩阵。一般形式的 H 矩阵可以通过行的初等变换将其化为典型形式。

类似于式(8-10)改写成式(8-11)矩阵形式,式(8-9)也可以改写为

$$\begin{bmatrix} c_2 \\ c_1 \\ c_0 \end{bmatrix} = \begin{bmatrix} 1 & 1 & 1 & 0 \\ 1 & 1 & 0 & 1 \\ 1 & 0 & 1 & 1 \end{bmatrix} \begin{bmatrix} c_6 \\ c_5 \\ c_4 \\ c_3 \end{bmatrix} \tag{8-14}$$

比较式(8-13)和式(8-14),可以看出式(8-14)的等式右边前部矩阵即为 $\boldsymbol{P}$。对式(8-14)两侧作矩阵转置,得

$$[c_2 c_1 c_0] = [c_6 c_5 c_4 c_3] \begin{bmatrix} 1 & 1 & 1 \\ 1 & 1 & 0 \\ 1 & 0 & 1 \\ 0 & 1 & 1 \end{bmatrix} = [c_6 c_5 c_4 c_3] \boldsymbol{P}^{\mathrm{T}} = [c_6 c_5 c_4 c_3] \boldsymbol{Q} \tag{8-15}$$

式中,$\boldsymbol{Q}$ 为 $k \times r$ 阶矩阵,它为矩阵 $\boldsymbol{P}$ 的转置,即

$$\boldsymbol{Q} = \boldsymbol{P}^{\mathrm{T}} \tag{8-16}$$

式(8-15)表明,信息位给定后,用信息位的行矩阵乘以 $\boldsymbol{Q}$ 矩阵就可计算出各监督位,即

$$[监督码] = [信息码] \cdot \boldsymbol{Q} \tag{8-17}$$

要得到整个码组,将 $\boldsymbol{Q}$ 的左边加上一个 $k \times k$ 阶单位方阵,就构成一个新的矩阵 $\boldsymbol{G}$,即

$$\boldsymbol{G} = [\boldsymbol{I}_k \vdots \boldsymbol{Q}] = \begin{bmatrix} 1 & 0 & 0 & 0 & 1 & 1 & 1 \\ 0 & 1 & 0 & 0 & 1 & 1 & 0 \\ 0 & 0 & 1 & 0 & 1 & 0 & 1 \\ 0 & 0 & 0 & 1 & 0 & 1 & 1 \end{bmatrix} \tag{8-18}$$

$\boldsymbol{G}$ 称为生成矩阵,由它可以产生整个码组,即有

$$\boldsymbol{C} = [信息码] \cdot \boldsymbol{G}$$

$$[c_6 c_5 c_4 c_3 c_2 c_1 c_0] = [c_6 c_5 c_4 c_3] \cdot \boldsymbol{G} \tag{8-19}$$

式(8-19)表明,如果找到了码的生成矩阵 $\boldsymbol{G}$,则编码方法就完全确定了。具有 $[\boldsymbol{I}_k \cdot \boldsymbol{Q}]$ 形式的生成矩阵称为典型生成矩阵。由典型生成矩阵得出的码组中,信息位不变,监督位附加于其后,这种编码才是系统码。

例如,表 8-5 的第 3 个码组中的信息码为 0010,根据式(8-19)可求出整个码组为

$$C = [c_6 c_5 c_4 c_3 c_2 c_1 c_0] = [c_6 c_5 c_4 c_3] \cdot G = [0010] \begin{bmatrix} 1000 & \vdots & 111 \\ 0100 & \vdots & 110 \\ 0010 & \vdots & 101 \\ 0001 & \vdots & 011 \end{bmatrix} = [0010101]$$

可见,所求得的码组正是表 8-5 中第 3 个码组。

我们要求,生成矩阵 G 和监督矩阵 H 的各行是线性无关的。任一码组 C 都是 G 的各行的线性组合。实际上,G 的各行本身就是一个许用码组。非典型形式的生成矩阵可以经过运算化成典型形式。

典型的监督矩阵 H 与典型的生成矩阵 G 之间的关系可总结为

$$H = [P \vdots I_r] \qquad Q = P^{\mathrm{T}} \qquad G = [I_k \vdots Q]$$

【例 8.3.1】　某 $(7,4)$ 线性分组码,监督方程如下:

$$c_2 = c_6 \oplus c_5 \oplus c_3$$
$$c_1 = c_6 \oplus c_4 \oplus c_3$$
$$c_0 = c_5 \oplus c_4 \oplus c_3$$

要求:① 求监督矩阵 H 和生成矩阵 G;② 如信息码为 0010,求整个码组 C。

解　① 将已知监督方程改写为

$$c_6 \oplus c_5 \oplus c_3 \oplus c_2 = 0$$
$$c_6 \oplus c_4 \oplus c_3 \oplus c_1 = 0$$
$$c_5 \oplus c_4 \oplus c_3 \oplus c_0 = 0$$

由此得出监督矩阵为

$$H = \begin{bmatrix} 1 & 1 & 0 & 1 & \vdots & 1 & 0 & 0 \\ 1 & 0 & 1 & 1 & \vdots & 0 & 1 & 0 \\ 0 & 1 & 1 & 1 & \vdots & 0 & 0 & 1 \end{bmatrix} = [P \vdots I_r] \qquad Q = P^{\mathrm{T}} = \begin{bmatrix} 1 & 1 & 0 \\ 1 & 0 & 1 \\ 0 & 1 & 1 \\ 1 & 1 & 1 \end{bmatrix}$$

生成矩阵为

$$G = [I_k \vdots Q] = \begin{bmatrix} 1 & 0 & 0 & 0 & \vdots & 1 & 1 & 0 \\ 0 & 1 & 0 & 0 & \vdots & 1 & 0 & 1 \\ 0 & 0 & 1 & 0 & \vdots & 0 & 1 & 1 \\ 0 & 0 & 0 & 1 & \vdots & 1 & 1 & 1 \end{bmatrix}$$

②信息码为 0010 时,整个码组为

$$C = [\text{信息码}] \cdot G = [0010] \cdot \begin{bmatrix} 1000110 \\ 0100101 \\ 0010011 \\ 0001111 \end{bmatrix} = [0010011]$$

3. 线性分组码的检错和纠错

线性分组码的监督矩阵 H 和生成矩阵 G 是紧密联系在一起的。由生成矩阵 G 生成的 (n,k) 线性分组码,传送后可以用监督矩阵 H 来检验收到的码字是否满足监督方程,即是否有错,因此有的文献也称 H 为线性分组码的校验矩阵。

发送码组 C 在传输过程中可能发生误码,设接收到码组为

$$R = [r_{n-1} r_{n-2} \cdots r_0]$$

则收发码组之差(模 2)为

$$E = R - C = [e_{n-1} e_{n-2} \cdots e_0] \qquad (8\text{-}20)$$

其中

$$e_i = \begin{cases} 0 & \text{当 } r_i = c_i \\ 1 & \text{当 } r_i \neq c_i \end{cases} \qquad i = 1, 2, \cdots, n-1$$

E 称为错误图样或差错图案。若 $e_i = 0$,表示该位接收码元无错;若 $e_i = 1$,表示该位接收码元有错。例如,若发送码组 $C = [1000111]$,接收码组 $R = [1000011]$,则错误图样 $E = [0000100]$。

式(8-20)也可写为

$$R = C + E = C \oplus E \qquad (8\text{-}21)$$

在接收端计算

$$S = RH^{\mathrm{T}} = (C + E)H^{\mathrm{T}} = CH^{\mathrm{T}} + EH^{\mathrm{T}} \qquad (8\text{-}22)$$

由于 $CH^{\mathrm{T}} = 0$,所以

$$S = EH^{\mathrm{T}} \qquad (8\text{-}23)$$

其中,S 称为接收码组 R 的校正子。由此可见,校正子 S 只与错误图样 E 有关,可以用校正子 S 作为判别错误的参量。如果 $S = 0$,则接收到的是正确码字;若 $S \neq 0$,则说明 R 中存在着差错。注意,校正子 S 是一个 $1 \times r$ 阶矩阵,也就是说校正子 S 的位数与监督码元的个数 r 相等。

4. 线性分组码的主要性质

(1) 封闭性

所谓封闭性,是指一种线性分组码中的任意两个许用码组之和(逐位模 2 和)仍为这种码中的另一个许用码组。这就是说,若 A_1 和 A_2 是一种线性分组码中的两个许用码组,则 $A_1 + A_2$ 仍为其中的另一个许用码组。这一性质的证明很简单,若 A_1 和 A_2 为许用码组,则按式(8-12)有

$$A_1 H^{\mathrm{T}} = 0 \text{ 和 } A_2 H^{\mathrm{T}} = 0$$

将两式相加,可得

$$A_1 H^{\mathrm{T}} + A_2 H^{\mathrm{T}} = (A_1 + A_2)H^{\mathrm{T}} = 0$$

可见 $A_1 + A_2$ 必定也是许用码组。

(2) 码的最小距离等于非零码的最小重量

线性分组码具有封闭性,因而两个码组之间的距离必是另一码组的重量,故码的最小距离即是码的最小重量(除全"0"码组外)。

(3) 监督关系

在线性码中,码组中的监督码元并不固定地监督某位或某几位信息码元,而是码组中的所有监督码元共同监督码组中的所有信息码元和监督码元。

8.3.2 汉明码

汉明码是一种能够纠正一位错码且编码效率较高的线性分组码。它是 1950 年由美国贝尔实验室提出来的,是第一个设计用来纠正错误的线性分组码,汉明码及其变形已广泛地在数据存储系统中被作为差错控制码。

二进制汉明码中,n 和 k 服从以下规律:

$$(n,k) = (2^r - 1, 2^r - 1 - r) \tag{8-24}$$

式中，r 为监督码组个数，$r = n - k$，当 $r = 3,4,5,6,7,8,\cdots$ 时，有 $(7,4)$，$(15,11)$，$(31,26)$，$(63,57)$，$(127,120)$，$(255,247)$，$\cdots$ 汉明码。汉明码是完备码。下面对完备码作一简单介绍。

二进制线性分组码的 n 个码元中，无一差错出现的图案有 C_n^0 个，出现一个差错的图案有 C_n^1 个，$\cdots$，出现 t 个差错的图案有 C_n^t 个。另外，前面我们提到校正子 S 是一个 $1 \times r$ 阶矩阵，校正子 S 的位数与监督码元个数 r 相等，r 位二进制数可以表示 2^r 种组合。假如某 (n,k) 分组码，其纠错能力是 t，则对于任何一个重量小于等于 t 的差错图案，都应有一个校正子与之对应，即校正子的数目应满足条件

$$2^{n-k} \geqslant C_n^0 + C_n^1 + C_n^2 + \cdots + C_n^t = \sum_{i=0}^{t} C_n^i \tag{8-25}$$

如果某码能使上式的等号成立，即该码的校正子数目不多不少恰好和不大于 t 个差错的图案数目相等，这时的监督位得到最充分的利用，把满足方程

$$2^{n-k} = \sum_{i=0}^{t} C_n^i \tag{8-26}$$

的二元 (n,k) 线性分组码称为完备码。

完备码并不多见，迄今发现的完备码有 $t=1$ 的汉明码，$t=3$ 的高莱（Golay）码，以及长度 n 为奇数，由两个码字组成，满足 $d_{\min} = n$ 的任何二进制码，还有三进制 $t=3$ 的 $(11,6)$ 码。

【例 8.3.2】　已知某汉明码的监督矩阵如下：

$$\boldsymbol{H} = \begin{bmatrix} 1 & 0 & 1 & 1 & \vdots & 1 & 0 & 0 \\ 0 & 1 & 1 & 1 & \vdots & 0 & 1 & 0 \\ 1 & 1 & 1 & 0 & \vdots & 0 & 0 & 1 \end{bmatrix} = (\boldsymbol{P} \vdots \boldsymbol{I}_r)$$

试求：

(1) n,k，编码效率 η 分别是多少？

(2) 验证 1111001 和 0100010 是否有错，若有错，请纠正之。

(3) 若信息码元为 1001，写出其对应的汉明码组。

解　(1) $n=7$，$k=4$，编码效率 $\eta = 4/7$。

(2) 汉明码具有纠正一位错误的能力，所以本例 $(7,4)$ 汉明码，接收码组错一位时，对应的错误图样为：$\boldsymbol{E}_6 = [1000000]$，$\boldsymbol{E}_5 = [0100000]$，$\boldsymbol{E}_4 = [0010000]$，$\boldsymbol{E}_3 = [0001000]$，$\boldsymbol{E}_2 = [0000100]$，$\boldsymbol{E}_1 = [0000010]$，$\boldsymbol{E}_0 = [0000001]$。

错误图样 $\boldsymbol{E}$ 的下标数字表示接收码组中对应位置码元错误。例如，$\boldsymbol{E}_6$ 表示接收码组（$r_6 r_5 r_4 r_3 r_2 r_1 r_0$）中 r_6 错误，$\boldsymbol{E}_5$ 表示接收码组中 r_5 错误，以此类推。

根据 $\boldsymbol{S} = \boldsymbol{E} \boldsymbol{H}^{\mathrm{T}}$，可计算出校正子与错误码元位置的对应关系，如表 8-6 所示。

表 8-6　汉明码校正子与错误码元位置的对应关系

$s_2\ s_1\ s_0$	错码位置	$s_2\ s_1\ s_0$	错码位置
001	r_0	101	r_6
010	r_1	011	r_5
100	r_2	111	r_4
110	r_3	000	无错

对接收码组 1111001，根据 $S = RH^T$，可得

$$S = [1111001] \begin{bmatrix} 101 \\ 011 \\ 111 \\ 110 \\ 100 \\ 010 \\ 001 \end{bmatrix} = [110] = [s_2 s_1 s_0]$$

由表 8-6 可以判断：当接收码组为 1111001 时，r_3 错误，纠正为 1110001。同理，当接收码组为 0100010 时，有

$$S = [0100010] \begin{bmatrix} 101 \\ 011 \\ 111 \\ 110 \\ 100 \\ 010 \\ 001 \end{bmatrix} = [001] = [s_2 s_1 s_0]$$

由表 8-6 可以判断：当接收码组为 0100010 时，r_0 错误，正确的码组为 0100011。

（3）监督矩阵：

$$H = \begin{bmatrix} 1 & 0 & 1 & 1 & 1 & 0 & 0 \\ 0 & 1 & 1 & 1 & 0 & 1 & 0 \\ 1 & 1 & 1 & 0 & 0 & 0 & 1 \end{bmatrix} = (P \vdots I_r)$$

对应的生成矩阵为

$$G = (I_k \vdots Q) = (I_k \vdots P^T) = \begin{bmatrix} 1 & 0 & 0 & 0 & 1 & 0 & 1 \\ 0 & 1 & 0 & 0 & 0 & 1 & 1 \\ 0 & 0 & 1 & 0 & 1 & 1 & 1 \\ 0 & 0 & 0 & 1 & 1 & 1 & 0 \end{bmatrix}$$

信息码元 1001 对应的汉明码组为

$$C = [1001] \cdot \begin{bmatrix} 1000101 \\ 0100011 \\ 0010111 \\ 0001110 \end{bmatrix} = [1001011]$$

8.4　循　环　码

循环码是一类重要的线性分组码，它是以现代代数理论作为基础建立起来的。循环码的编码和译码设备都不太复杂，且检错纠错能力较强，目前在理论和实践上都有较大的发展，这里我们仅讨论二进制循环码。

8.4.1 循环码的特性

循环码是一种线性分组码,它除了具有线性分组码的封闭性之外,还具有循环性。循环性是指循环码中任一许用码组经过循环移位后(左移或右移)所得到的码组仍为该码中一个许用码组。表 8-7 给出一种(7,3)循环码的全部许用码组,由此表可以直观地看出这种码的循环性。例如,表中的第 2 码组向右移一位得到第 5 码组,第 5 码组向右移一位得到第 7 码组,等等;表中的第 2 码组向左移一位得到第 3 码组,第 3 码组向左移一位得到第 6 码组,等等。如图 8-5 所示。

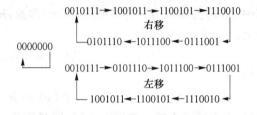

图 8-5 循环码的循环特性

表 8-7 (7,3)循环码的一种码组

码组编号	信息位			监督位				码组编号	信息位			监督位			
	c_6	c_5	c_4	c_3	c_2	c_1	c_0		c_6	c_5	c_4	c_3	c_2	c_1	c_0
1	0	0	0	0	0	0	0	5	1	0	0	1	0	1	1
2	0	0	1	0	1	1	1	6	1	0	1	1	1	0	0
3	0	1	0	1	1	1	0	7	1	1	0	0	1	0	1
4	0	1	1	1	0	0	1	8	1	1	1	0	0	1	0

8.4.2 循环码的码多项式

为了便于用代数理论来研究循环码,把长为 n 的码组与 $n-1$ 次多项式建立一一对应关系,即把码组中各码元当作一个多项式的系数。若一个码组 $C=(c_{n-1},c_{n-2},\cdots,c_1,c_0)$,则用相应的多项式表示为

$$C(x) = c_{n-1}x^{n-1} + c_{n-2}x^{n-2} + \cdots + c_1x + c_0 \tag{8-27}$$

称 $C(x)$ 为码组 C 的码多项式。

表 8-7 中的(7,3)循环码中任一码组可以表示为

$$C(x) = c_6x^6 + c_5x^5 + c_4x^4 + c_3x^3 + c_2x^2 + c_1x + c_0$$

例如,表 8-7 中的第 7 码组(1100101)可以表示为

$$C(x) = 1 \cdot x^6 + 1 \cdot x^5 + 0 \cdot x^4 + 0 \cdot x^3 + 1 \cdot x^2 + 0 \cdot x^1 + 1 = x^6 + x^5 + x^2 + 1$$

在码多项式中,x 的幂次仅是码元位置的标记。多项式中 x^i 的存在只表示该对应码位上是"1"码,否则为"0"码,我们称这种多项式为码多项式。由此可知,码组和码多项式本质上是相同的,只是表示方法不同。在循环码中,一般用码多项式表示码组。

8.4.3 码多项式的按模运算

在整数运算中,有模(mod)n 运算。例如,在模 2 运算中,有 $1+1=2\equiv0$(模 2),$1+2=3\equiv1$(模 2),$2\times3=6\equiv0$(模 2)等。一般来说,若一整数 m 可以表示为

$$\frac{m}{n} = Q + \frac{p}{n} \qquad (p < n) \tag{8-28}$$

其中，Q 为整数，p 为 m 被 n 除后所得的余数（模 n 运算），则

$$m \equiv p \qquad (\text{模 } n) \tag{8-29}$$

在多项式中同样可以进行类似的按模运算，如

$$\frac{A(x)}{G(x)} = M(x) + \frac{R(x)}{G(x)} \tag{8-30}$$

其中，$G(x)$ 为幂次为 n 的多项式，$M(x)$ 为商，$R(x)$ 为幂次小于 n 的余式，多项式的系数在二元域上。式(8-30)可写为

$$A(x) = M(x)G(x) + R(x) \tag{8-31}$$

所以

$$A(x) \equiv R(x) (\text{模 } G(x)) \tag{8-32}$$

这时，码多项式系数仍按模 2 运算，即只取值 0 和 1。例如，x^3 被 (x^3+1) 除可得余式为 1，计算过程如下：

$$\frac{x^3}{x^3+1} = 1 + \frac{1}{x^3+1}$$

$$x^3 \equiv 1(\text{模 } x^3+1)$$

同理有

$$\frac{x^4+x^2+1}{x^3+1} = x + \frac{x^2+x+1}{x^3+1}$$

$$x^4+x^2+1 \equiv x^2+x+1(\text{模 } x^3+1)$$

应注意，由于在模 2 运算中，用加法代替了减法，故余式不是 x^2-x+1，而是 x^2+x+1。

循环码的码多项式符合如下定理。

【定理 8.1】 若 $C(x)$ 是长为 n 的循环码中某个许用码组的码多项式，则 $x^i \cdot C(x)$ 在按模 x^n+1 运算下，也是该循环码中一个许用码组的码多项式。

如表 8-7 中(7,3)循环码的第 2 个许用码组 0010111，对应的码多项式为 $C(x) = x^4 + x^2 + x+1$，则 $x^3 C(x)$ 按模 x^7+1 运算为

$$\frac{x^3 C(x)}{x^7+1} = 1 + \frac{x^5+x^4+x^3+1}{x^7+1}$$

$$x^3 C(x) \equiv x^5+x^4+x^3+1 \qquad (\text{模 } x^7+1)$$

$x^5+x^4+x^3+1$ 对应的码字为 0111001，它是该(7,3)循环码中的第 4 个许用码组，而且它是第 2 个许用码组 0010111 左移 3 次后形成的。

证明：设

$$C(x) = c_{n-1}x^{n-1} + c_{n-2}x^{n-2} + \cdots + c_2 x^2 + c_1 x^1 + c_0$$

那么

$$x^i \cdot C(x) = c_{n-1}x^{n-1+i} + c_{n-2}x^{n-2+i} + \cdots + c_2 x^{2+i} + c_1 x^{1+i} + c_0 x^i$$

$$= M(x) + \frac{c_{n-1-i}x^{n-1} + c_{n-2-i}x^{n-2} + \cdots + c_0 x^i + c_{n-1}x^{i-1} + c_{n-i}}{x^n+1}$$

$$= M(x) + \frac{R_i(x)}{x^n+1}$$

$$x^i \cdot C(x) \equiv R_i(x) \qquad (\text{模 } x^n+1) \tag{8-33}$$

其中 $R_i(x) = c_{n-1-i}x^{n-1} + c_{n-2-i}x^{n-2} + \cdots + c_0 x^i + c_{n-1}x^{i-1} + c_{n-i}$，它是 $C(x)$ 左移 i 位后形成的

码组。若把 i 取不同的值重复作上述运算,可得到该循环码的其他许用码组。所以,码长为 n 的循环码的每一个许用码组都是按模 x^n+1 运算的余式。如果已知码多项式 $C(x)$,则相应的循环码就可以由 $x^i \cdot C(x)$ 按模 x^n+1 运算的余式求得。

8.4.4 循环码的生成多项式和生成矩阵

前面已知,对于线性分组码,有了生成矩阵 $\boldsymbol{G}$ 就可以由 k 个信息码元得出整个码组。如果知道监督方程,便可得到监督矩阵 $\boldsymbol{H}$,而由监督矩阵 $\boldsymbol{H}$ 和生成矩阵 $\boldsymbol{G}$ 之间的关系,就可以求出生成矩阵 $\boldsymbol{G}$。这里介绍求生成矩阵 $\boldsymbol{G}$ 的另一种方法,即根据循环码的基本性质来找出它的生成矩阵。

由于 $\boldsymbol{G}$ 的各行本身就是一个码组,如果能找到 k 个线性无关的码组,就能构成生成矩阵 $\boldsymbol{G}$。如何来寻找这 k 个码组呢?为此需要先找循环码的生成多项式。

1. 循环码的生成多项式

一个 (n,k) 循环码共有 2^k 个许用码组,其中有一个码组前 $k-1$ 位码元均为“0”,第 k 位码元为“1”,第 n 位(最后一位)码元为“1”,其他码元无限制(既可以是“0”,又可以是“1”)。此码组可以表示为

$$\left(\underbrace{00\cdots0}_{k-1} \quad 0 \quad g_{n-k-1}\cdots g_2 g_1 \quad 1 \right)$$

之所以第 k 位码元和第 n 位(最后一位)码元必须为“1”,有以下原因。

(1) 在 (n,k) 循环码中,除全“0”码组外,连“0”的长度最多只能有 $k-1$ 位。否则,在经过若干次循环移位后,将得到一个 k 位信息位全为“0”,但监督位不全为“0”的码组,这在线性码中显然是不可能的(信息位全为“0”,监督位也必定全为“0”)。

(2) 若第 n 位(最后一位)码元不为“1”,该码组(前 $k-1$ 位码元均为“0”)循环右移后,将成为前 k 位信息位都是“0”,而后面 $n-k$ 位监督位不都为“0”的码组,这是不允许的。

以上证明 $(000\cdots01\ g_{n-k-1}\cdots g_2 g_1 1)$ 为 (n,k) 循环码的一个许用码组,其对应的多项式为

$$g(x) = x^{n-k} + g_{n-k-1}x^{n-k-1} + \cdots + g_1 x + 1 \tag{8-34}$$

这样的码多项式只有一个。因为如果有两个最高次幂为 $n-k$ 次的码多项式,则由循环码的封闭性可知,把这两个码字相加产生的码字连续前 k 位都为“0”。这种情况不可能出现,所以在 (n,k) 循环码中,最高次幂为 $n-k$ 次的码多项式只有一个,$g(x)$ 具有唯一性。

根据循环码的循环特性及定理 8.1 中的式(8-33),$xg(x)$,$x^2 g(x)$,$\cdots$,$x^{k-1}g(x)$ 所对应的码组都是 (n,k) 循环码的一个许用码组,连同 $g(x)$ 对应的码组共构成 k 个许用码组。这 k 个许用码组便可构成生成矩阵 $\boldsymbol{G}$,所以将 $g(x)$ 称为生成多项式。

归纳起来,(n,k) 循环码的 2^k 个许用码组中,只有一个码组前 $k-1$ 位码元均为 0,第 k 位码元为 1,第 n 位(也就是最后一位)码元为 1,此码组对应的多项式即为生成多项式 $g(x)$,其最高幂次为 x^{n-k} 次。

【例 8.4.1】 求表 8-7 所示的 $(7,3)$ 循环码的生成多项式。

解 表 8-7 所示的 $(7,3)$ 循环码对应的生成多项式的码组为第 2 个码组 0010111,生成多项式为

$$g(x) = x^4 + x^2 + x + 1$$

2. 循环码的生成矩阵

$xg(x), x^2g(x), \cdots, x^{k-1}g(x)$ 所对应的码组都是 (n,k) 循环码的一个许用码组,连同 $g(x)$ 对应的码组共构成 k 个许用码组。这 k 个许用码组便可构成生成矩阵 G。

生成矩阵为

$$G(x) = \begin{bmatrix} x^{k-1}g(x) \\ x^{k-2}g(x) \\ \vdots \\ x^2g(x) \\ xg(x) \\ g(x) \end{bmatrix} \tag{8-35}$$

这样求得的生成矩阵一般不是典型的生成矩阵,要将其转换为典型的生成矩阵。典型的生成矩阵为

$$G = [I_k \vdots Q]$$

例如表 8-7 中的 $(7,3)$ 循环码,其最高幂次为 $n-k=7-3=4$ 次的码组为 0010111,其生成多项式 $g(x)=x^4+x^2+x+1$,则利用式(8-35)可得其生成矩阵为

$$G(x) = \begin{bmatrix} x^2g(x) \\ xg(x) \\ g(x) \end{bmatrix} = \begin{bmatrix} 1 \cdot x^6 + 0 \cdot x^5 + 1 \cdot x^4 + 1 \cdot x^3 + 1 \cdot x^2 + 0 \cdot x + 0 \\ 0 \cdot x^6 + 1 \cdot x^5 + 0 \cdot x^4 + 1 \cdot x^3 + 1 \cdot x^2 + 1 \cdot x + 0 \\ 0 \cdot x^6 + 0 \cdot x^5 + 1 \cdot x^4 + 0 \cdot x^3 + 1 \cdot x^2 + 1 \cdot x + 1 \end{bmatrix}$$

将此生成矩阵用系数表示,写为生成矩阵

$$G = \begin{bmatrix} 1 & 0 & 1 & 1 & 1 & 0 & 0 \\ 0 & 1 & 0 & 1 & 1 & 1 & 0 \\ 0 & 0 & 1 & 0 & 1 & 1 & 1 \end{bmatrix}$$

上式不符合典型生成矩阵的形式,所以它不是典型生成矩阵,由它编出的码字不是系统码,但是对此矩阵作线性变化可以变换成典型生成矩阵的形式。如将矩阵中第一行与第三行相加(模 2 加)后取代第一行,此时便成为典型的生成矩阵,即

$$G = \begin{bmatrix} 1 & 0 & 0 & 1 & 0 & 1 & 1 \\ 0 & 1 & 0 & 1 & 1 & 1 & 0 \\ 0 & 0 & 1 & 0 & 1 & 1 & 1 \end{bmatrix}$$

将 3 位信息码 $c_6c_5c_4 (000,001,\cdots,111)$ 与典型的生成矩阵 G 相乘便可得到全部码组,如表 8-7 所示。

3. 生成多项式 g(x) 的另一种求法

利用式(8-19),可以写出表 8-7 中的 $(7,3)$ 循环码码组所对应的码多项式,即

$$C(x) = [c_6c_5c_4] \cdot G(x) = [c_6c_5c_4] \cdot \begin{bmatrix} x^2g(x) \\ xg(x) \\ g(x) \end{bmatrix} \tag{8-36}$$

$$= (c_6x^2 + c_5x + c_4)g(x)$$

由此可见,任一循环码多项式 $C(x)$ 都是 $g(x)$ 的倍数,即都可被 $g(x)$ 整除,而且任一幂次不大于 $k-1$ 的多项式乘 $g(x)$ 都是码多项式。

这样,循环码组的 $C(x)$ 也可写成

$$C(x) = h(x) \cdot g(x) \tag{8-37}$$

其中,$h(x)$ 是幂次不大于 $k-1$ 的多项式。

已知生成多项式 $g(x)$ 本身就是循环码的一个码组,令

$$C_g(x) = g(x) \tag{8-38}$$

因为 $C_g(x)$ 是 $n-k$ 次多项式,所以 $x^k C_g(x)$ 为 n 次多项式。因为定理 8.1 式(8-33)在模 x^n+1 运算下也是一个许用码组(即它的余式为一许用码组),故可以写成

$$\frac{x^k C_g(x)}{x^n+1} = Q(x) + \frac{C(x)}{x^n+1} \tag{8-39}$$

式(8-39)左边的分子和分母都是 n 次多项式,所以其商式 $Q(x)=1$,这样式(8-39)可简化成

$$x^k C_g(x) = (x^n+1) + C(x) \tag{8-40}$$

将式(8-37)和式(8-38)代入式(8-40),化简后可得

$$(x^n+1) = g(x)[x^k + h(x)] \tag{8-41}$$

式(8-41)表明,生成多项式 $g(x)$ 必定是 x^n+1 的一个因式。这一结论为寻找循环码的生成多项式指出了一条道路,即循环码的生成多项式应该是 x^n+1 的一个 $n-k$ 次因子。

例如,x^7+1 可以分解为

$$x^7 + 1 = (x+1)(x^3 + x^2 + 1)(x^3 + x + 1) \tag{8-42}$$

为了求出 $(7,3)$ 循环码的生成多项式 $g(x)$,就要从式(8-42)中找到一个 $n-k=7-3=4$ 次的因式,从式(8-34)中不难看出,这样的因式有两个,即

$$(x+1)(x^3 + x^2 + 1) = x^4 + x^2 + x + 1 \tag{8-43}$$

$$(x+1)(x^3 + x + 1) = x^4 + x^3 + x^2 + 1 \tag{8-44}$$

以上两式都可以作为 $(7,3)$ 循环码的生成多项式。不过,选用的生成多项式不同,产生的循环码的码组就不同。利用式(8-43)作为生成多项式产生的循环码即为表 8-7 所列。

8.4.5 循环码的编码方法

编码的任务是在已知信息位的条件下,求得循环码的码组,而我们要求得到的是系统码,即码组前 k 位为信息位,后 $n-k$ 位是监督位。

设信息位对应的码多项式为

$$m(x) = m_{k-1} x^{k-1} + m_{k-2} x^{k-2} + \cdots + m_1 x + m_0 \tag{8-45}$$

其中系数 m_i 为 1 或 0。

信息码多项式 $m(x)$ 的最高幂次为 $k-1$。将 $m(x)$ 左移 $n-k$ 位成为 $x^{n-k} m(x)$,其最高幂次为 $n-1$。$x^{n-k} m(x)$ 的前一部分为连续 k 位信息码 $(m_{k-1}, m_{k-2}, \cdots, m_0)$,后一部分为 $n-k$ 位的"0",$n-k=r$ 正好是监督码的位数。所以在它的后一部分添上监督码,就编出了相应的系统码。

前面已知,循环码的任何码多项式都可以被 $g(x)$ 整除,即 $C(x)=h(x)g(x)$。用 $x^{n-k} m(x)$ 除以 $g(x)$ 得

$$\frac{x^{n-k} m(x)}{g(x)} = q(x) + \frac{r(x)}{g(x)} \tag{8-46}$$

式中,$q(x)$ 为商多项式,余式 $r(x)$ 的最高幂次小于 $n-k$ 次,将式(8-46)改写成

$$x^{n-k}m(x)+r(x)=q(x)\cdot g(x) \qquad (8\text{-}47)$$

式(8-47)表明：多项式 $x^{n-k}m(x)+r(x)$ 为 $g(x)$ 的倍式。根据式(8-36)或式(8-37)，$x^{n-k}m(x)+r(x)$ 必定是由 $g(x)$ 生成的循环码中的码组，而余式 $r(x)$ 即为该码组的监督码对应的多项式。

根据上述原理，编码步骤可归纳如下。

(1) 用 x^{n-k} 乘以信息码多项式 $m(x)$ 得到 $x^{n-k}m(x)$。

这一运算实际上是把信息码后附上 $n-k$ 个"0"。例如，信息码为 110，它相当于 $m(x)=x^2+x$。当 $n-k=7-3=4$ 时，$x^{n-k}m(x)=x^4(x^2+x)=x^6+x^5$，它相当于 1100000。

(2) 用 $g(x)$ 除 $x^{n-k}m(x)$，得到商 $q(x)$ 和余式 $r(x)$，即

$$\frac{x^{n-k}m(x)}{g(x)}=q(x)+\frac{r(x)}{g(x)}$$

例如，若选用 $g(x)=x^4+x^2+x+1$ 作为生成多项式，则

$$\frac{x^{n-k}m(x)}{g(x)}=\frac{x^6+x^5}{x^4+x^2+x+1}=(x^2+x+1)+\frac{x^2+1}{x^4+x^2+x+1} \qquad (8\text{-}48)$$

显然，$r(x)=x^2+1$。

(3) 求多项式 $C(x)=x^{n-k}m(x)+r(x)$。

$$C(x)=x^{n-k}m(x)+r(x)=x^6+x^5+x^2+1 \qquad (8\text{-}49)$$

式(8-49)对应的码组即为本例编出的码组 1100101，这就是表 3-7 中的第 7 个码组。读者可按此方法编出其他码组。可见，这样编出的码就是系统码了。

上述编码方法，在用硬件实现时，可以由除法电路来实现。除法电路的主体由一些带反馈的移位寄存器和模 2 加法器组成。图 8-6 给出了上述生成多项式是 $g(x)=x^4+x^2+x+1$ 的 (7,3)循环码的编码电路。

图 8-6 中对应 $g(x)$ 有 4 级移位寄存器，分别用 D_1、D_2、D_3 和 D_4 表示。对应 $g(x)$ 系数为 "1"的项，有一根反馈线接到移位寄存器相应位置，从左到右分别对应 1、x、x^2、x^3 和 x^4；系数为"0"的项（如 x^3 的系数），就不接反馈线。开关 S_1 和开关 S_2 先倒向位置 2，信息码元 (m_2,m_1,m_0) 按先高位后低位的顺序，一方面进入除法器进行运算，一方面直接输出。在信息码元全部进入除法器后，开关 S_1 和开关 S_2 倒向位置 1，移位寄存器断开反馈线后不再作除法器功能而仅为一般移位寄存器功能，将存储的除法余项依次取出，即将监督码元附加在信息码元之后输出。因此，编出的码组前面是原来的 k 个信息码元，后面是 $n-k$ 个监督码元，从而得到系统循环码。为了便于理解，上述编码器的工作过程如表 8-8 所示。这里设信息码元为 110，编出的监督码元为 0101，循环码组为 1100101(移位寄存器初始状态为 0)。

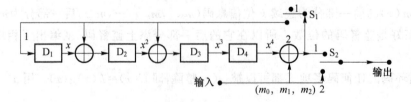

图 8-6 (7,3)循环码编码器

表 8-8 (7,3)循环码编码器工作过程

输入 m_i	移位寄存器				反馈	输出
	D_1	D_2	D_3	D_4		
1	1	1	1	0	1	1
1	1	0	0	1	1	1
0	1	0	1	0	1	0
0	0	0	0	1	0	0
0	0	0	1	0	0	1
0	0	0	0	1	0	0
0	0	0	0	0	0	1

顺便指出,由于微处理器和数字信号处理器的应用日益广泛,目前已多采用这些先进器件和相应的软件来实现上述编码。

【例 8.4.2】 已知一种(7,3)循环码,生成多项式为 $g(x) = x^4 + x^3 + x^2 + 1$,求信息码为 111 时,编出的循环码组。

解 (1) 写出码多项式 $m(x)$。

$$m(x) = x^2 + x + 1$$

(2) 用 x^{n-k} 乘以信息码多项式 $m(x)$ 得到 $x^{n-k}m(x)$。

$$x^{n-k}m(x) = x^4(x^2 + x + 1) = x^6 + x^5 + x^4$$

(3) 用 $g(x)$ 除 $x^{n-k}m(x)$,得到商 $q(x)$ 和余式 $r(x)$。

$$\frac{x^6 + x^5 + x^4}{x^4 + x^3 + x^2 + 1} = x^2 + \frac{x^2}{x^4 + x^3 + x^2 + 1}$$

其中余式 $r(x) = x^2$。

(4) 求多项式 $C(x) = x^{n-k}m(x) + r(x)$。

$$C(x) = x^6 + x^5 + x^4 + x^2$$

信息码为 111 时,编出的循环码组 1110100。

【例 8.4.3】 已知信息码为 1101,生成多项式 $G(x) = x^3 + x + 1$,编一个(7,4)循环码。

解 (1) 写出码多项式 $m(x)$。

$$m(x) = x^3 + x^2 + 1$$

(2) 用 x^{n-k} 乘以信息码多项式 $m(x)$ 得到 $x^{n-k}m(x)$。

$$x^{n-k}m(x) = x^3(x^3 + x^2 + 1) = x^6 + x^5 + x^3$$

(3) 用 $g(x)$ 除 $x^{n-k}m(x)$,得到商 $q(x)$ 和余式 $r(x)$。

$$\frac{x^6 + x^5 + x^3}{x^3 + x + 1} = x^3 + x^2 + x + 1 + \frac{1}{x^3 + x + 1}$$

其中余式 $r(x) = 1$。

(4) 求多项式 $C(x) = x^{n-k}m(x) + r(x)$。

$$C(x) = x^6 + x^5 + x^3 + 1$$

信息码为 1101 时,编出的循环码组为 1101001。

【例 8.4.4】 使用生成多项式 $g(x) = x^4 + x^3 + 1$ 产生 $m(x) = x^7 + x^6 + x^5 + x^2 + x$ 对应的循环码组。

解 $g(x)$的最高幂次为 $n-k=4$, $m(x)$的最高幂次是 7,表示信息码元为 8,此循环码为 (12,8)循环码。

(1) 用 x^{n-k} 乘以信息码多项式 $m(x)$ 得到 $x^{n-k}m(x)$。

$$x^{n-k}m(x)=x^4(x^7+x^6+x^5+x^2+x)=x^{11}+x^{10}+x^9+x^6+x^5$$

(2) 用 $g(x)$ 除 $x^{n-k}m(x)$,得到商 $q(x)$ 和余式 $r(x)$。

$$\frac{x^{11}+x^{10}+x^9+x^6+x^5}{x^4+x^3+1}=x^7+x^5+x^4+x^2+x+\frac{x^2+x}{x^4+x^3+1}$$

其中余式 $r(x)=x^2+x$。

利用多项式除法规则进行运算,过程如下:

$$
\begin{array}{r}
x^7+x^5+x^4+x^2+x \\
\hline
x^4+x^3+1\,)\,x^{11}+x^{10}+x^9+\quad+x^6+x^5 \\
\underline{x^{11}+x^{10}\qquad+x^7} \\
+x^9\quad+x^7+x^6+x^5 \\
\underline{+x^9+x^8\qquad+x^5} \\
+x^8+x^7+x^6 \\
\underline{+x^8+x^7\qquad+x^4} \\
+x^6\quad+x^4 \\
\underline{+x^6+x^5\qquad+x^2} \\
+x^5+x^4\quad+x^2 \\
\underline{+x^5+x^4\qquad+x} \\
x^2+x
\end{array}
$$

(3) 求多项式 $C(x)=x^{n-k}m(x)+r(x)$。

$$C(x)=x^{11}+x^{10}+x^9+x^6+x^5+x^2+x$$

对应的循环码组为 111001100110。

8.4.6 循环码的解码方法

1. 检错的实现

接收端解码的要求有两个:检错和纠错。达到检错目的的解码原理十分简单。由于任一码组多项式 $C(x)$ 都应能被生成多项式 $g(x)$ 整除,所以在接收端可以将接收码组多项式 $R(x)$ 用原生成多项式 $g(x)$ 去除。当传输中未发生错误时,接收码组与发送码组相同,即 $R(x)=C(x)$,故码组多项式 $R(x)$ 必定能被 $g(x)$ 整除;若码组在传输中发生错误,则 $R(x)\neq C(x)$,$R(x)$ 被 $g(x)$ 除时可能除不尽而有余项,即有

$$\frac{R(x)}{g(x)}=q'(x)+\frac{r'(x)}{g(x)} \tag{8-50}$$

因此,我们就以余项是否为零来判别码组中有无错码。这里还需指出一点,如果信道中错码的个数超过了这种编码的检错能力,恰好使有错码的接收码组能被 $g(x)$ 整除,这时的错码就不能检出了,这种错误称为不可检错误。

【例 8.4.5】 一组 8 比特的数据 11100110(信息码)通过数据传输链路传输,采用 CRC(循环冗余校验)进行差错检测,如采用的生成多项式对应的码组为 11001,写出:

(1) 监督码的产生过程;

（2）监督码的检测过程。

解 根据题意，信息码的码位 $k=8$。

由生成多项式对应的码组 11001 可写出生成多项式 $g(x)=x^4+x^3+1$，由此得出 $n-k=4$，所以 $n=12$，此循环码为 $(12,8)$ 循环冗余校验码，$r=4$。

对应于 11100110（信息码）的监督码的产生如图 8-7(a) 所示。

开始，4 个 "0" 被加于信息码末尾，这等于信息码乘以 x^4。然后被生成多项式模 2 除，结果得到的 4 位余数 0110 即为监督码，把它加到数据 11100110（信息码）的末尾发送。

在接收机上，整个接收的比特序列被同一生成多项式除，如图 8-7(b) 所示。第一个例子中没发生错误，得到的余数为 0；第二个例子中，在发送比特序列的末尾发生了 4 bit 的突发差错，得到的余数不为 0，说明传输出现了差错。

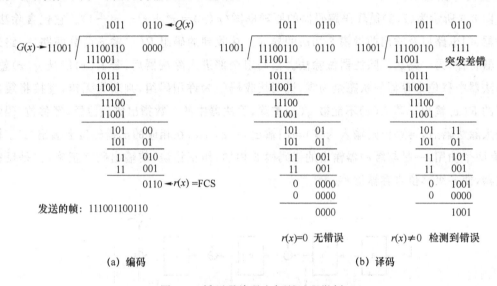

图 8-7 循环码编码和解码过程举例

根据上述原理构成的解码器如图 8-8 所示。

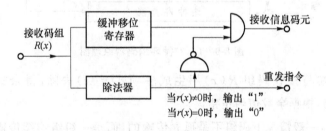

图 8-8 循环码解码器的组成

由图可见，解码器的核心就是除法电路和缓冲移位寄存器，而且这里的除法电路与发送端编码器中的除法电路相同。若在此除法器中进行 $\dfrac{R(x)}{g(x)}$ 运算的结果余项为零，则认为码组 $R(x)$ 无错，这时将暂存于缓冲移位寄存器的接收码组送到解码器输出端；若运算结果余项不等于零，则认为 $R(x)$ 有错，但错在何位不知，这时，就可以将缓冲移位寄存器中的接收码组删除，并向发送端发出一重发指令，要求重发一次该码组。

2. 纠错的实现

在接收端为纠错而采用的解码方法自然比检错时复杂。若要纠正错误,需要知道错误图样 $E(x)$,以便纠正错误。原则上纠错解码可按以下步骤进行。

(1) 用生成多项式 $g(x)$ 除接收码组 $R(x)=C(x)+E(x)$(模 2 加),得到余式 $r(x)$;

(2) 按余式 $r(x)$,用查表的方法或通过某种运算得到错误图样 $E(x)$;

(3) 从 $R(x)$ 中减去 $E(x)$(模 2 加),得到纠错后的原发送码组 $C(x)$。

上述第一步运算与检错解码相同,用除法器等就可实现。第三步做减法也较简单。第二步可能需要较复杂的设备,并且在计算余式和决定错误图样 $E(x)$ 时,需要把接收码组 $R(x)$ 暂时存储起来。

图 8-9 所示为 $(7,3)$ 循环码解码器的原理框图($g(x)=x^4+x^3+x^2+1$)。它包含除法器、缓冲器、门电路以及输出前做模 2 加法的异或。接收到的码组 $R(x)$ 输入后分两路:一路送入缓冲器暂存,另一路送入除法器做除法。当码组全部进入除法器后,若 $R(x)$ 能被 $g(x)$ 整除,则除法器中移位寄存器的状态全为零,说明接收码组为许用码组,判断为无错,直接将缓冲器暂存的 $R(x)$ 输出。若 $R(x)$ 不能被 $g(x)$ 整除,除法器中的存数指出错误位置,经移位(码组全部进入除法器后,再移位则输入为零)与门输出 $e=\bar{a}\,\bar{b}\,\bar{c}d$,在相应的出错码位上输出"1"。输出"1"有两个功用:一是与缓冲器输出的错码模 2 相加,纠正错误,使输出码字正确;二是反馈回除法器,使各级移位寄存器清零。

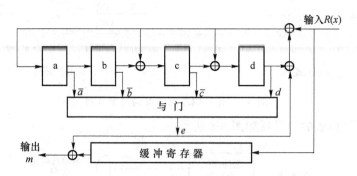

图 8-9 $(7,3)$ 循环编码器原理图

总之,在接收端将接收码组 $R(x)$ 用生成多项式 $g(x)$ 去除,得余式 $r(x)=0$,无错;若 $r(x)$ 不为0,有错,根据余数值纠正错误。

在实际使用中,一般情况下码组不是孤立传输的,而是一组组连续传输的。但是,由以上解码过程可知,除法电路在一个码组时间内运算求出余式后,尚需在下一个码组时间中进行纠错。因此,实际的解码器需要两套除法电路(和"与门"电路等)配合一个缓冲寄存器,这两套除法电路由开关控制交替接收码组。此外,在解码器输出端也需有开关控制只输出信息位,删除监督位。这些开关图中均未示出。目前,解码器多采用微处理器或数字信号处理器来实现。

这种解码方法称为捕错解码法。通常,一种编码可以有几种纠错解码法。对于循环码来说,除了用捕错解码、多数逻辑解码等方法外,其判决方法有硬判决解码与软判决解码。这里只说明了捕错解码法。

8.4.7　循环冗余校验码

在数据通信中,广泛采用循环冗余校验(Cyclic Redundancy Check,CRC),循环冗余校验码简称 CRC 码。CRC 码采用了循环码的多项式除法生成监督位的方法。在常用的 CRC 生成器协议中采用的标准生成多项式如表 8-9 所示,数字 12、16、32 是指 CRC 余数的长度。对应地,CRC 除数分别是 13、17、33 位长。

表 8-9　常用的 CRC 码

码	生成多项式
CRC-12	$x^{12}+x^{11}+x^3+x^2+x+1$
CRC-16	$x^{16}+x^{15}+x^2+1$
CRC-ITU	$x^{16}+x^{12}+x^5+1$
CRC-32	$x^{32}+x^{26}+x^{23}+x^{16}+x^{12}+x^{11}+x^{10}+x^8+x^7+x^5+x^4+x^2+x+1$

CRC 的特点是检错能力极强,开销小,易于用编码器及检测电路实现。从其检错能力来看,它所不能发现的错误的概率在 0.004 7% 以下。从性能和开销上考虑,均远远优于奇偶校验及算术和校验等方式。因而,在数据存储和数据通信领域,CRC 无处不在:著名的通信协议 X.25 的 FCS(帧检错序列)采用的是 CRC-ITU,WinRAR、NERO、ARJ、LHA 等压缩工具软件采用的是 CRC-32,磁盘驱动器的读写采用了 CRC-16,通用的图像存储格式 GIF、TIFF 等也都用 CRC 作为检错手段。

8.5　卷　积　码

近年来,随着大规模集成电路的发展,电路实现技术水平获得了较大程度的提高,卷积码在众多通信系统和计算机系统中得到了越来越广泛的应用。在数据通信中,特别值得一提的是采用卷积码与调制技术相结合而形成的新型的调制技术——TCM 技术。它的出现,使得数据调制解调器的传输速率和性能都产生了较大飞跃。研究和应用都已说明,在差错控制系统中,卷积码是一种极具吸引力、颇有前途的差错控制编码。

卷积码又称连环码,首先是由伊利亚斯(P. Elias)于 1955 年提出来的。它与前面讨论的分组码不同,是一种非分组码。在同等码率和相似的纠错能力下,卷积码的实现往往要比分组码简单。由于在以计算机为中心的数据通信中,数据通常是以分组的形式传输或重传,因此分组码似乎更适合于检测错误,并通过反馈重传纠错,而卷积码主要应用于前向纠错数据通信系统中。另外,卷积码不像分组码有严格的代数结构,至今尚未找到严密的数学手段,把纠错性能与码的结构十分有规律地联系起来。因此本节仅讨论卷积码的基本原理。

8.5.1　卷积码的基本概念

在 (n,k) 分组码中,任何一段规定时间内编码器产生的 n 个码元的一个码组,其监督位完全取决于这段时间中输入的 k 个信息位,而与其他码组无关。这个码组中的 $n-k$ 个监督位仅对本码组起监督作用。为了达到一定的纠错能力和编码效率,分组码的码组长度 n 通常都比较大。编译码时必须把整个信息码组存储起来,由此产生的延时随着 n 的增加而线性增加。

为了减少这个延迟,人们提出了各种解决方案,其中卷积码就是一种较好的信道编码方式。这种编码方式同样是把 k 个信息比特编成 n 个比特,但 k 和 n 通常很小,特别适宜以串行形式传输信息,减小了编码延时。

与分组码不同,卷积码编码器在任何一段规定时间内产生的 n 个码元,其监督位不仅取决于这段时间中的 k 个信息位,还取决于前 $N-1$ 段规定时间内的信息位。换句话说,监督位不仅对本码组起监督作用,还对前 $N-1$ 个码组起监督作用。这 N 段时间内的码元数目 nN 称为这种码的约束长度。通常把卷积码记为 (n,k,N),其编码效率为 $R=k/n$。

卷积码的纠错能力随着 N 的增加而增大,在编码器复杂程度相同的情况下,卷积码的性能优于分组码。另一点不同的是:分组码有严格的代数结构,但卷积码至今尚未找到如此严密的数学手段,把纠错性能与码的结构十分有规律地联系起来,目前大都采用计算机来搜索好码。

8.5.2 卷积码的编码

1. 卷积码编码器的一般结构

图 8-10 所示为 (n,k,N) 卷积码编码器的一般结构。它由输入移位寄存器、模 2 加法器、输出移位寄存器三部分构成。输入移位寄存器共有 N 段,每段有 k 级,共 $N \times k$ 位寄存器,信息序列由此不断输入。输入端的信息序列进入这种结构的输入移位寄存器即被自动分段,每段 k 位,对应每一段的 k 位输出的 n 个比特的卷积码,与包括当前段在内的已输入的 N 段的 Nk 个信息位相关联。一组模 2 加法器共 n 个,它实现卷积码的编码算法;输出移位寄存器,共有 n 级。输入移位寄存器每输入 k 位,输出 n 个比特的编码。

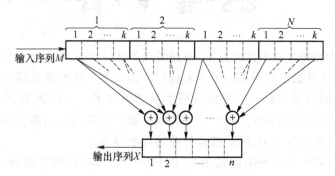

图 8-10 卷积码编码器的一般结构

2. 卷积码编码原理

下面通过一个简单的例子来说明卷积码的编码原理。图 8-11 所示是一个 $(2,1,3)$ 卷积码编码器。与一般结构相比,输出移位寄存器用转换开关代替,转换开关每输出一个比特转换一次,这样,每输入一个比特,经编码器产生两个比特。图 8-11 中,m_1、m_2、m_3 为移位寄存器,假设移位寄存器起始状态全为"0",即 m_1、m_2、m_3 为"000",c_1 与 c_2 表示为

$$c_1 = m_1 \oplus m_2 \oplus m_3$$
$$c_2 = m_1 \oplus m_3 \tag{8-51}$$

m_1 表示当前的输入比特,而移位寄存器 $m_3 m_2$ 存储以前的信息,表示编码器状态。

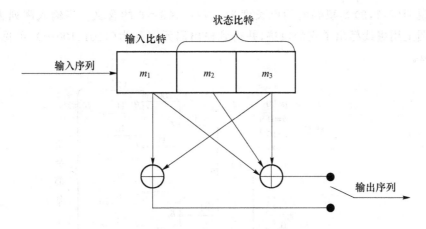

图 8-11 $(2,1,3)$卷积码编码器

表 8-10 列出了编码器的状态变化过程,当第一个输入比特为"1"时,即 $m_1=1$,因为 $m_3m_2=00$,所以输出码元 $c_1c_2=11$;第二个输入比特为"1",这时 $m_1=1$,$m_3m_2=01$,$c_1c_2=01$,以此类推。为保证输入的全部信息位(11010)都能通过移位寄存器,还必须在输入信息位后加 3 个"0"。

表 8-10 编码器的状态变化过程

m_1	1	1	0	1	0	0	0	0
m_3m_2	00	01	11	10	01	10	00	00
c_1c_2	11	01	01	00	10	11	00	00
状态	a	b	d	c	b	c	a	a

表 8-10 中用 a,b,c 和 d 分别表示移位寄存器 m_3m_2 的 4 种可能状态,即 a 表示 $m_3m_2=00$,b 表示 $m_3m_2=01$,c 表示 $m_3m_2=10$,d 表示 $m_3m_2=11$。

8.5.3 卷积码的图解表示

根据卷积码的特点,卷积码编码的状态变化还可以用树状图、网格图和状态图来表示。

1. 树状图

编码器中移位过程可能产生的各种序列可以用树状图来表示,如图 8-12 所示。树状图从节点 a 开始,此时移位寄存器状态为"00"。当输入第一个比特 $m_1=0$ 时,输出比特 $c_1c_2=00$;若 $m_1=1$,则 $c_1c_2=11$。因此,从 a 点出发有两条支路(树权)可供选择,$m_1=0$ 时取上面一条支路,$m_1=1$ 时取下面一条支路。当输入第二个比特时,移位寄存器右移一位后,上支路情况下移位寄存器状态仍为"00",即 a 状态;下支路的状态则为 01,即 b 状态。再输入比特时,随着移位寄存器和输入比特的不同,树状图继续分叉成 4 条支路,2 条向上,2 条向下,上支路对应于输入比特为"0",下支路对应于输入比特为"1",如此继续下去,即可得到如图 8-12 所示的树状图。

树状图上,每条树权上标注的码元为输出比特,每个节点上标注的 a,b,c 和 d 为移位寄存器(m_3m_2)的状态。从该图可以看出,从第 4 条支路开始,树状图呈现出重复性,即图中标明的上半部分和下半部分完全相同。这表明从第 4 位输入比特开始,输出码元已与第 1 位输入比特无关,正说明(2,1,3)卷积码的约束长度为 $nN=2\times3=6$ 的含义。当输入序列为(11010)时,在树状图上用虚线标出了它的轨迹,并得到输出码元序列为(11010100…),可见该结果与表 8-10 一致。

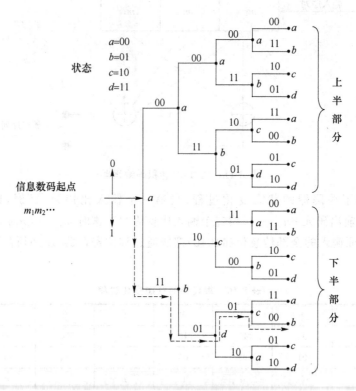

图 8-12 (2,1,3)卷积码的树状图

2. 网格图

网格图又称格状图。卷积码的树状图中存在重复性,据此可以得到更为紧凑的图形表示。在网格图中,把码树中具有相同的节点合并在一起,画于同一行中。输入为"0"对应上分支,用实线表示;输入为"1"对应下分支,用虚线表示。各分支上标出对应的输出,4 行节点即移位寄存器的 4 种状态 a、b、c、d。如图 8-13 所示。一般情况下有 2^{N-1} 种状态。随着输入信息序列的增加,网格图的节向右延伸。从第 N 节开始,网格图的图形开始完全重复。和树状图一样,每种输入序列都对应着网格图中一条相应的路径。例如,输入序列(11010)对应的路径如图 8-13 中粗线所示,其输出序列为(1101010010)。注意在其后面的 3 个"0"对应的输出不是(000000),而是(110000)。

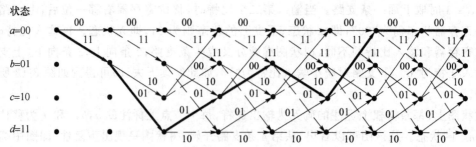

图 8-13 (2,1,3)卷积码的网格图

3. 状态图

从上述例子可见,移位寄存器的状态对应着编码器的状态 a、b、c、d。编码器的输出由其输入和编码器的状态所决定。每一次输入都使移位寄存器移位,编码器状态变为一新的状态,由此可画出编码器的状态转移图。$(2,1,3)$卷积码的状态图如图 8-14(a)所示。由于网格图也表示了编码器的状态变化过程,所以该状态图也可由网格图得到,如图 8-14(b)所示。

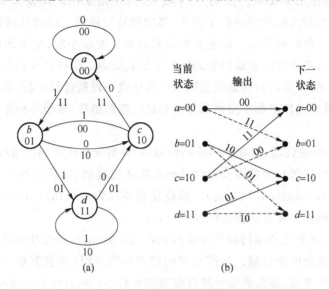

图 8-14 $(2,1,3)$卷积码网格图中的路径

在图 8-14(a)中有 4 个节点,即编码器的 4 种状态 a、b、c、d,每个节点有两条离开的弧线,箭头表明状态转移的方向,弧线上标有输入比特及相应的输出比特。在图 8-14(b)中,实线表示输入比特为"0"的路径,虚线表示输入比特为"1"的路径,并在路径上写出了相应的输出码元。注意,图 8-14(a)中两个自闭合圆环分别表示 $a{\rightarrow}a$ 和 $d{\rightarrow}d$ 的状态转移。

由此可见,当给定输入信息比特序列和起始状态时,可以用上述 3 种图解表示法的任何一种,找到输出序列和状态变化路径。

8.5.4 卷积码的译码

卷积码的性能取决于卷积码的距离特性和译码算法,其中距离特性是卷积码自身本质的属性,它决定了该码潜在的纠错能力,而译码算法是个如何将潜在纠错能力转化为实际纠错能力的问题。因此,要研究卷积码的译码方法就必须首先了解卷积码的距离特性。

描述距离特性的最好方法是利用网格图。与研究分组码的距离特性一样,卷积码要研究的是任意两个可能的解码序列间的最小距离,即汉明距离,也叫作自由距离 d_{free}。自由距离 d_{free} 是卷积码的主要性能指标,卷积码的纠错能力取决于自由距离 d_{free} 的大小。卷积码自由距离 d_{free} 的计算有很多方法,简单的卷积码可以直接在网格图上推得;稍微复杂一些的卷积码可采用信号流图法,它也最具理论价值;而最实用的方法还是靠编程利用计算机来搜索。

一般说来,卷积码有两类译码方法:

(1) 代数译码,这是利用编码本身的代数结构进行译码,不考虑信道的统计特性;

(2) 概率译码,这种译码方法在计算时要考虑信道的统计特性,典型的算法如维特比(Viterbi)译码、序列译码等。

1. 概率译码

这里仅简单介绍概率译码。在卷积码的概率译码中,有一类称为最大似然算法,其思路是:把接收序列与所有可能的发送序列(相当于网格图中的所有路径)相比较,选择一种码距最小的序列作为发送序列。在这一思路下,如果发送一个 l 位序列,则有 2^l 种可能序列,计算机应存储这些序列,以便用来比较。因此,当 l 较大时,存储量和计算量太大,受到限制。1967年维特比(Viterbi)对最大似然译码作了简化,称为维特比译码。维特比译码是建立在信道的统计特性基础上的一种解码方法。特别是在码的约束长度较小时,它要比序列译码算法的效率高,而且速率更快,更重要的是解码器的结构也比较简单。维特比译码算法不是一次比较网格图上所有可能的序列(路径),而是根据网格图每接收一段就计算一段,比较一段后挑出并存储码距小的路径,最后选择出那条路径就是具有最大似然函数(或最小码距)的路径,即为译码器的输出序列。

下面以图 8-11 中的(2,1,3)卷积码编码器为例,说明维特比译码的过程。根据图 8-11,发送的信息码序列为(11010),为使得全部信息码都能通过编码器,后面补了 3 个"0",卷积码编码器的输出序列为(11010100101100 00)。假设接收序列为(0101011010010001),来看看使用维特比译码能否正确译出发送的信息码序列(11010)。

维特比译码时,由于已知编码约束长度为 $nN=2\times3=6$,可以先用前 3 段 6 位码的接收序列(010101)作为计算的已知数据。把网格图的起点作为 0 级(状态节点为 a),用这 6 位码正好到达第 3 级的 4 个节点,逐级码距计算过程如图 8-15(a)~(c)所示。这样,从 0 级起点到第 3 级的 4 个节点共有 8 条路径,比较每个节点上的两条路径对应的码距,将码距较大的路径淘汰掉,码距小的路径保留下来,称为幸存路径。然后,用随后的 2 位接收码 10 从第 3 级向第 4 级推进,同样也产生 8 条路径,同理,留下 4 条幸存路径,依次类推,逐级选择 4 条幸存路径。最后,由于信息序列最后补了 3 个"0",所以最后路径必然终结于 a 状态。因为只有经过节点 a 和 c,才能够从第 7 级到达第 8 级的最终节点 a,所以在到达第 7 级时只要选出节点 a 和 c 的两条幸存路径即可。并且已经确知补的最后一位"0"对应的 2 位编码输出是"00",所以无论收到最后 2 位是否有错误,都不去考虑了,就按照"00"去计算节点 a 和 c 的两条幸存路径到达最终节点 a 的码距,通过两者比较得到最后的解码路径,就是图 8-15(d)中实线所标示的那条路径。按照实线为"0"、虚线为"1"的规则,在网格图中沿着这条解码路径逐段判定发送的信息码。由于解码路径与图 8-13 中的编码路径一致,所以解码所得的信息码序列与发送的信息序列完全相同,都是(11010000),即正确译出了发送的信息码序列。

2. 纠错能力

卷积码的纠错能力是用自由码距 d_{free} 来衡量的。一个卷积码的自由码距是指任意长编码后,所有可能的解码路径对应的输出序列之间的最小码距。由于码距不存在负值,而在编码输出等于编码约束长度时,会得到各状态节点有两条路径,共 2^N 条,再增加编码长度所得的路径都基于这 2^N 条路径,所以自由码距的计算可以用全"0"序列进行编码,求编码约束长度上的全"0"序列与另一条非全"0"的解码路径对应序列的码距即可。从图 8-15(c)可以看出,$a\to a\to a\to a$(全"0"序列(000000))与 $a\to b\to c\to a$(非全"0"序列(111011))两条路径确定的码距就是图 8-11 所示的这种卷积码编码器的自由码距,即 $d_{\text{free}}=5$。根据 $d_{\text{free}}\geq2t+1$ 可以知道,在一个编码约束长度内最多出现 2 位错误(即 $t=2$),接收端是可以正确解码的。从图 8-15(d)可以看到,在一个编码约束长度内,收码和发码没有超过两个错误,因此,通过译码可以正确译出发送的信息码序列。如果在一个编码约束长度内错误数 e 超过 t 个(本例若 $e \geqslant 3$ 时),就超出了其纠错能力,译码后的序列中将仍会存在错误。

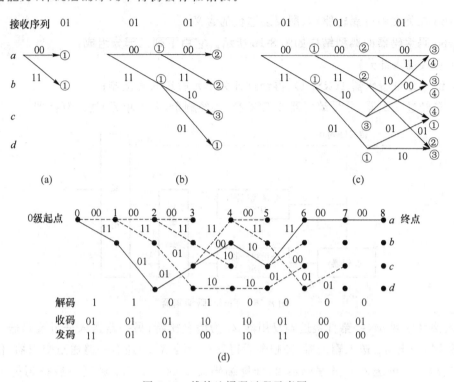

图 8-15　维特比译码过程示意图

8.6　Turbo 码

香农信道编码定理指出:在有扰信道中,只要信息的传输速率 R 小于信道容量 C,总可以找到一种编码方法,使信息以任意小的差错概率通过信道传送到接收端,即误码率 P_e 可以任意小,而且传输速率 R 可以接近信道容量 C。

香农信道编码定理本身并未给出具体的纠错编码方法,但它为信道编码奠定了理论基础,从理论上指出了信道编码的发展方向。很多专家为此进行了不断的探索,产生了许多有效的信道编码方法,纠错码的性能也越来越好。但从实际应用来看,各种纠错码的性能与香农在信道编码定理中给出的极限仍有差距。

1993 年,法国科学家 C. Berrou 等人发表了一篇论文"接近香农极限的纠错编码和译码: Turbo 码"。Turbo 码一经出现,立即引起了全世界信道编码学术界的广泛关注。Turbo 码是近年来纠错编码领域研究的重要突破。Turbo 码是一种并行级联码,它的内码、外码均使用卷积码。它采用了迭代译码方法,挖掘了级联码的潜力。计算机仿真模拟的结果表明,在加性高斯白噪声(AWGN)无记忆信道上,特定参数条件下 Turbo 码的性能可以达到与香农理论极限相差 0.7 dB 的性能,接近香农极限。Turbo 码不仅在信道信噪比很低的高噪声环境下性能优越,还具有很强的抗衰落、抗干扰能力,因此它在信道条件差的移动通信系统中有很大的应用潜力。在第三代移动通信系统(IMT-2000)中,已经将 Turbo 码作为其传输高速数据的信道编码标准。WCDMA、CDMA2000 和我国的 TD-SCDMA 的信道编码方案都使用了 Turbo 码。

8.6.1 Turbo 码编码器

Turbo 在英文中有涡轮驱动,即反复迭代的含义。

Turbo 码编码器的典型结构如图 8-16 所示。它由下列三部分组成:

(1) 直接输入部分;

(2) 经过分量编码器 1(RSC1),再经过开关单元后送入复接器;

(3) 先经过交织器、分量编码器 2(RSC2),再经删余(开关单元)送入复接器。

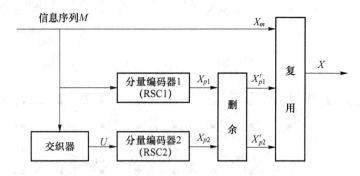

图 8-16 Turbo 码编码器

输入信息序列 M,一路直接送到复用器,作为信息比特;另一路送入分量编码器 1 进行编码,编码后的输出 X_{p1} 送入删余器,经删余后得到校验码 X'_{p1};还有一路送至交织器,信息序列 M 经过交织器后再送入分量编码器 2,分量编码器 2 的输出 X_{p2} 经删余后得到另一校验码 X'_{p2},最后信息比特和校验码复用后形成 Turbo 码序列 X。

Turbo 码编码器的工作原理如下。

1. 分量编码器

图 8-16 中分量编码器 RSC1 和 RSC2 分别称为 Turbo 码二维分量码。

原则上讲,分量码可以是系统码,也可以是非系统码。研究实践表明,递归系统卷积码(Recursive Systematic Convolutional,RSC)比非递归的非系统卷积码(Non Systematic Convolutional,NSC)具有更好的性能。目前,典型的 Turbo 码编码器采用反馈型递归系统卷积码 RSC。即分量编码器 1 和分量编码器 2 分别为 RSC1 和 RSC2,RSC1 和 RSC2 可以相同也可以不同。图 8-17 为一个非系统卷积码编码器 NSC,图 8-17(a)为 NSC 编码器框图,图 8-17(b)为 NSC 编码器电路图。图 8-18 为一个递归系统卷积码编码器 RSC,图 8-18(a)为 RSC 编码器框图,图 8-18(b)为 RSC 编码器电路图。

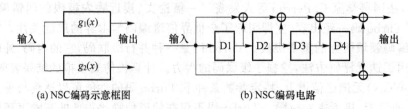

(a) NSC编码示意框图   (b) NSC编码电路

图 8-17 非系统卷积码编码器

输入
输出
g′2(x)
(a) RSC编码示意框图
输入
D1
D2
D3
D4
输出
(b) RSC编码电路

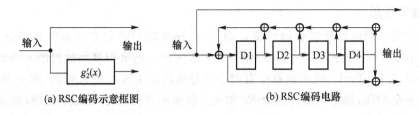

图 8-18　递归系统卷积码编码器

2. 交织器

以上编码对随机错误纠检效果较好，对于突发错误需要将其变化为随机错误后再处理。交织技术可以很好地做到这一点。

交织器是 Turbo 码的关键部件之一，它对 Turbo 码性能的影响是非常重要的。在一般传统的信道传输时，交织器使突发产生的集中错误分散化，其目的是抗信道突发错误。在 Turbo 码中，运用交织器是置乱原始数据的排列顺序，改变码的重量分布，提高输出 Turbo 码的整体性能。交织器有分组交织器、卷积交织器和随机交织器等，这里只作简单介绍。

行列交织器是一种简单的分组交织器，它把一定长度的信息序列看作存储于存储器中的矩阵，写入时按行写入，读出时按列读出。这样读出的数据排列顺序就不同于写入的数据，原始数据的排列顺序被置乱。但信息的内容没有发生变化。在接收端进行相反的解交织运算即可恢复原始信息内容。

把纠随机错误的(n,k)线性分组码的 m 个码字，排成 m 行的一个码阵，该码阵称为交错码阵。一个交错码阵就是交错码的一个码子。码阵在传输时按列的次序进行，这样可以将突发错误变为随机错误加以纠正，如图 8-19 所示。

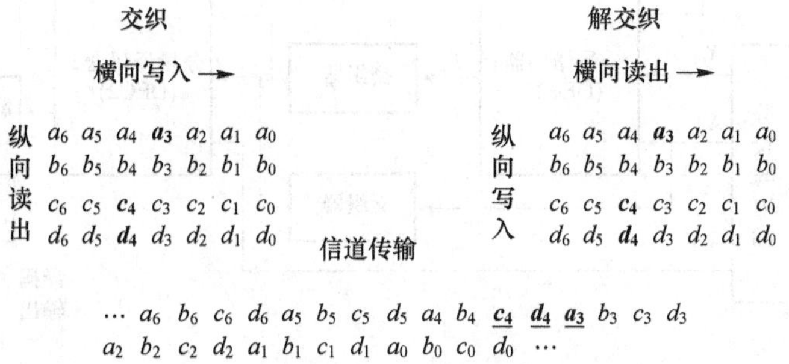

交织
横向写入
纵
向
读
出
a6 a5 a4 a3 a2 a1 a0
b6 b5 b4 b3 b2 b1 b0
c6 c5 c4 c3 c2 c1 c0
d6 d5 d4 d3 d2 d1 d0
信道传输
解交织
横向读出
纵
向
写
入
a6 a5 a4 a3 a2 a1 a0
b6 b5 b4 b3 b2 b1 b0
c6 c5 c4 c3 c2 c1 c0
d6 d5 d4 d3 d2 d1 d0
… a6 b6 c6 d6 a5 b5 c5 d5 a4 b4 c4 d4 a3 b3 c3 d3
a2 b2 c2 d2 a1 b1 c1 d1 a0 b0 c0 d0 …

图 8-19　交织及解交织过程

如果出现连续错误，即 $c_4d_4a_3$ 都错，通过接收端的解交织过程，可以将错误分散到每组里分别处理。

在 Turbo 码中常用的为随机交织器。随机交织器其交织过程的映射规律是随机的，即数据写入存储器和从存储器中读出的地址对应是随机的。但完全的随机交织在接收端很难进行解交织以便恢复原来的信息。或者说要把每一次交织过程的映射规律传送到接收端，接收端才能进行解交织，其传输的工作量太大，它会增加信道负担和译码器复杂度，不实用。实际中使用的为伪随机交织器。它的关键是要选取一定的伪随机序列，由伪随机序列确定交织过程的映射规律。

3. 删余及复用

对于数字通信领域日益紧张的带宽资源,提高码率就意味着节省带宽和降低通信费用。删余(Puncturing)是目前提高 Turbo 码码率的主要方法。删余与复用的目的是得到合适的码率。从图 8-16 可见,Turbo 码编码器中有两个分量编码器 RSC1 和 RSC2。两个 RSC 分量编码器不一定完全相同,设其码率分别为 R_1 和 R_2,如果不进行删余及复用处理,合成后的码率 R 与 R_1、R_2 的关系为

$$\frac{1}{R} = \frac{1}{R_1} + \frac{1}{R_2} - 1$$

两个分量编码器 RSC1 和 RSC2 产生两个序列 X_{p1}、X_{p2},如果不进行删余处理,则在输出码流中的冗余比特太多。为了提高码率,使序列 X_{p1}、X_{p2} 经过删余器,按照一定规律删除一些校验比特,形成新的校验序列 X'_{p1}、X'_{p2}。例如,在图 8-16 中两个分量编码器 RSC1 和 RSC2 的码率为 1/2,如果不作删余处理直接复用,则得到 Turbo 码的码率 1/2。为了产生码率为 1/2 的 Turbo 码,可以从 RSC1 和 RSC2 的输出分别删去 1 比特,即校验序列在 RSC1 和 RSC2 的输出间轮流取值,经过复用就得到了码率为 1/2 的 Turbo 码。

8.6.2 Turbo 码译码器

Turbo 码的译码通常是运用最大似然译码准则,采用迭代译码的方法实现的。图 8-17 所示的 Turbo 码编码器含有两个分量编码器,与此对应的 Turbo 码译码器也有两个分量译码器 DEC1、DEC2。Turbo 码译码器的典型结构如图 8-20 所示。

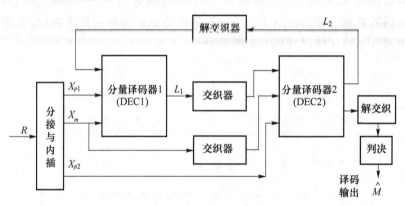

图 8-20 Turbo 码译码器

Turbo 码译码器由两个分量译码器及相应的交织器和解交织器组成。其中的分量译码器均采用软输入、软输出(Soft Input Soft Output,SISO)译码器。分接与内插是对接收序列进行处理,其功能与编码器中的删余及复用刚好相反。接收到的数据流结构是经删余及复用后的数据流:信息码加两个校验码。它要经过解复用,对数据流分接与内插后,恢复成删余及复用前 X_m 和 X_{p1}、X_{p2} 的结构,然后分别送入相应的分量译码器。DEC1 对 RSC1 进行最佳译码,DEC2 对 RSC2 进行最佳译码。由于两个分量来自同一个输入信息序列 M,必然具有一定的相关性,可以互为参考。所以在 Turbo 码译码器中,将 DEC1 的软输出经交织器后作为附加信息送入 DEC2,使输入到 DEC2 的原始信息增加,提高译码的正确性。同样,将 DEC2 的软输出经解交织后作为附加信息送入 DEC1。经过多次迭代得到对应于输入信息序列 M 的最

佳值 $\hat{M}$ 作为译码输出。

Turbo 码还可与其他通信技术相结合,包括 Turbo 码与 OFDM 调制、差分检测技术相结合,具有较高的频率利用率,可有效地抑制短波信道中多径时延、频率选择性衰落、人为干扰与噪声带来的不利影响。

此外,还有一些优秀的编码方法,如 RS 编码、TCM 编码、BCH 码,限于篇幅不在此详述。

8.7　信道编译码仿真

8.7.1　奇偶校验码编译码仿真

以长度为 4 的偶校验码为例,构建仿真模型。码长为 4 的码字可表示为 $a_3a_2a_1a_0$,其中 $a_3a_2a_1$ 为信息元,a_0 为监督元,根据偶校验码的编码规则,可得监督元与信息元之间的关系为

$$a_0=a_3 \oplus a_2 \oplus a_1 \tag{8-52}$$

当给定信息元 $a_3a_2a_1$ 时,由式(8-52)可得出监督元 a_0,三位信息元与一位监督元组成一个码字 $a_3a_2a_1a_0$。

经过信道传输后,接收端收到的码字为 $b_3b_2b_1b_0$。接收端译码器检查码字 $b_3b_2b_1b_0$ 中"1"码元的个数,当"1"码元的个数为偶数时,说明接收码字没有错误,否则,说明接收码字有错。因此偶校验码的译码可以通过对码字求异或运算来完成,计算式为

$$S=b_3 \oplus b_2 \oplus b_1 \oplus b_0 \tag{8-53}$$

当 $S=0$ 时,接收码字中无错误,当 $S=1$ 时,接收码字中有错误。

根据以上偶校验码的编码、译码方式即可构建相应的仿真系统,如图 8-21 所示。其中,编码器仿真模型如图 8-22 所示。

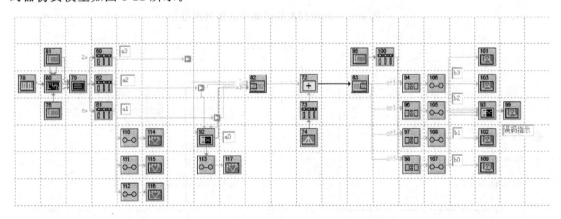

图 8-21　偶校验码的编码、译码仿真系统

图 8-22 中,图符 78 产生周期为 1 s,脉冲宽度为 0.5 s 的矩形脉冲序列,作为图符 80 计数器的计数脉冲。图符 80 是一个十六进制计数器,保证它工作在计数状态的使能信号由图符 81 和图符 76 提供,图符 76 提供高电平信号,图符 81 提供低电平信号。由于图符 80 的输出状态只用了低三位 $Q_2Q_1Q_0$,$Q_2Q_1Q_0$ 每 8 个时钟循环一次,所以图符 80 在这个仿真模型中充当八进制计数器。图符 79 是个可编程存储器(PROM),有 3 个地址线 $A_2A_1A_0$,共有 8 个存储

单元,每个单元可存放 8 位二进制。本例中存放的 8 个数据分别为 $(00)_H$、$(01)_H$、$(02)_H$、$(03)_H$、$(04)_H$、$(05)_H$、$(06)_H$、$(07)_H$,这些数据中的低三位作为偶校验编码的信息。编码信息可随机产生,但为了便于观察,这个例子中采用固定数据。双击图符 79,进入参数设置区可改变存储数据。图符 60、61 和 62 对编码信息再采样,使信息速率为 1 Hz,$a_3a_1a_0$ 每秒送出一个数据。图符 110、111 和 112 是采样保持器,目的是使图符 114、115、116 显示的 $a_3a_1a_0$ 波形为方波。图符 92 是异或门,完成表达式(8-52)所示的编码,输出校验位 a_0。图符 113 为保持电路,图符 117 显示 a_0。图符 82 为时分多路复用器,它将输入的并行数据以串行方式输出。双击图符,进入参数设置区,将输入端数设置为 4 个,每秒输入一次数据。设置系统的运行时间:采样速率为 256 Hz,采样点数为 3 072。运行系统,得到输入信息和编码输出的波形如图 8-23 所示。

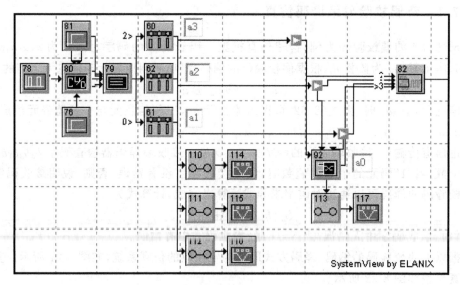

图 8-22　四位偶检验码编码器仿真模型

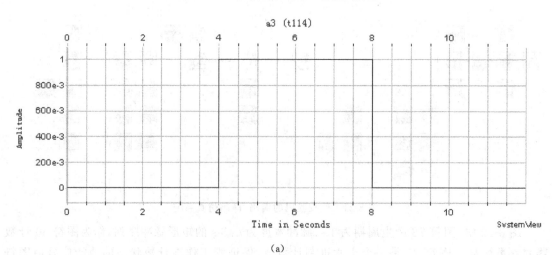

(a)

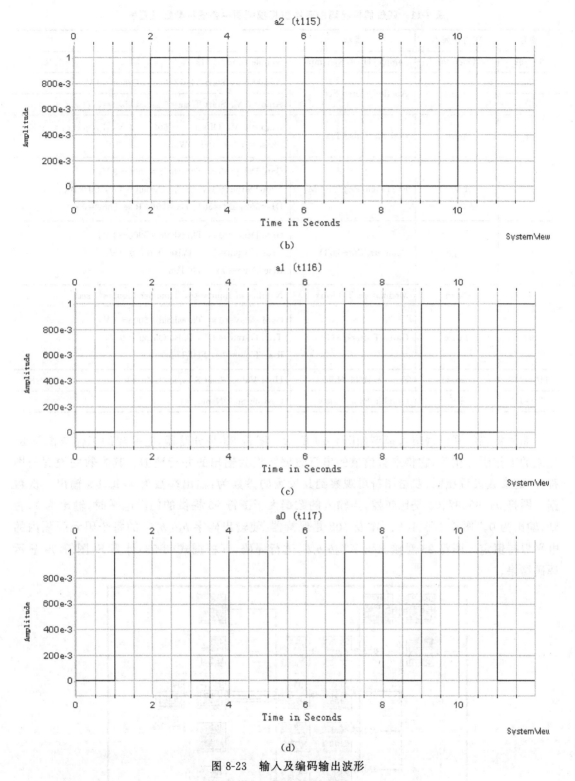

图 8-23 输入及编码输出波形

四位偶检验码编码器仿真模型图中各图符参数设置如表 8-11 所示。

表 8-11　四位偶检验码编码器仿真模型图中各图符参数设置表

编号	图符块属性	类型	参数
60～62	Operator	Sample/Hold/ReSample	Sample Rate＝1 Hz
76	Source	Aperiodic/Step Fct	Amp＝1 V, Start Time＝0 sec, Offset＝0 V
81			Amp＝0 V, Start Time＝0 sec, Offset＝0 V
78	Source	Periodic/Pulse Train	Amp＝1 V, Offset＝－500e－3 V, Frequency＝1 Hz, Phase＝0 deg, Pulse Width＝500e－3 V
79	Logic	FF/Latch/Reg/PROM	Gate Delay＝0 s, Threshold＝500e－3 V, True Output＝1 V, False Output＝0 V, D0＝100, D1＝302, D2＝504, D3＝706, Rise Time＝0 s
80	Logic	Counters/Cntr-U/D	Gate Delay＝0 s, Threshold＝500e－3 V, True Output＝1 V, False Output＝0 V, Rise Time＝0 s, Fall Time＝0 s
82	Comm	Modulators/TD Mux	Number of Inputs＝4, Time per Inputs＝1 sec
92	Logic	Gates/Buffers/XOR	Gate Delay＝0 s, Threshold＝500e－3 V, True Output＝1 V, False Output＝0 V, Rise Time＝0 s, Fall Time＝0 s
110～113	Operator	Sample/Hold/Hold	Hold Value：Last Sample, Gain＝1
114～117	Sink	Graphic/Systemview	Custom Sink Name：a3-a0

　　偶监督码的译码器仿真模型如图 8-24 所示。图符 83 是分路器，它完成的工作与图符 82 完成的工作刚好相反，它将来自信道的串行数据转换为输出的并行数据。其参数的设置与图符 82 的参数设置相同，双击图符可观察到其设置的参数为：输出端数为 4，每 1 s 输出一次数据。图符 94、96、97、98 是比较器，当输入的数据大于图符 95 提供的门限电平时，输出为 1，否则，输出为 0。图符 105、106、107 及 108 是保持器，使输出码字 $b_3b_2b_1b_0$ 的每个码元间隔内的电平保持恒定。图符 93 对接出码字 $b_3b_2b_1b_0$ 进行译码，即根据式(8-53)计算 S，图符 99 显示译码结果。

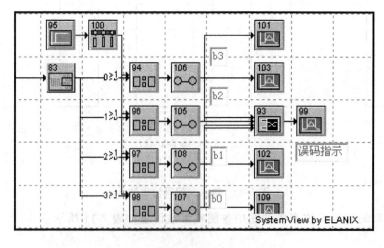

图 8-24　偶监督码译码器仿真模型

　　图符 72 是 Adder,图符 73 与前面的图符 60 相同,图符 74 是 Gauss Noise 信号源。双击图符 74,进入参数设置区,将噪声的标准偏差设置为 0.2 V。运行系统,进入分析窗,更新数据,关闭与编码有关的波形窗口,适当调整剩余波形图,得到接收码字中的各位码元及译码结果波形如图 8-25 所示。显然,当接收码字有错误时,译码指示器显示正脉冲。增大噪声,可发现错码出现的频率也增大。译码器输出波形与输入波形相比,有两个码元宽度的延迟,本例中延迟时间为 2 s。延迟时间是由编码器端的多路复用器和译码器端的分路器引起的,它们各引起了一个码元宽度的时间延迟。

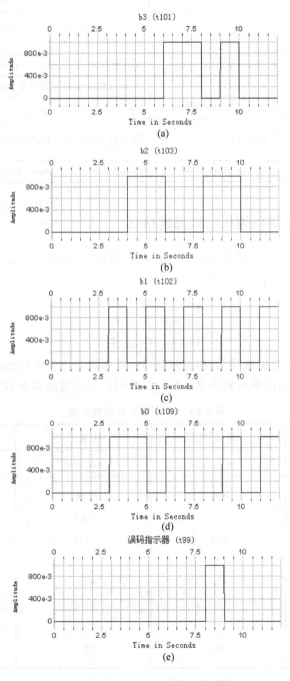

图 8-25　接收码元及译码结果波形

偶监督码译码器仿真模型图中各图符参数设置如表 8-12 所示。

表 8-12　偶监督码译码器仿真模型图中各图符参数设置表

编号	图符块属性	类型	参数
83	Comm	Demodulators/TD Dmux	Number of Inputs＝4，Time per Inputs＝1 sec
93	Logic	Gates/Buffers/XOR	Gate Delay＝0 s，Threshold＝500e－3 V， True Output＝1 V，False Output＝0 V， Rise Time＝0 s，Fall Time＝0 s
94 96～98	Logic	Compare	Select Comparison：a≥b，True Output＝1 V， False Output＝0 V
95	Source	Aperiodic/Step Fct	Amp＝500e－3 V，Start Time＝0 sec，Offset＝0 V
99	Sink	Analysis	Custom Sink Name：误码指示器
100	Operator	Sample/Hold/ReSample	Sample Rate＝1 Hz
101～103 109	Sink	Analysis	Custom Sink Name：b3/b1/b2/b0
105～108	Operator	Sample/Hold/Hold	Hold Value：Last Sample，Gain＝1

8.7.2　(7,4)汉明码编码与译码的仿真

设 $(7,4)$ 汉明码的码元表示为 $a_6 a_5 a_4 a_3 a_2 a_1 a_0$，其中 $a_6 a_5 a_4 a_3$ 为信息码元，$a_2 a_1 a_0$ 为监督码元，监督码元与信息码元之间关系为

$$\begin{cases} a_2 = a_6 \oplus a_5 \oplus a_4 \\ a_1 = a_6 \oplus a_5 \oplus a_3 \\ a_0 = a_6 \oplus a_4 \oplus a_3 \end{cases} \tag{8-54}$$

编码器每接收到 4 位信息码元，根据式(8-54)计算出 3 位监督码元，4 位信息码元与 3 位监督码元组成一个(7,4)汉明码的码字，(7,4)汉明码许用码组如表 8-13 所示。

表 8-13　(7,4)汉明码许用码组

信 息 位	监 督 位	信 息 位	监 督 位
$a_6 a_5 a_4 a_3$	$a_2 a_1 a_0$	$a_6 a_5 a_4 a_3$	$a_2 a_1 a_0$
0000	000	1000	111
0001	011	1001	100
0010	101	1010	010
0011	110	1011	001
0100	110	1100	001
0101	101	1101	010
0110	011	1110	100
0111	000	1111	111

译码器译码时,首先计算接收码字 $b_6b_5b_4b_3b_2b_1b_0$ 的伴随式 S,计算公式为 $S=BH^T$,对于式(8-54)所示的监督矩阵,伴随式 $S=(S_2S_1S_0)$ 为

$$\begin{cases} S_2=b_6+b_5+b_4+b_2 \\ S_1=b_6+b_5+b_3+b_1 \\ S_0=b_6+b_4+b_3+b_0 \end{cases} \tag{8-55}$$

根据表 8-13 可知:当 $S_2S_1S_0=111$ 时,b_6 有错误;当 $S_2S_1S_0=110$ 时,b_5 有错误;当 $S_2S_1S_0=101$ 时,b_4 有错误;当 $S_2S_1S_0=011$ 时,b_3 有错误。用译码器对伴随式进行译码,产生纠错信号,对错误码元进行纠正。译码时,可只检查信息位中的错误,并将其纠正。

(7,4)码校正子与误码位置如表 8-14 所示。

表 8-14　(7,4)码校正子与误码位置

$S_2S_1S_0$	误码位置	$S_2S_1S_0$	误码位置
001	b_0	101	b_4
010	b_1	110	b_5
100	b_2	111	b_6
011	b_3	000	无错

(7,4)汉明码编码器原理图如图 8-26(a)所示,(7,4)汉明码译码器原理图如图 8-26(b)所示。

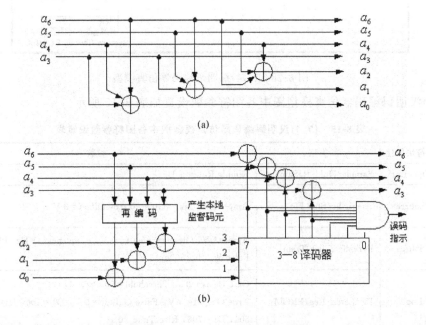

图 8-26　(7,4)汉明码编、译码器原理图

(7,4)汉明码的编、译码器仿真模型如图 8-27 所示。其中,编码器仿真模型如图 8-28所示。

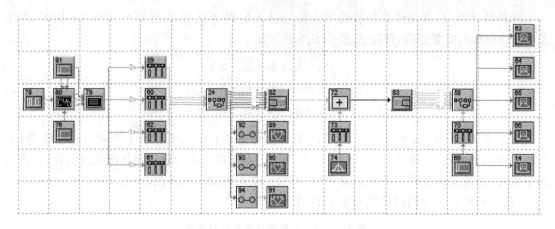

图 8-27 (7,4)汉明码的编、译码器仿真模型

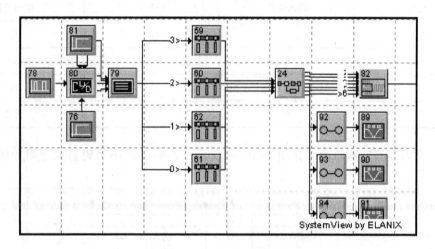

图 8-28 (7,4)汉明码编码器仿真模型

(7,4)汉明码编码器仿真模型图中各图符参数设置如表 8-15 所示。

表 8-15 (7,4)汉明码编码器仿真模型图中各图符参数设置表

编号	图符块属性	类型	参数
59～62	Operator	Sample/Hold/ReSample	Sample Rate＝1 Hz
76 81	Source	Aperiodic/Step Fct	Amp＝1 V，Start Time＝0 sec，Offset＝0 V
78	Source	Periodic/Pulse Train	Amp＝1 V，Offset＝−500e−3 V，Frequency＝1 Hz，Phase＝0 deg， Pulse Width＝500e−3 V
79	Logic	FF/Latch/Reg/PROM	Gate Delay＝0 s，Threshold＝500e−3 V， True Output＝1 V，False Output＝0 V，D0＝100，D1＝302，D2＝504，D3＝706，Rise Time＝0 s
80	Logic	Counters/Cntr-U/D	Gate Delay＝0 s，Threshold＝500e−3 V， True Output＝1 V，False Output＝0 V， Rise Time＝0 s，Fall Time＝0 s

续 表

编号	图符块属性	类型	参数
82	Comm	Modulators/TD Mux	Number of Inputs＝7，Time per Inputs＝1 sec
24	MetaSys		
92～94	Operator	Sample/Hold/Hold	Hold Value：Last Sample，Gain＝1
89～91	Sink	Graphic/Systemview	Custom Sink Name：a2-a0

图 8-27 中，图符 78、81、80、76 和 79 的功能和参数的设置与图 8-22 中的相同，每一秒送出一组数据。由于(7,4)汉明码码字中信息位为 4 位，因此 4 位信息码元输出端的采样器有 4个，分别是图符 59、60、61 和 62。图符 24 是求监督码元的子系统。双击图符 24 可见其内部构成如图 8-28 所示。图符 0、1、2、3 是输入图符，图符 4、5、6、7、8、9、10 是输出图符。图符 11、12 和 13 是异或电路，完成式(8-54)所示的计算，求得 3 位监督码元。图符 92、93、94 是保持电路，图符 89、90、91 显示 3 位监督码元的波形。图符 82 是时分多路复用器，将输入的 7 位并行数据(码字)转换成串行输出数据。

以创建监督码元子系统为例，介绍创建子系统的步骤。首先创建 MetaSys 图符 m24，然后在 View 菜单中选择 MetaSystems，然后找到 m24，单击打开创建 m24 子系统的窗口，按照图 8-29 创建监督码元子系统仿真模型，最后保存已创建的子系统。

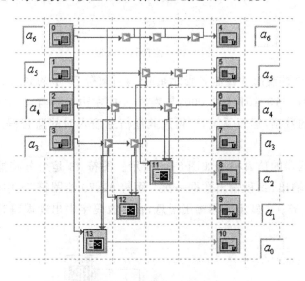

图 8-29　监督码元子系统

监督码元子系统仿真模型图中各图符参数设置如表 8-16 所示。

表 8-16　监督码元子系统仿真模型图中各图符参数设置表

编号	图符块属性	类型	参数
0～3	Input		
4～10	Output		
11～13	Logic	Gates/Buffers/XOR	Gate Delay＝0 s, Threshold＝500e-3 V, True Output＝1 V, False Output＝0 V, Rise Time＝0 s, Fall Time＝0 s

设置系统运行时间:采样速率为 256 Hz,采样点数为 3 072。为便于观察编码结果,将图符 79 中 8 个存储单元的数据顺序设置为 $(00)_H$、$(01)_H$、$(02)_H$、$(03)_H$、$(04)_H$、$(05)_H$、$(06)_H$、$(07)_H$,每个数据中的低 4 位作为编码信息。运行系统,当上述数据顺序输入时,相应的监督码元的波形如图 8-30 所示。

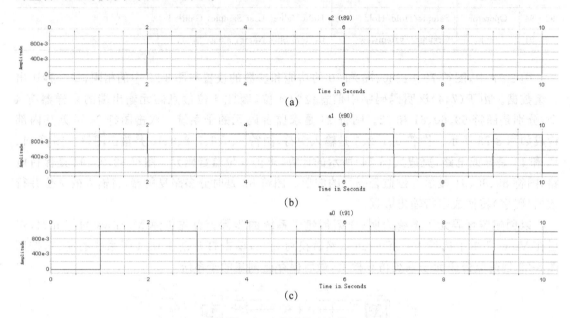

图 8-30 监督码元波形

由图 8-30 可见,每秒输出 3 位监督码元 $a_2a_1a_0$,当图符 79 中的数据顺序输出时,$a_2a_1a_0$ 分别是 000,011,101,110,110,101,100,000,与表 8-14 中左边一列监督元比较,可见编码结果正确。改变图符 79 中的数据,运行系统,可得到其他信息输入时的监督码元,从而得到(7,4)汉明码的全部码字。

(7,4)汉明码译码器的仿真模型如图 8-31 所示。图符 83 是个分路器,将接收到的 7 位 8 串行数据转换成并行输出,每秒输出数据一次。图符 69、70 给图符 58 中的 3/8 译码器提供使能信号。图符 63、64、65、66 显示译码输出信息,在接收码字中出现误码时图符 14 输出一个正脉冲。

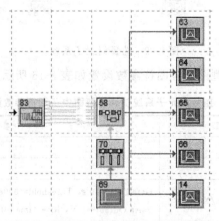

图 8-31 (7,4)汉明码译码器仿真模型

(7,4)汉明码译码器仿真模型图中各图符参数设置如表 8-17 所示。

表 8-17　(7,4)汉明码译码器仿真模型图中各图符参数设置表

编号	图符块属性	类型	参数
14	Sink	Analysis	Custom Sink Name：误码指示器
63～66	Sink	Analysis	Custom Sink Name：译码输出 a6-a3
58	MetaSys		
69	Source	Aperiodic/Step Fct	Amp=0 V，Start Time=0 sec，Offset=0 V
70	Operator	Sample/Hold/ReSample	Sample Rate=1 Hz
83	Comm	Demodulators/TD Dmux	Number of Inputs=7，Time per Inputs=1 sec

图 8-31 中,图符 58 是译码子系统,内部结果如图 8-32 所示。图符 34、35、36 分别根据式 (8-55)计算伴随式。图符 49 是 3/8 译码器,$S_2 S_1 S_0$ 作为其地址输入信号,当 $S_2 S_1 S_0 = 000$ 时, 意味着接收码字中的码元没有错误,此时 3/8 译码器的 Q_0 输出低电平,误码指示器输出为 0; 当 $S_2 S_1 S_0$ 不全为零时,接收码字有错误,3/8 译码器输出端 Q_0 为高电平,误码指示器输出一 个正脉冲。同时,3/8 译码器中还有一个输出端输出为低电平,此低电平信号作为纠错信号, 对接收码字中的相应位进行纠正。根据此(7,4)汉明码伴随式与错误位置的关系,3/8 译码器 的输出 $Q_7 Q_6 Q_5 Q_3$ 可分别作为 b_6、b_5、b_4 和 b_3 的纠错信号。由于 3/8 译码器输出端低电平有 效,因而对每个纠错信号取非后,再与相应的接收码元异或,可将接收码字中的错误码元加以 纠正。图符 54、55、56、57 分别对 3/8 译码器的输出 $Q_7 Q_6 Q_5 Q_3$ 进行取非,图符 50、51、52、53 分别将纠错信号与相应的接收码字异或。

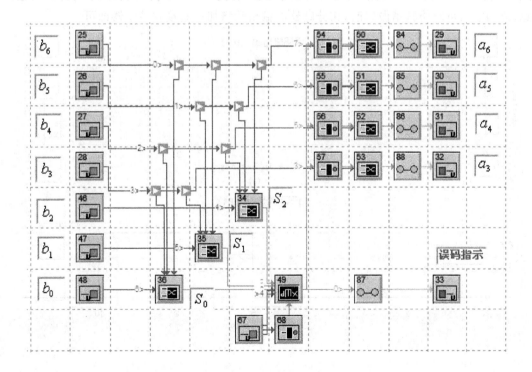

图 8-32　译码子系统

译码子系统仿真模型图中各图符参数设置如表 8-18 所示。

表 8-18　译码子系统仿真模型图中各图符参数设置表

编号	图符块属性	类型	参数
25～28	Input		
46～48			
67			
29～33	Output		
34～36	Logic	Gates/Buffers/XOR	Gate Delay＝0 s, Threshold＝500e－3 V, True Output＝1 V,
50～53			False Output＝0 V, Rise Time＝0 s, Fall Time＝0 s
49	Logic	Mux/Demux/dMux-D-8	Gate Delay＝0 s, Threshold＝500e－3 V, True Output＝1 V, False Output＝0 V, Rise Time＝0 s, Fall Time＝0 s
54～57	Logic	Gates/Buffers/Invert	Gate Delay＝0 s, Threshold＝500e－3 V, True Output＝1 V,
68			False Output＝0 V, Rise Time＝0 s, Fall Time＝0 s
84～88	Operator	Sample/Hold/Hold	Hold Value：Last Sample, Gain＝1

将图符 74 的标准偏差设置为 0.25 V,运行系统,进入分析窗,更新数据,单击工具栏上的 和 重新排列波形窗口。关闭与编码有关的波形窗口,对译码输出波形的位置进行适当调整,得到的译码输出信息及误码指示波形如图 8-33 所示。由图 8-33 可见,当发送信息 0100 所对应的码字时,接收码由于信道噪声的影响发生了错误,译码指示器输出一个正脉冲(此时伴随式 $S_2 S_1 S_0 \neq 000$),但译码后的输出信息却是正确的。如果想对比接收码字与译码后输出信息(或码字),可对仿真稍做修改,在分路器的输出端增加一些接收显示器即可。

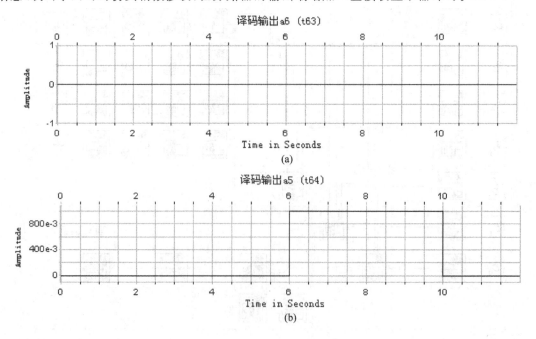

译码输出 a6　(t63)

(a)

译码输出 a5　(t64)

(b)

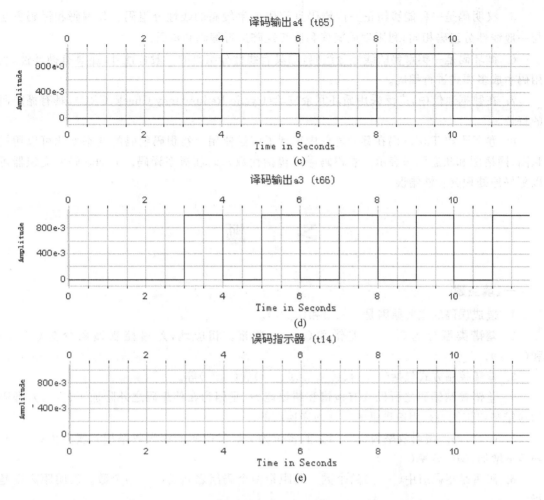

图 8-32　译码器输出信息与误码指示器波形

本 章 小 结

1. 差错控制的目的是提高传输的可靠性。差错类型包括随机差错和突发差错。在数据通信系统中，差错控制方式一般可以分为 4 种类型：检错重发（ARQ）、前向纠错（FEC）、混合纠错检错（HEC）和反馈校验。差错控制的核心是差错控制编码，不同的编码方法有不同的检错或纠错能力。差错控制编码一般是在用户信息序列后插入一定数量的监督码元，监督码元越多，冗余度越大，检错纠错能力越强。从不同的角度出发，纠错编码有不同的分类方法。

2. 简单的差错控制编码包括奇偶校验码、水平奇偶校验码和二维奇偶校验码。

3. 线性分组码的构成是将信息序列划分为等长（k 位）的序列段，共有 2^k 个不同的序列段。在每一个信息段之后附加 r 位监督码元，构成长度为 $n=k+r$ 的分组码(n,k)，当监督码元与信息码元的关系为线性关系时，构成线性分组码。

4. 线性分组码的监督矩阵用于译码检错和纠错，对码字起监督作用；生成矩阵用于编码，生成线性分组码。

5. 汉明码是一种能够纠正一位错码且编码效率较高的线性分组码。其编码和译码方法与一般线性分组码相同,利用生成矩阵和监督矩阵进行编码和译码。

6. 循环码是一类重要的线性分组码,除具有线性分组码的一般特性外,还具有循环性,利用码生成多项式进行编码。

7. 在数据通信中,广泛采用循环冗余校验(Cyclic Redundancy Check,CRC),具有循环码的特性。

8. 卷积码和 Turbo 码在移动通信中得到了广泛使用。卷积码编码的状态变化可以用树状图、网格图和状态图来表示。卷积码译码包括代数译码和概率译码。Turbo 码的交织器可以更好地处理突发性错误。

习 题

一、填空题

1. 造成误码的主要原因是( )和( )。

2. 差错类型分为( )差错和( )差错。相应地,差错控制编码分为( )和( )。

3. 差错控制方式包括( )、( )、( )和( )等。

4. 差错控制编码之所以具有检错和纠错能力,是因为在信息码之外附加了( ),即码的检错和纠错能力是用信息量的( )来换取的。

5. (n,k)码的编码效率为( )。监督位为 r 的汉明码的编码效率用 r 表示为( )。随着 r 增加,编码效率( )。

6. 码重是指码组中( )的个数。码距指两个码组之间的( )个数。汉明距离则是指( )。

7. 按照信息码元在编码前后是否保持原来的形式不变,可将其划分为( )码和( )码。

8. (n,k)线性分组码中,许用码字有( )个,禁用码字有( )个。

9. (n,k)线性分组码的生成矩阵是( )行( )列的矩阵,监督矩阵是( )行( )列的矩阵。

10. 校正子 S 是一个( )行( )列的矩阵,校正子 S 的位数与监督码元个数 r( )。

11. 根据( ),一种线性分组码的两个许用码组之和仍是( )。

12. 101111 对应的码多项式是( )。

13. 卷积码编码的状态变化可以用( )、( )和( )来直观表示。

14. $(2,1,3)$卷积码的约束长度是( )。

15. 交织器使突发产生的集中错误( ),其目的是抗信道( )。

二、选择题

1. 在 4 种差错控制方式中,不需要反向信道的是( )。

A. 检错重发　　　　B. 前向纠错　　　　C. 混合纠错检错　　D. 反馈校验

2. 在 4 种差错控制方式中,不需要编码的是( )。

A. 检错重发　　　　B. 前向纠错　　　　C. 混合纠错检错　　　D. 反馈校验

3. 下列编码方式中,不是线性分组码的是(　　)。

A. 奇偶检验码　　　B. 汉明码　　　　C. 循环码　　　　　D. 卷积码

4. 偶监督码的码组中"0"的个数的奇偶性为(　　)。

A. 偶数　　　　　　B. 奇数　　　　　C. 未知数　　　　　D. 以上都不对

5. 已知某码组集合的汉明距离为 $d_{\min}$,表示用于纠错时汉明距离与检错纠错能力的关系可用不等式(　　)。

A. $d_{\min} \geqslant e+1$　　　B. $d_{\min} \geqslant 2t+1$　　　C. $d_{\min} \geqslant e+t+1$　　　D. 以上均不对

6. 循环码的最小码距是(　　)。

A. 非零码组的最小码重　　　　　　　　B. 码长 n

C. 码长的一半($n/2$)　　　　　　　　　D. $r+1$(r 为监督位长度)

三、判断题

(　　)1. 奇偶监督码具有检错纠错能力。

(　　)2. 循环码是一种具有循环性的线性分组码。

(　　)3. 在编码器复杂程度相同的情况下,卷积码的性能优于分组码。

(　　)4. 监督码元越多,差错控制编码纠错能力越强,编码效率越高。

(　　)5. 交织器的作用是将集中错误分散化,主要针对随机错误。

四、计算题

1. 已知 8 个码组为 000000、001110、010101、011011、100011、101101、110110、111000,求该码组的最小码距。

2. 上题给出的码组若用于检错,能检出几位错码?若用于纠错,能纠正几位错码?

3. 一码长 $n=15$ 的汉明码,监督位应为多少?编码效率为多少?

4. 已知汉明码的监督矩阵为

$$\boldsymbol{H} = \begin{bmatrix} 1110100 \\ 1101010 \\ 1011001 \end{bmatrix}$$

求:(1) n 和 k 是多少?

(2) 编码效率是多少?

(3) 生成矩阵 $\boldsymbol{G}$。

(4) 若信息位全为"1",求监督码元。

(5) 校验 0100110 和 0000011 是否为许用码字,若有错,请纠正。

5. 已知(7,3)线性分组码的生成矩阵为

$$\boldsymbol{G} = \begin{bmatrix} 1000111 \\ 0101110 \\ 0011101 \end{bmatrix}$$

求:(1) 所有的码字。

(2) 监督矩阵 $\boldsymbol{H}$。

(3) 最小码距及纠错、检错能力。

(4) 编码效率。

6. 已知(15,5)循环码的生成多项式 $g(x) = x^{10}+x^8+x^5+x^4+x^2+x+1$,求信息码 10011 所对应的循环码。

第9章 同步原理

本章内容

◇ 同步的概念和分类；

◇ 载波同步；

◇ 位同步、群同步；

◇ 网同步。

本章重点

◇ 同步的概念；

◇ 载波同步；

◇ 位同步、群同步。

本章难点

◇ 位同步、群同步；

◇ 网同步。

学习本章目的和要求

◇ 掌握同步的概念和分类；

◇ 掌握载波同步；

◇ 掌握位同步、群同步；

◇ 了解网同步。

在通信系统中，同步具有相当重要的作用。通信系统能否有效、可靠地工作，在很大程度上依赖于有无良好的同步系统。本章将详细介绍几种主要同步技术的基本原理和实现手段，同时对它们各自的性能指标进行简要分析。

9.1 同步的概念和分类

在通信系统中，同步的种类很多，如果按照同步的功用来分，同步可以分为载波同步、位同步、群同步和网同步四种。

1. 载波同步

当采用同步解调或相干检测时，接收端需要提供一个与发射端调制载波同频同相的相干载波,而这个相干载波的获取就称为载波提取,或称为载波同步。

2. 位同步

在数字通信中,除了有载波同步的问题外,还存在位同步的问题。因为信息是一串相继的信号码元的序列,解调时常需知道每个码元的起止时刻,以便判决。例如,用采样判决器对信号进行采样判决时,一般均应对准每个码元最大值的位置。因此,需要在接收端产生一个"码元定时脉冲序列",这个定时脉冲序列的重复频率要与发送端的码元速率相同,相位(位置)要对准最佳采样判决位置(时刻)。这样的码元定时脉冲序列被称为"码元同步脉冲"或"位同步脉冲",而把位同步脉冲的取得称为位同步提取,或称为位同步(码元同步)。

3. 群同步

数字通信中的信息数字流,总是用若干码元组成一个"字",又用若干"字"组成一"句"。因此,在接收这些数字流时,同样也必须知道这些"字""句"的起止时刻。而在接收端产生的与"字""句"起止时刻相一致的定时脉冲序列,就被称为"字"同步和"句"同步,统称为群同步或帧同步。

4. 网同步

有了以上三种同步,就可以保证点与点的数字通信。但对于数字网的通信来说还要有网同步,使整个数字通信网内有一个统一的时间节拍标准,这就是网同步需要讨论的问题。

除了按照功用来区分同步外,还可以按照传输同步信息方式的不同,把同步分为外同步法(插入导频法)和自同步法(直接法)两种。外同步法是指发送端发送专门的同步信息,接收端把这个专门的同步信息检测出来作为同步信号的方法;自同步法是指发送端不发送专门的同步信息,而在接收端设法从收到的信号中提取同步信息的方法。

不论采用哪种同步的方式,对正常的信息传输来说,都是非常必要的,因为只有收发之间建立了同步才能开始传输信息。因此,在通信系统中,通常都要求同步信息传输的可靠性高于信号传输的可靠性。

9.2 载波同步

当已调信号频谱中有载频离散谱成分时,可用窄带带通滤波器或锁相环来提取相干载波,但是如果载频附近的连续谱比较强,则提取的相干载波中会含有较大的相位抖动。当已调信号中不含载波离散谱时,可以采用直接法和插入导频法来获得相干载波。

9.2.1 直接法

有些信号(如抑制载波的双边带信号等)虽然本身不包含载波分量,但对该信号进行某些非线性变换以后,将具有载波的谐波分量,因而可从中提取载波分量来,这就是直接法提取同步载波的基本原理。下面介绍几种直接提取载波的方法。

1. 平方变换法和平方环法

设调制信号为 $m(t)$, $m(t)$ 中无直流分量,则抑制载波的双边带信号为 $s(t)=m(t)\cos \omega_c t$。接收端将该信号进行平方变换,即经过一个平方律部件后得到

$$e(t) = m^2(t)\cos^2\omega_c t = \frac{m^2(t)}{2} + \frac{1}{2}m^2(t)\cos 2\omega_c t \qquad (9\text{-}1)$$

由式(9-1)可以看出,虽然前面假设 $m(t)$ 中无直流分量,但 $m^2(t)$ 却一定有直流分量,这是因为 $m^2(t)$ 必为大于等于 0 的数,因此, $m^2(t)$ 的均值必大于 0,而这个均值就是 $m^2(t)$ 的直流分量,这样 $e(t)$ 的第二项中就包含 $2f_c$ 频率的分量。例如,对于 2PSK 信号, $m(t)$ 为双极性矩形脉冲序列,设 $m(t)$ 取值为 ± 1 ,那么 $m^2(t)=1$,这样经过平方律部件后可以得到

$$e(t) = m^2(t)\cos^2\omega_c t = \frac{1}{2} + \frac{1}{2}\cos 2\omega_c t \qquad (9\text{-}2)$$

由式(9-2)可知,通过 $2f_c$ 窄带滤波器从 $e(t)$ 中很容易取出 $2f_c$ 频率分量。经过一个二分频器就可以得到 f_c 的频率成分,这就是所需要的同步载波。因而,利用图 9-1 所示的方框图就可以提取载波。

图 9-1 平方变换法提取载波

为了改善平方变换的性能,可以在平方变换法的基础上,把窄带滤波器用锁相环替代,构成如图 9-2 所示的框图,这样就实现了平方环法提取载波。由于锁相环具有良好的跟踪、窄带滤波和记忆性能,因此平方环法比一般的平方变换法具有更好的性能,因而得到广泛的应用。

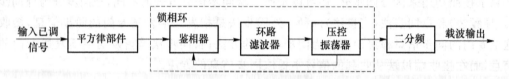

图 9-2 平方环法提取载波

在上面两个提取载波的方框图中都用了一个二分频电路,因此,提取的载波存在 π 相位模糊问题。对 PSK 信号而言,解决这个问题的常用方法就是采用 DPSK。

2. 同相正交环法(科斯塔斯环)

利用锁相环提取载波的另一种常用方法如图 9-3 所示。由于两个相乘器的本地信号分别为压控振荡器的输出信号 $\cos(\omega_c t + \phi)$ 和它的正交信号 $\sin(\omega_c t + \phi)$,因此,通常称这种环路为同相正交环,也称为科斯塔斯(Costas)环。

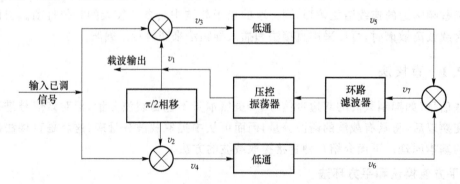

图 9-3 同相正交环法提取载波

设输入的抑制载波双边带信号为 $m(t)\cos\omega_c t$，则

$$\begin{cases} v_3 = m(t)\cos\omega_c t\cos(\omega_c t+\theta) = \dfrac{1}{2}m(t)\left[\cos\theta+\cos(2\omega_c t+\theta)\right] \\ v_4 = m(t)\cos\omega_c t\sin(\omega_c t+\theta) = \dfrac{1}{2}m(t)\left[\sin\theta+\sin(2\omega_c t+\theta)\right] \end{cases} \quad (9\text{-}3)$$

经低通后的输出分别为

$$\begin{cases} v_5 = \dfrac{1}{2}m(t)\cos\theta \\ v_6 = \dfrac{1}{2}m(t)\sin\theta \end{cases} \quad (9\text{-}4)$$

最后经乘法器的输出为

$$v_7 = v_5 \cdot v_6 = \frac{1}{4}m^2(t)\sin\theta\cos\theta = \frac{1}{8}m^2(t)\sin 2\theta \quad (9\text{-}5)$$

式(9-5)中 θ 是压控振荡器输出信号与输入已调信号载波之间的相位误差。当 θ 较小时，式(9-5)可以近似地表示为

$$v_7 \approx \frac{1}{4}m^2(t)\theta \quad (9\text{-}6)$$

式(9-6)中 v_7 的大小与相位误差成正比，它就相当于一个鉴相器的输出。v_7 用来调整压控振荡器输出信号的相位，最后就可以使稳态相位误差减小到很小的数值。这样压控振荡器的输出 v_1 就是所需要提取的载波。不仅如此，当 θ 减小到很小的时候，式(9-4)的 v_5 就接近于调制信号，因此，同相正交环法同时还具有了解调功能，目前在许多接收机中已经得到了使用。

数字通信中经常使用 MPSK 信号，这类信号同样可以利用多次方变换法从已调信号中提取载波信息。以 4PSK 信号为例，图 9-4 展示了从 4PSK 信号中提取同步载波的方法。

图 9-4　四次方变换法提取载波

9.2.2　插入导频法

在发送有用信号的同时，在适当的频率位置上，插入一个(或多个)称作导频的正弦波，接收端就利用导频提取载波，这类方法称为插入导频法，也称为外同步法。

在模拟通信系统中，抑制载波的双边带信号本身不含有载波；残留边带信号虽然一般都含有载波分量，但很难从已调信号的频谱中将它分离出来；单边带信号更是不存在载波分量。在数字通信系统中，2PSK 信号中的载波分量为零。对这些信号的载波提取，都可以用插入导频法，特别是单边带调制信号，只能用插入导频法提取载波。本节将讨论抑制载波的双边带信号的插入导频法。

对于抑制载波的双边带调制而言，在载频处，已调信号的频谱分量为零，同时对调制信号 $m(t)$ 进行适当处理，可以使已调信号在载频附近的频谱分量很小，这样就可以插入导频，这时插入的导频对信号的影响最小。但插入的导频并不是加在调制器的那个载波，而是将该载波移相 90° 后的所谓"正交载波"。根据上述原理，可构成插入导频的发端方框图，如图 9-5(a)所示。根据图 9-5(a)的结构，其输出信号可表示为

$$u_0(t) = a_c m(t) \sin \omega_c t - a_c \cos \omega_c t \tag{9-7}$$

设收端收到的信号与发端输出的信号相同,则收端用一个中心频率为 f_c 的窄带滤波器可以得到导频 $-a_c \cos \omega_c t$,再将它移相 90°,就可得到与调制载波同频同相的信号 $a_c \sin \omega_c t$。收端的方框图如图 9-5(b)所示,从图中可以看到

$$v(t) = [a_c m(t) \sin \omega_c t - a_c \cos \omega_c t] \cdot a_c \sin \omega_c t$$
$$= \frac{a_c^2 m(t)}{2} - \frac{a_c^2 m(t)}{2} \cos 2\omega_c t - \frac{a_c^2}{2} \sin 2\omega_c t \tag{9-8}$$

经过低通滤波器后,就可以恢复出调制信号 $m(t)$。然而,如果发端加入的导频不是正交载波,而是调制载波,这时发端的输出信号可表示为

$$u_0(t) = a_c m(t) \sin \omega_c t + a_c \sin \omega_c t \tag{9-9}$$

收端用窄带滤波器取出 $a_c \sin \omega_c t$ 后直接作为同步载波,但此时经过相乘器和低通滤波器解调后输出为 $\frac{a_c^2 m(t)}{2} + \frac{a_c^2}{2}$,多了一个不需要的直流成分 $\frac{a_c^2}{2}$,这就是发端采用正交载波作为导频的原因。

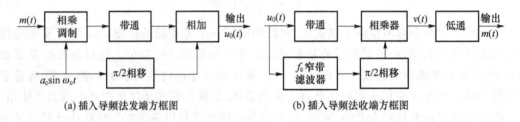

(a) 插入导频法发端方框图   (b) 插入导频法收端方框图

图 9-5　插入导频法

　　直接法的优缺点主要表现在以下方面:(1)不占用导频功率,因此信噪功率比可以大一些;(2)可以防止插入导频法中导频和信号间由于滤波不好而引起的互相干扰,也可以防止信道不理想引起导频相位的误差;(3)有的调制系统不能用直接法(如 SSB 系统)。

　　插入导频法的优缺点主要表现在以下方面:(1)有单独的导频信号,一方面可以提取同步载波,另一方面可以利用它作为自动增益控制;(2)有些不能用直接法提取同步载波的调制系统只能用插入导频法;(3)插入导频法要多消耗一部分不带信息的功率,因此,与直接法比较,在总功率相同条件下其实际信噪功率比要小一些。

9.2.3　载波同步系统的性能指标

　　载波同步系统的主要性能包括:效率、精度、同步建立时间和同步保持时间。

1. 效率

　　效率是指为获取同步所消耗的发送功率的多少。直接法不需要专门发送导频,因此是高效率的,而插入导频法由于插入导频要消耗一部分发送功率,效率要低一些。

2. 精度

　　精度是指提取的同步载波与载波标准比较,它们之间的相位误差大小。该值越小越好。通常又习惯地将这种误差分为稳态相位误差和随机相位误差。

3. 同步建立时间

同步建立时间是指从开机或失步到同步所需的时间。此时间越短越好。

4. 同步保持时间

同步保持时间是指同步建立后,如果提取同步的有关信号突然消失,系统还能保持同步的时间。此时间越长越好,这样一旦建立同步之后可以保持较长的时间。

9.3 位 同 步

在数字通信系统中,发端按照确定的时间顺序,逐个传输数码脉冲序列中的每个码元。而在接收端必须有准确的抽样判决时刻才能正确判决所发送的码元,因此,接收端必须提供一个确定抽样判决时刻的定时脉冲序列。这个定时脉冲序列的重复频率必须与发送的数码脉冲序列一致,同时在最佳判决时刻(或称为最佳相位时刻)对接收码元进行抽样判决。

位同步是指在接收端的基带信号中提取码元定时信息的过程。它与载波同步有一定的相似和区别。载波同步是相干解调的基础,不论模拟通信还是数字通信,只要是采用相干解调都需要载波同步,并且在基带传输时没有载波同步问题;所提取的载波同步信息是载频位的正弦波,实现方法有插入导频法和直接法。位同步是正确采样判决的基础,只有数字通信才需要,并且不论是基带传输还是频带传输都需要位同步;所提取的位同步信息是频率等于码速率的定时脉冲,相位则根据判决时信号波形决定,可能在码元中间,也可能在码元终止时刻或其他时刻。

实现位同步的方法和载波同步类似,位同步的实现方法也有插入导频法和直接法。

目前最常用的位同步方法是直接法,即接收端直接从接收到的码流中提取时钟信号作为接收端的时钟基准,去校正或调整接收端本地产生的时钟信号,使收发双方保持同步。直接法的优点是既不消耗额外的发射功率,又不占用额外的信道资源。采用这种方法的前提条件是码流中必须含有时钟频率分量,或者经过简单变换之后可以产生时钟频率分量,为此常需要对信源产生的信息进行重新编码。

9.3.1 插入导频法

为了得到码元同步的定时信号,首先要确定接收到的信息数据流中是否包含位定时的频率分量。如果存在此分量,就可以利用滤波器从信息数据流中把位定时信息提取出来。

若基带信号为随机的二进制不归零码序列,这种信号本身不包含位同步信号,为了获得位同步信号,需在基带信号中插入位同步的导频信号,或者对该基带信号进行某种码型变换,以得到位同步信息。

插入导频法与载波同步时的插入导频法类似,它也是在基带信号频谱的零点插入所需的导频信号,如图 9-6(a)所示。若经某种相关编码处理后的基带信号,其频谱的第一个零点在 $f = \dfrac{1}{2T_b}$ 处,插入导频信号就应在 $\dfrac{1}{2T_b}$ 处,如图 9-6(b)所示。

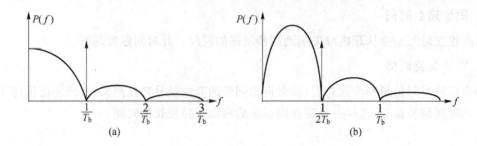

图 9-6　插入导频法频谱图

在接收端,对图 9-6(a)所示的情况,经中心频率为 $f=\dfrac{1}{T_b}$ 的窄带滤波器,就可从解调后的基带信号中提取位同步所需的信号。这时,位同步脉冲的周期与插入导频的周期是一致的;对图 9-6(b)所示的情况,窄带滤波器的中心频率应为 $f=\dfrac{1}{2T_b}$,因为这时位同步脉冲的周期为插入导频周期的一半,故需插入导频 2 倍频,才能获得所需的位同步脉冲。图 9-7 给出了位同步插入导频法方框图。

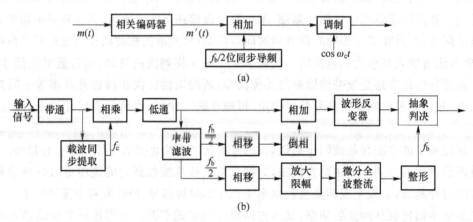

图 9-7　位同步插入导频法方框图

图 9-7(a)中基带信号经相关编码器处理,使其信号频谱在 $\dfrac{1}{2T_b}$ 位置为零,这样就可以在 $\dfrac{1}{2T_b}$ 插入位定时导频。收端的结构如图 9-7(b)所示,从图中可以看到,由窄带滤波器取出的导频 $\dfrac{f_b}{2}$ 经过移相和倒相后,再经过相加器把基带数字信号中的导频成分抵消。由窄带滤波器取出导频的另一路经过移相和放大限幅、微分全波整流、整形等电路,产生位定时脉冲,微分全波整流电路起到倍频器的作用,因此虽然导频是 $\dfrac{f_b}{2}$,但定时脉冲的重复频率变为与码元速率相同的 f_b。图 9-7 中两个移相器都是用来消除由窄带滤波器等引起的相移,这两个移相器可以合用。图 9-7 中窄带滤波及移相、放大限幅、微分和整流后的各种波形如图 9-8 所示。

插入导频法的另一种形式是使数字信号的包络按位同步信号的某种波形变化。例如,PSK 信号和 FSK 信号都是包络不变的等幅波,因此,可将位导频信号调制在它们的包络上,而接收端只要用普通的包络检波器就可恢复位同步信号。

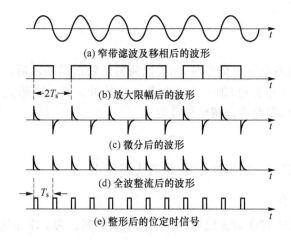

图 9-8 位定时信号产生过程中各环节波形图

9.3.2 直接法

直接法是借助于位同步电路从所接收到的数字基带信号中直接提取位同步信号的方法。直接法分为滤波法和锁相法,本书仅讨论锁相法。

与载波同步的提取类似,把采用锁相环来提取位同步信号的方法称为锁相法。在数字通信中,这种锁相电路常采用数字锁相环来实现。

采用锁相法提取位同步原理方框图如图 9-9 所示,它由高稳定度振荡器(晶振)、分频器、相位比较器和控制电路组成。其中,控制电路包括图中的扣除门、附加门和"或门"。高稳定度振荡器产生的信号经整形电路变成周期性脉冲,然后经控制器再送入分频器,输出位同步脉冲序列。输入相位基准与由高稳定振荡器产生的经过整形的 n 次分频后的相位脉冲进行比较,由两者相位的超前或滞后来确定扣除或附加一个脉冲,以调整位同步脉冲的相位。

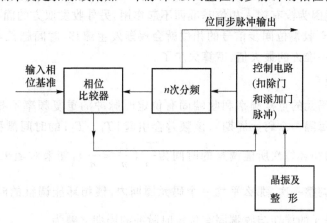

图 9-9 锁相法提取位同步原理方框图

9.3.3 位同步系统的性能指标

位同步系统的性能指标除了效率以外,主要有以下几个:(1)相位误差(精度),(2)同步建立时间,(3)同步保持时间,(4)同步带宽。下面将对数字锁相法位同步系统的性能指标进行分析。

1. 相位误差 θ_e

利用数字锁相法提取位同步信号时,相位比较器比较出误差以后,立即加以调整,在一个码元周期内(相当于 360°相位内)加一个或扣除一个脉冲。而一个码元周期内由晶振及整形电路来的脉冲数为 n 个,因此最大调整相位为

$$\theta_e = \frac{360°}{n} \tag{9-10}$$

从式(9-10)可以看到,随着 n 的增加,相位误差 θ_e 将减小。

2. 同步建立时间 t_s

同步建立时间即失去同步后重建同步所需的最长时间。为了求得这个可能出现的最长时间,令位同步脉冲的相位与输入信号码元的相位相差为 $\frac{T_b}{2}$ 秒,而锁相环每调整一步仅能调整 $\frac{T_b}{n}$ 秒,故所需最大的调整次数为

$$N = \frac{T_b/2}{T_b/n} = \frac{n}{2} \tag{9-11}$$

由于数字信息是一个随机的脉冲序列,可近似认为两相邻码元中出现 01、10、11、00 的概率相等,其中有过零点的情况占一半。而数字锁相法都是从数据过零点中提取标准脉冲的,因此平均来说,每 $2T_b$ 秒可调整一次相位,故同步建立时间为

$$t_s = 2T_b \cdot N = nT_b \tag{9-12}$$

为了使同步建立时间 t_s 减小,要求选用较小的 n,这就和相位误差对 n 的要求相矛盾。

3. 同步保持时间 t_c

同步建立后,一旦输入信号中断,或者遇到长连 0 码、长连 1 码时,由于接收的码元没有过零脉冲,锁相系统就因为没有输入相位基准而不起作用,另外收发双方的固有位定时重复频率之间总存在频差 ΔF,收端位同步信号的相位就会逐渐发生漂移,时间越长,相位漂移量越大,直至漂移量达到某一准许的最大值,就算失步了。

4. 同步带宽 Δf

如果输入信号码元的重复频率和收端固有位定时脉冲的重复频率不相等,每经过 T_0 时间(近似地说,就是每隔一个码元周期),该频差会引起 $|T_1 - T_2|$ 的时间漂移。而根据数字锁相环的工作原理,锁相环每次所能调整的时间为 $\frac{T_b}{n}$($\frac{T_b}{n} \approx \frac{T_0}{n}$),如果对随机数字来说,平均每两个码元周期才能调整一次,那么平均一个码元周期内,锁相环能调整的时间只有 $\frac{T_0}{2n}$。很显然,如果输入信号码元的周期与收端固有位定时脉冲的周期之差为

$$|T_1 - T_2| > \frac{T_0}{2n} \tag{9-13}$$

则锁相环将无法使收端位同步脉冲的相位与输入信号的相位同步,这时由频差所造成的相位差就会逐渐积累。这样就可以得到 $|T_1 - T_2|$ 的最大值

$$|T_1 - T_2| = \frac{T_0}{2n} = \frac{1}{2nF_0} \tag{9-14}$$

可以得到

$$|T_1 - T_2| = \frac{|\Delta f|}{F_0^2} = \frac{1}{2nF_0} \Rightarrow |\Delta f| = \frac{F_0}{2n} \tag{9-15}$$

式(9-15)就是求得的同步带宽表示式,要增加同步带宽$|\Delta f|$,需要减小 n。

9.4　群　同　步

在数字通信时,一般总是以一定数目的码元组成一个个的"字"或"句",即组成一个个的"群"进行传输的。因此,群同步信号的频率很容易由位同步信号经分频而得出。但是,每个群的开头和末尾时刻却无法由分频器的输出决定。群同步有时也称为帧同步。帧同步的任务就是在位同步的基础上识别出这些数字信息帧的时刻,使接收设备的帧定时与接收到的信号中的帧定时处于同步状态。为了实现帧同步,可以在数字信息流中插入一些特殊码字作为每个帧的头尾标记,这些特殊的码字应该在信息码元序列中不会出现,或者是偶然可能出现,但不会重复出现,此时只要将这个特殊码字连发几次,收端就能识别出来,接收端根据这些特殊码字的位置即可实现帧同步。实现帧同步通常采用的方法是起止式同步法和插入特殊同步码组的同步法。而插入特殊同步码组的方法有两种:一种为连贯式插入法(或集中插入法),另一种为间歇式插入法(或分散插入法)。

(1) 连贯式插入法,又称集中插入法。它是指在每一信息帧的开头集中插入作为帧同步码组的特殊码组,该码组应在信息码中很少出现,即使偶尔出现,也不可能依照帧的规律周期出现。接收端按帧的周期连续数次检测该特殊码组,这样便获得帧同步信息。A 律 PCM 基群、二次群、三次、四次群,以及 SDH 中各个等级的同步传输模块都采用连贯式插入法同步。

(2) 间歇式插入法是将 n 比特帧同步码分散地插入 n 帧内,每帧插入 1 比特,μ 律 PCM 基群及增量调制(ΔM)系统采用间歇式插入法同步。

对帧同步码的选择有一定的原则,要求包括:具有尖锐单峰特性的自相关函数、漏同步概率小;便于与信息码区别、假同步概率小;码长适当,以保证传输效率。

帧同步码很难完全符合上述要求,往往只是符合其中的一部分要求。基本符合上述要求的特殊码组有全 0 码、全 1 码、1 与 0 交替码、巴克码和最佳同步码等。

9.4.1　起止同步法

电传机中广泛使用的同步方法,就是起止同步法。下面以电传机为例,简要地介绍这种群同步方法的工作原理。

电传报文的一个字由 7.5 个码元组成,假设电传报文传送的数字序列为 10010,则其码元结构如图 9-10 所示。从图中可以看到,在每个字开头,先发一个码元的起脉冲(负值),中间 5 个码元是信息,字的末尾是 1.5 码元宽度的止脉冲(正值),在收端可以根据正电平第一次转到负电平这一特殊规律,确定一个字的起始位置,因而就实现了群同步。由于这种同步方式中的止脉冲宽度与码元宽度不一致,就会给同步数字传输带来不便。另外,在这种同步方式中,7.5

个码元中只有5个码元用于传递信息,因此编码效率较低。起止同步法的优点是结构简单、易于实现,它特别适合于异步低速数字传输方式。

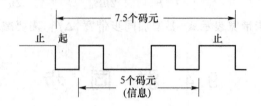

图 9-10　起止同步的信号波形

9.4.2　连贯式插入法

连贯式插入法就是在每群的开头集中插入群同步码字的同步方法。例如,在 32 路数字电话 PCM 系统中,实际上只有 30 路通电话,另外两路中的一路专门作为群同步码传输,而另一路作为其他标志信号用,这就是连贯式插入法的一个应用实例,如图 9-11 所示。

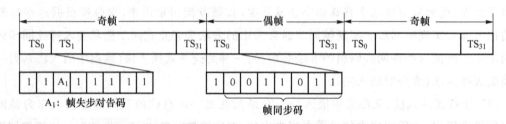

图 9-11　帧同步码连贯式插入法示意图

连贯式插入法的群同步码字用的特殊码字首先应该具有尖锐单峰特性的局部自相关特性,其次这个特殊码字在信息码元序列中不易出现以便识别,最后群同步识别器需要尽量简单。下面介绍常用的两种群同步码字——最佳同步码和巴克码。

1. 最佳同步码

最佳同步码是指在覆盖区出现假同步概率最小的码型。我们将一帧的信息码流分为随机区和覆盖区,在随机区,所有的码字都是信息码且都是随机的;而覆盖区,由给定的帧同步码和随机的信息码组成。设帧同步码组长度为 l,则除一组真正的帧同步码组外,覆盖区任一码长为 l 的码组都是由部分帧同步码和部分信息码组成的。即在帧同步码组的两侧各有 $l-1$ 位码,加上帧同步码组,共有 $2(l-1)+l=3l-2$ 位码组成覆盖区。通过选择恰当的帧同步码组,使覆盖区内除帧同步码组本身外,不会有伪同步码存在,把符合这种要求的帧同步码组称为单极点码组。用于 PCM30/32 路基群的帧同步码组 0011011 就是一种 7 位单极点码组,其覆盖区如图 9-12 所示。由于覆盖区内出现伪同步的可能性很小,所以捕捉同步码的时间可以大大减少。

表 9-1 列出了一些最佳同步码码型。最佳同步码的反码和镜像码型也是最佳同步码。从表 9-1 中可以看出其具有下列特征:"1"和"0"的个数基本相同;从"1"变为"0"和从"0"变为"1"的个数基本相同;码首尾"1"和"0"的个数相异。

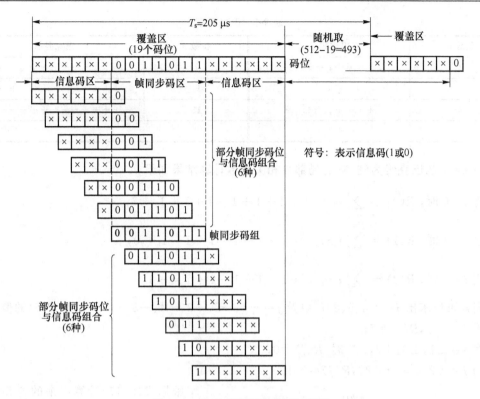

图 9-12 单极点码组覆盖区示意图

表 9-1 最佳同步码码型

码长 l	最佳同步码	码长 l	最佳同步码
7	1011000	12	110101100000
8	10111000	13	1110101100000
9	101110000	14	11100110100000
10	1101110000	15	111011001010000
11	10110111000		

2. 巴克码

(1) 巴克码的概念和特性

巴克码是一种具有特殊规律的二进制码字。它的特殊规律是:若一个 n 位的巴克码 $\{x_1, x_2, x_3, \cdots, x_n\}$,每个码元 x_i 只可能取值 $+1$ 或 -1,则它必然满足条件

$$R(j) = \sum_{i=1}^{n-j} x_i x_{i+j} = \begin{cases} n, & j=0 \\ 0 \text{ 或 } \pm 1, & 0 < j < n \\ 0, & j \geqslant n \end{cases} \tag{9-16}$$

式(9-16)中,$R(j)$ 称为局部自相关函数。从巴克码计算的局部自相关函数可以看到,它满足作为群同步码字的第一条特性,也就是巴克码的局部自相关函数具有尖锐单峰特性,从后面的分析同样可以看出,它的识别器结构非常简单。表 9-2 列出了目前人们已找到的多个巴克码字。表中的"+"表示"+1","-"表示"-1"。表 9-2 中巴克码字的反码和顺序相反的镜像码也是巴克码字。

表 9-2 巴克码字

位数 n	巴克码字	位数 n	巴克码字
2	++；－+	7	+++－－+－
3	++－	11	+++－－－+－－+－
4	+++－；++－+	13	+++++－－++－+－+
5	+++－+		

以 $n=7$ 的巴克码为例,它的局部自相关函数计算结果如下:

当 $j=0$ 时, $R(0)=\sum_{i=1}^{7}x_i^2=1+1+1+1+1+1+1=7$;

当 $j=1$ 时, $R(1)=\sum_{i=1}^{6}x_ix_{i+1}=1+1-1+1-1-1=0$;

当 $j=2$ 时, $R(2)=\sum_{i=1}^{5}x_ix_{i+2}=1-1-1-1+1=-1$。

同样可以求出 $j=3$、4、5、6、7,以及 $j=-1$、-2、-3、-4、-5、-6、-7 时 $R(j)$ 的值如下:

当 $j=0$ 时,$R(j)=7$;

当 $j=\pm1,\pm3,\pm5,\pm7$ 时,$R(j)=0$; (9-17)

当 $j=\pm2,\pm4,\pm6$ 时,$R(j)=-1$。

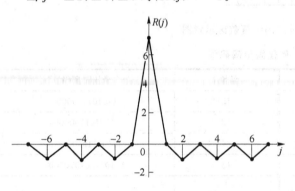

图 9-13 7 位巴克码的自相关函数

根据式(9-17)计算出来的这些值,可以作出 7 位巴克码关于 $R(j)$ 与 j 的关系曲线,如图 9-13 所示。

将各点依次连起来后,可看出自相关函数在 $j=0$ 时具有尖锐的单峰特性。局部自相关函数具有尖锐的单峰特性,正是连贯式插入群同步码字的主要要求之一。

另外,由于巴克码具有相当好的相关性,还是一种很好的短码,可作为一种伪随机码(PN)用于 802.11 标准中,对每一原始数据速率为 1 及 2 Mbit/s 的信息位进行编码。

(2) 巴克码识别器

巴克码识别器是比较容易实现的,这里以 7 位巴克码为例,用 7 级移位寄存器、相加器和判决器就可以组成一识别器,具体结构如图 9-14 所示。

7 级移位寄存器的 1、0 端输出按照 1110010 的顺序连接到相加器输入,接法与巴克码的规律一致。当输入数据的"1"存入移位寄存器时,"1"端的输出电平为 +1,而"0"端的输出电平为 -1;反之,存入数据"0"时,"0"端的输出电平为 +1,"1"端的输出电平为 -1。当发送端送来的码元自右向左进入时,首先考虑一个简单的情况:假设只计算巴克码(1110010)进入的几个移位寄存器的输出,此时将有巴克码进入 1 位,2 位,…,7 位全部进入,第 1 位移出尚留 6 位……前 6 位移出只留 1 位等 13 种情况。经过计算可得相加器的输出就是自相关函数,设码元进入移位寄存器数目为 a,码元尚留在移位寄存器的数目是 b,这

时就可以得到 a、b 和 j 之间的关系式

$$a = 7 - j \qquad b = 7 + j \qquad\qquad (9\text{-}18)$$

根据上述关系可以得到表 9-3,它反映了相加器输出与 a、b 之间的关系。

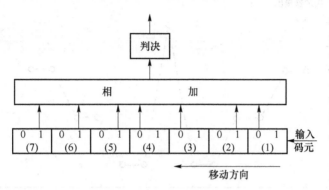

图 9-14　7 位巴克码识别器

表 9-3　相加器输出与 a、b 之间的关系表

巴克码进入（或留下）位数			a				$a=b$			b		
	1	2	3	4	5	6	7	6	5	4	3	2	1
相加器输出	-1	0	-1	0	-1	0	7	0	-1	0	-1	0	-1

实际上述群同步码的前后都是有信息码的,具体情况如图 9-15(a)所示,在这种情况下,巴克码识别器的输出波形如图 9-15(b)所示。

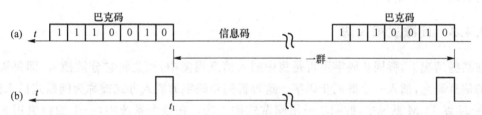

图 9-15　识别器输入和输出波形

当 7 位巴克码在图 9-15 中的 t_1 时刻,正好已全部进入了 7 级移位寄存器,这时 7 个移位寄存器输出端都输出 +1,相加后得最大输出 +7,如图 9-15(b)所示,而判决器输出的两个脉冲之间的数据,称为一群数据或一帧数据。当然,对于信息而言,由于其具有的随机特性,可以考察一种最不利的情况:即当巴克码只有部分码在移位寄存器时,信息码占有的其他移位寄存器的输出全部是 +1,在这样一种对于群同步最不利的情况下,相加器的输出将如表 9-4 所示。

表 9-4　最不利的情况下相加器输出与 a、b 之间的关系表

巴克码进入（或留下）位数			a				$a=b$			b		
	1	2	3	4	5	6	7	6	5	4	3	2	1
相加器输出	5	5	3	3	1	1	7	1	1	3	3	5	5

由此可得到相加器的输出波形如图 9-16 所示。图 9-16 中横坐标用 a 表示,由 a、b 和 j 之间的关系可知,$a = 14 - b$。

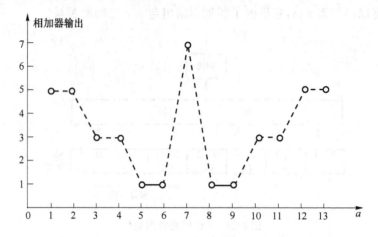

图 9-16 巴克码通过识别器时相加器的输出

由图 9-16 可以看出,如果判决电平选择为 6,就可以根据 $a = 7$ 时相加器输出的 7 大于判决电平 6 而判定巴克码全部进入移位寄存器的位置。此时识别器输出一个群同步脉冲,表示群的开头。一般情况下,信息码不会正好都使移位寄存器的输出均为 $+1$,因此实际上更容易判定巴克码全部进入移位寄存器的位置。后面还要讲到当巴克码中有误码时,只要错一个码,当 $a = 7$ 时相加器输出将由 7 变为 5,低于判决器的判决电平。因此,为了提高群同步的抗干扰性能,防止漏同步,判决电平可以改为 4。但改为 4 以后容易发生假同步,这些问题在性能分析时要进一步讨论。

9.4.3 间歇式插入法

在某些情况下,群同步码字不再是集中插入信息码流中,而是将它分散插入,即每隔一定数量的信息码元,插入一个群同步码字。这种群同步码字的插入方式被称为间歇式插入法。

在 24 路 PCM 系统中,群同步采用间歇式插入法。在这个系统中,一个抽样值用 8 位码表示,此时 24 路电话都抽样一次,共有 24 个抽样值、192($24 \times 8 = 192$)个信息码元。192 个信息码元作为一帧,在这一帧插入一个群同步码元,这样一帧共 193 个码元。24 路 PCM 系统如图 9-17 所示。

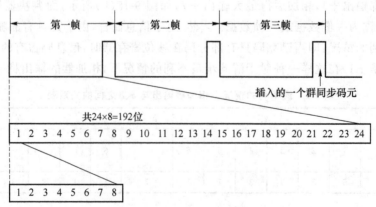

　　　　　　　图 9-17 24 路 PCM 的帧结构

间歇式插入法是将群同步码元分散地插入信息流中,因此,群同步码码型选择有一定的要求,其主要原则是:首先要便于收端识别,即要求群同步码具有特定的规律性,这种码型可以是全"1"码、全"0"码、"1""0"交替码等;其次,要使群同步码的码型尽量和信息码相区别。例如,在某些 PCM 多路数字电话系统中,用全"0"码代表"振铃",用全"1"码代表"不振铃",这时,为了使群同步码字与振铃相区别,群同步码就不能使用全"1"或全"0"。

收端要确定群同步码的位置,就必须对接收的码进行搜索检测。一种常用检测方法为逐码移位法,它是一种串行的检测方法;另一种方法是 RAM 帧码检测法,它是利用 RAM 构成帧码提取电路的一种并行检测方法。这里不再赘述。

9.4.4 群同步系统的性能指标

对于群同步系统而言,希望其建立的时间要短、建立同步以后具有较强的抗干扰能力。因此,在通常情况下,用以下 3 个性能指标来表示群同步性能的好坏:(1)漏同步概率 P_1;(2)假同步概率 P_2;(3)群同步平均建立时间 t_s。不同形式的同步系统,性能自然也不同。下面将主要分析集中插入方式的群同步系统的性能。

1. 漏同步概率 P_1

噪声和干扰的影响,会引起群同步码字中一些码元发生错误,从而使识别器漏识别已发出的群同步码字,出现这种情况的概率称为漏同步概率,用符号 P_1 来表示。以 7 位巴克码识别器为例,设判决门限为 6,此时 7 位巴克码中只要有一位码发生错误,当 7 位巴克码全部进入识别器时,相加器输出就由 7 变 5,小于判决门限 6,这时就出现了漏同步情况,因此,只有一位码也不错才不会发生漏同步。若在这种情况下,将判决门限电平降为 4,识别器就不会漏识别,这时判决器容许 7 位同步码字中有一个错误码元。假设系统的误码率为 p,7 位群同步码中一个也不错的概率为 $(1-p)^7$,因此判决门限电平为 6 时漏同步概率为 $P_1 = 1 - (1-p)^7$。如果为了减少漏同步,判决门限改为 4,此时容许有一个错码,则出现一个错码的概率为 $C_7^1 p(1-p)^6$,漏同步概率为 $P_1 = 1 - (1-p)^7 - C_7^1 p(1-p)^6$。设群同步码字的码元数目为 n,判决器容许群同步码字中最大错码数为 m,这时漏同步概率的通式可以写为

$$P_1 = 1 - \sum_{r=1}^{m} C_n^r p^r (1-p)^{n-r} \tag{9-19}$$

2. 假同步概率 P_2

在信息码中也可能出现与所要识别的群同步码字相同的码字,这时识别器会把它误认为群同步码字而出现假同步,出现这种情况的概率就被称为假同步概率,用符号 P_2 表示。因此,计算假同步概率 P_2 就是计算信息码元中能被判为同步码字的组合数与所有可能的码字数之比。设二进制信息码中 1 和 0 码等概率出现,也就是 $P(1) = P(0) = 0.5$,则由该二进制码元组成 n 位字的所有可能的码字数为 2^n 个,而其中能被判为同步码字的组合数也与 m 有关,这里 m 表示判决器容许群同步码字中最大错码数。当 $m = 0$ 时,只有 C_n^0 个码字能识别;若 $m = 1$,则有 $C_n^0 + C_n^1$ 个码字能识别。以此类推,求出信息码元中可以被判为同步码字的组合数,这个数可以表示为 $\sum_{r=0}^{m} C_n^r$,由此可得假同步概率的表达式为

$$P_2 = 2^{-n} \cdot \sum_{r=0}^{m} C_n^r \tag{9-20}$$

从式(9-19)和式(9-20)可以看到,随着 m 的增大,也就是随着判决门限电平降低,P_1 减小,但 P_2 增大,这两项指标是相互矛盾的。所以,判决门限的选取要兼顾漏同步概率 P_1 和假同步概率 P_2。

3. 群同步平均建立时间 t_s

对于连贯式插入的群同步而言,设漏同步和假同步都不发生,即 $P_1=0$ 和 $P_2=0$。在最不利的情况下,实现群同步最多需要一群的时间。设每群的码元数为 N(其中 m 位为群同步码),每码元时间为 T_b,则一群码的时间为 NT_b。考虑到出现一次漏同步或一次假同步大致要多花费 NT_b 的时间才能建立起群同步,故群同步的平均建立时间大致为

$$t_s=(1+P_1+P_2) \cdot N \cdot T_b \tag{9-21}$$

与利用式(9-39)计算的间歇式插入法平均建立时间 $t_s \approx N^2 T_b$ 相比,连贯式的 t_s 小得多,这就是连贯式插入法得到广泛应用的原因之一。

9.4.5 群同步的保护

通常将群同步的工作过程划分为两种状态:捕捉态和维持态。对群同步的保护措施是:

(1) 当系统处于捕捉态时,需要减小假同步概率 P_2,以提高判决门限;

(2) 当系统处于维持态时,需要减小漏同步概率 P_1,以降低判决门限。

下面介绍群同步保护电路的基本原理。

1. 连贯式插入法中的群同步保护

连贯式插入法中的群同步保护电路如图 9-18 所示。在群同步尚未建立时,系统处于捕捉态,状态触发器 C 的 Q 端为低电平,群同步码字识别器的判决门限电平较高,因而减小了假同步概率 P_2。这时在保护电路中,由于把判决门限电平调高,假同步的概率已很小,故保护电路中的 n 分频器被置零,禁止位同步 n 分频后输出。这里的 n 表示一帧数据的长度,因此,在置零信号无效时,位同步 n 分频后可以输出一个与群同步同频的信号,但脉冲位置不能保证与群同步脉冲位置相同,而这个脉冲位置也正是需要捕捉态确定的。

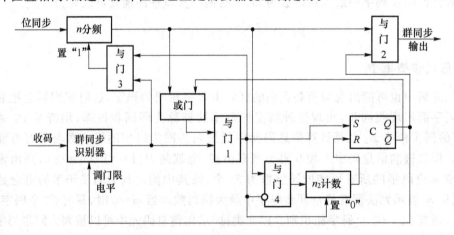

图 9-18 连贯式插入法群同步保护电路

一旦识别器有输出脉冲,由于触发器的 $\overline{Q}$ 端此时为高电平,于是经或门,使与门 1 有输出。与门 1 的一路输出至分频器 n,使之置"1",这时分频器就输出一脉冲加至与门 2,与此同时,分

频器 n 开始对位同步信号分频产生群同步脉冲;群同步脉冲还分出一路经过或门又加至与门 1。与门 1 的另一路输出加至状态触发器 C,使系统由捕捉态转为维持态,这时 Q 端变为高电平,打开与门 2,分频器 n 输出的脉冲就通过与门 2 形成群同步脉冲输出,因而同步建立。

同步建立后,系统处于维持态。为了提高系统的抗干扰性能,减小漏同步概率,在维持态时触发器 Q 端输出低电平,用这个信号来降低识别器的判决门限电平,这样就可以减小漏同步概率。另外,用计数电路增加系统的抗干扰性能。

利用 n_2 计数电路增加系统抗干扰性能的工作原理如下:当同步建立以后,若在分频器输出群同步脉冲的时刻,识别器无输出,这有可能是系统真正失步,也有可能是由于干扰偶尔出现的情况。只有连续出现 n_2 次这种情况以后,才能认为是真正失步,这时与门 1 连续无输出,经"非"后加至与门 4 的便是高电平。分频器每输出一脉冲,与门 4 就输出一脉冲,这样连续 n_2 个脉冲使"n_2"计数电路溢出,随即便输出一个脉冲至触发器 C,使系统电路状态由维持态转为捕捉态。当与门 1 不是连续无输出时,"n_2"计数电路未计满被置"0",状态就不会转换,因而系统增加了抗干扰能力。

同步建立后,信息码元中的假同步码字也可能会使识别器有输出而造成干扰。然而在维持态下,这种假识别的输出与分频器的输出不是同时出现的。因而这时与门 1 没有输出,故不会影响分频器的工作。因此,这种干扰对系统没有影响。

2. 间歇式插入法中的群同步保护

在间歇式插入法中如果采用逐码移位法实现群同步,信息码中与群同步相同的码元约占一半,因而在建立同步的过程中,假同步的概率很大。为了解决这个问题,可以利用如图 9-19 所示的电路原理图实现群同步的保护。

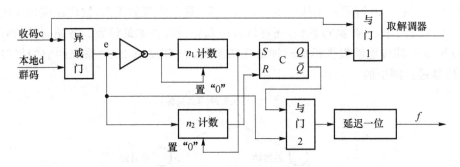

图 9-19　间歇式插入法群同步保护电路

从图 9-19 可以看到,为了减小假同步的概率,必须连续 n_1 次接收的码元与本地群码相一致,才被认为是建立了同步,采用这种方法可使假同步的概率大大减小。

状态触发器 C 在同步未建立时处于"捕捉态"(此时 Q 端为低电平)。本地群码和收码只有连续 n_1 次一致时,n_1 计数电路才输出一个脉冲使状态触发器的 Q 端由低电平变为高电平,群同步系统就由捕捉态转为维持态,表示同步已经建立。这样收码就可通过与门 1 加至解调器。偶然的一致是不会使状态触发器改变状态的,因为 n_1 次中只要有一次不一致,就会使 n_1 计数电路置"0"。

同步建立以后,可以利用状态触发器 C 和 n_2 计数电路来防止漏同步,以提高同步系统的抗干扰能力。一旦转为维持态以后,触发器 C 的 $\overline{Q}$ 端变为低电平,将与门 2 封闭。这时即使由于某些干扰使 e 有输出,也不会调整本地群码的相位。如果是真正的失步,e 就会不断地将

输出加到 n_2 计数电路,同时也不断将 n_1 计数电路置"0"。这时 n_1 计数电路不会再有输出加到 n_2 计数电路的置"0"端上,而当 n_2 计数电路输入脉冲的累计数达到 n_2 时,就输出一个脉冲使状态触发器由维持态转为捕捉态,C 触发器的 Q 端转为高电平。这样,一方面与门 2 打开,群同步系统又重新进行逐码移位,另一方面封闭与门 1,使解调器暂停工作。由此可以看出,将逐码移位法群同步系统划分为捕捉态和维持态后,既提高了同步系统的可靠性,又增加了系统的抗干扰能力。

9.5 网 同 步

在数字通信网中,如果在数字交换设备之间的时钟频率不一致,就会使数字交换系统的缓冲存储器中产生码元的丢失和重复,即导致在传输节点中出现滑码。在话音通信中,滑码现象的出现会导致"喀喇"声;而在视频通信中,滑码则会导致出现画面定格的现象。为降低滑码率,必须使网络中各个单元使用共同的时钟基准,实现各网元之间的时钟同步。更准确地说,网同步是使网中各网元的时钟频率和相位都控制在预先确定的容差范围内,以保证各网元之间通信的正常进行。

常见的网同步方法包括主从同步法、相互同步法、码速调整法和水库法等。

1. 主从同步法

主从同步法是在通信网中某一网元(主站)设置一个高稳定的主时钟,其他各网元(从站)的时钟频率和相位同步于主时钟的频率和相位,并设置时延调整电路,以调整因传输时延造成的相位偏差,如图 9-20 所示。主从同步法具有简单、易于实现的优点,被广泛应用于电话通信系统中。实际应用中,为提高可靠性,还可以采用双备份时钟源的设置。各站时钟的频率和相位也可以同步于其他能够提供标准时钟信号的系统,如 CDMA 2000 系统的空中接口即是采用 GPS 信号进行同步的。

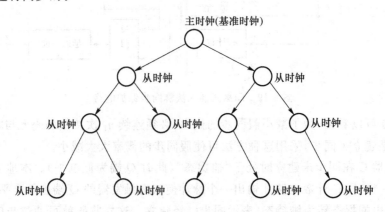

图 9-20 主从同步法示意图

2. 相互同步法

相互同步法在通信网内各网元设有独立时钟,它们的固有频率存在一定偏差,各网元所使用的时钟频率锁定在网内各网元固有频率的平均值上(此平均值将称为网频),如图 9-21 所示。相互同步法的优点是单一网元的故障不会影响其他网元的正常工作。

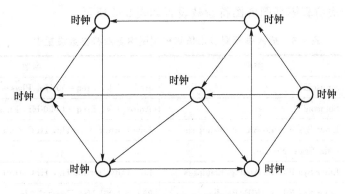

图 9-21　相互同步法示意图

3. 码速调整法

码速调整法是在数字复接时通过控制缓冲器的读写速度,适当调整各支路码速,提高到同一复接速率,以便在复接到群路上时不会发生相互重叠。当然,在分接时还要恢复到原来各支路的码速,而不会对收发两端的设备产生影响。码速调整法有正码速调整、负码速调整、正负码速调整和正/零/负码速调整四大类。在 PDH 系统中最常用的是正码速调整。

4. 水库法

水库法是依靠通信系统中各网元的高稳定度时钟以及大容量的缓冲器,虽然写入脉冲和读出脉冲频率不相等,但缓冲器在很长时间内不会发生"取空"或"溢出"现象,无须进行码速调整。但每隔一个相当长的时间总会发生"取空"或"溢出"现象,因此水库法也需要定期对系统时钟进行校准。

主从同步法和相互同步法属于全网同步,目的是建立全网统一的时钟基准,并分配到各网元,使各网元在统一的时钟频率和相位下同步工作。

码速调整法和水库法属于准同步,没有建立全网统一的时钟基准,只是要求各网元的时钟在规定的容差范围内,并通过缓冲器来解决各网元的时钟不同步的问题。

9.6　同步仿真

1. 仿真模型

插入导频法主要用于接收信号频谱中没有离散载频分量,或即使含有一定的载频分量,也很难从接收信号中分离出来的情况。对这些信号的载波提取,可以用插入导频法。

插入导频同步法仿真模型如图 9-22 所示。

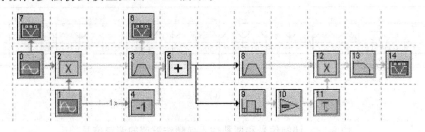

图 9-22　插入导频同步法仿真模型图

插入导频同步法仿真模型图各图符参数设置如表 9-5 所示。

表 9-5　插入导频同步法仿真模型图中各图符参数设置表

编号	图符块属性	类型	参数
0	Source	Sinusoid	Amp=1 V，Freq=50 Hz，Phase=0 deg
1	Source	Sinusoid	Amp=1 V，Freq=1 000 Hz，Phase=0 deg
3	Operator	Liner Sys Filters/Analog/Bandpass	Low Cuttoff=950 Hz，Hi Cuttoff=1 050 Hz
4	Operator	Gain/Scale/Negate	
8	Operator	Liner Sys Filters/Analog/Bandpass	Low Cuttoff=900 Hz，Hi Cuttoff=1 100 Hz
9	Operator	Liner Sys Filters/FIR/Bandpass	999 to 1 001 Hz，Taps=1 076
10	Operator	Gain/Scale/Gain	Gain=3
11	Operator	Delays/Delay	Delay Type：Non-Interpolating，Delay=250e−6 sec
13	Operator	Liner Sys Filters/Analog/Lowpass	Low Cuttoff=100 Hz

图符 0 为调制信号，与乘法器相连。图符 1 为载波信号，频率为 1 000 Hz，它的一个输出端（正弦端）与乘法器相连，另一个输出端（余弦端或正弦端）经反相器与加法器相连（余弦端时称为插入正交导频，如图 9-22 所示；正弦端时称为插入非正交导频，将图 9-22 中图符 1 的余弦端换成正弦端即可）。在接收端，用到了带通滤波器（图符 8）和窄带滤波器（图符 9）。移相电路用到了延时电路（延时 250 ns，因为载波频率为 1 000 Hz，移相 90 度等价于延时 250 ns）。

2. 仿真演示

系统时间设置：采样点数为 4 096，采样频率为 10 kHz。运行仿真。

由于用了图符 11，插入非正交导频时，接收端解调出不含直流成分的调制信号，插入正交导频信号时，接收端解调出含有直流成分的调制信号，调制信号和两种情况下的解调信号如图 9-23 所示。

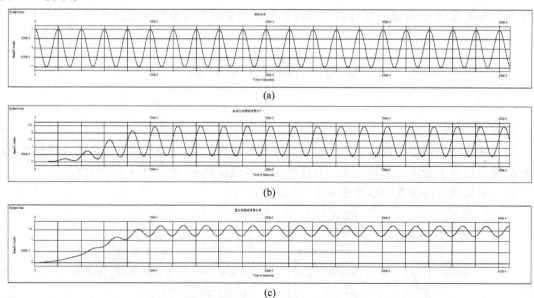

(a)

(b)

(c)

图 9-23　调制信号和两种插入导频法解调的调制信号

若仿真模型去掉图符 11,两种结果将正好相反。实际上,图符 11 的参数应该根据调制过程中各滤波器的时延来选取,起到均衡时延的作用。这样,插入正交导频时,接收端解调出不含直流成分的调制信号,插入非正交导频信号时,接收端解调出含有直流成分的调制信号,所以插入导频法应该插入正交导频。

本 章 小 结

1. 按照同步的功用来分,同步可以分为载波同步、位同步、群同步和网同步四种。

2. 按照传输同步信息方式的不同,同步分为外同步法(插入导频法)和自同步法(直接法)两种。

3. 当已调信号频谱中有载频离散谱成分时,可用窄带带通滤波器或锁相环来提取相干载波。当已调信号中不含有载波离散谱时,可以采用插入导频法和直接法来获得相干载波。

4. 直接法提取同步载波的基本原理:有些信号(如抑制载波的双边带信号等)虽然本身不包含载波分量,但对该信号进行某些非线性变换以后,将具有载波的谐波分量,因而可从中提取载波分量来。

5. 在发送有用信号的同时,在适当的频率位置上插入一个(或多个)称作导频的正弦波,接收端就利用导频提取载波,这类方法称为插入导频法,也称为外同步法。插入导频法可分为频域插入导频法和时域插入导频法。

6. 载波同步是相干解调的基础,位同步是正确采样判决的基础。

7. 载波同步系统的主要性能包括:效率、精度、同步建立时间和同步保持时间。

8. 位同步系统的性能指标包括效率、相位误差(精度)、同步建立时间、同步保持时间和同步带宽。

9. 实现帧同步通常采用的方法是起止式同步法和插入特殊同步码组的同步法。而插入特殊同步码组的方法有两种:一种为连贯式插入法,另一种为间歇式插入法。

10. 对帧同步码的要求包括:具有尖锐单峰特性的自相关函数,漏同步概率小;便于与信息码区别、假同步概率小;码长适当,以保证传输效率。

11. 最佳同步码是指在覆盖区出现假同步概率最小的码型。巴克码的局部自相关函数具有尖锐单峰特性。

12. 群同步系统的性能指标包括:漏同步概率、假同步概率和群同步平均建立时间。

13. 对群同步的保护措施是:(1)当系统处于捕捉态时,需要减小假同步概率 P_2,以提高判决门限;(2)当系统处于维持态时,需要减小漏同步概率 P_1,以降低判决门限。

14. 所谓网同步是使网中各网元的时钟频率和相位都控制在预先确定的容差范围内,以保证各网元之间通信的正常进行。

15. 常见的网同步方法包括主从同步法、相互同步法、码速调整法和水库法等。主从同步法和相互同步法属于全网同步,码速调整法和水库法属于准同步。

习 题

一、填空题

1. 按照同步的功用来分,同步可以分为( )、( )、( )和( )。

2. 按照传输同步信息方式的不同,同步分为( )和( )两种。

3. 当已调信号频谱中有载频离散谱成分时,可用( )或( )来提取相干载波。当已调信号中不含有载波离散谱时,可以采用( )和( )来获得相干载波。

4. ( )同步是相干解调的基础,( )同步是正确采样判决的基础。

5. 载波同步系统的主要性能包括:( )、( )、( )和( )。

6. 位同步系统的性能指标包括:效率、( )、( )、( )和( )。

7. 实现群同步通常采用的方法是( )同步法和插入特殊同步码组的同步法。而插入特殊同步码组的方法有两种:( )插入法和( )插入法。

8. ( )是指在覆盖区出现假同步概率最小的码型。巴克码的局部自相关函数具有( )特性。

9. 群同步系统的性能指标有( )、( )和( )。

10. 常见的网同步方法包括:( )、( )、( )和( )等。

二、选择题

1. 单边带调制信号中的载波提取可以使用的方法是( )。

A. 平方变换法　　　 B. 平方环法　　　 C. 同相正交环法　　　 D. 插入导频法

2. 若连贯式插入法中帧同步码组长度为 l,那么覆盖区的长度是( )。

A. $3l$　　　　　　 B. $3(l-1)$　　　　 C. $3(l-2)$　　　　 D. $3l-2$

3. 不属于位同步方法的是( )。

A. 插入导频法　　　　　　　　　　 B. 滤波法

C. 平方变换法　　　　　　　　　　 D. 锁相法

4. 不属于群同步方法的是( )。

A. 起止同步法　　 B. 导频插入法　　 C. 连贯式插入法　　 D. 间歇式插入法

5. 不属于网同步方法的是( )。

A. 主从同步法　　 B. 相互同步法　　 C. 起止同步法　　 D. 码速调整法

三、判断题

( ) 1. 独立的点对点通信系统不需要网同步。

( ) 2. 直接法是指将信息流中包含的同步信息直接用窄带滤波器滤出来。

( ) 3. 位同步的插入导频法包括锁相法。

( ) 4. PCM30/32 路基群帧同步使用的是集中插入法。

( ) 5. 巴克码适用于间歇式插入法。

( ) 6. 位同步比载波同步的性能指标多出一项同步带宽。

( ) 7. 起止同步法适合于异步低速数字传输方式。

( ) 8. 漏同步是指由于误码等原因导致群同步码没有被检出。

（　　）9. 巴克码是一种在覆盖区出现假同步概率最小的码型。

（　　）10. 主从同步法属于全网同步。

四、简答题

1. 简述同步的概念和分类。

2. 比较插入导频法和直接法两种载波同步方法的优缺点。

3. 简述位同步系统的性能指标。

4. 什么是群同步？

5. 群同步系统的基本要求有哪些？

6. 简述网同步的概念和分类。

五、综合题

1. 若采用 7 位单极点码组 1011000 作为群同步码，请画出 PCM30/32 基群的覆盖区示意图。

2. 设 5 位巴克码序列的前后都是"-1"码元，请画出其自相关函数曲线。

3. 设用一个 7 位巴克码作为群同步码，接收误码率为 10^{-4}，求：

① 容许错码数为 0 时的漏同步概率；

② 容许错码数为 0 时的假同步概率；

③ 容许错码数为 1 时的漏同步概率；

④ 容许错码数为 1 时的假同步概率。

部分习题参考答案

第1章

一、填空题

1. 电信
2. 信息　消息
3. 有意义　消息　信息
4. 信号　模拟　数字
5. 信源　发送设备　信道和噪声源　接收设备　信宿
6. 信源　信道　信宿
7. 模拟　窄　弱
8. 信源　信道
9. 数字　宽　强　加密　可控
10. 大　小
11. 熵　大
12. 模拟　数字　基带　频带　有线　无线
13. 通信方式　并行　串行　同步　异步　单工　半双工　全双工
14. 有效性　可靠性　有效性　可靠性

二、选择题

1. A　2. A　3. A　4. D

三、判断题

1. ×　2. ×　3. √　4. ×　5. ×　6. √　7. ×

第2章

一、填空题

1. 确知　随机
2. 连续　离散
3. 能量(有限)　功率(有限)
4. 振幅　角频率　初始相角
5. 时域　频域
6. $\dfrac{2\pi}{\tau}$　小(密)　小　高　小

7. $\omega_s \geqslant 2\omega_m$

8. 统计特征参数

9. 方差　均方值

10. 概率密度函数　相关

二、选择题

1. D　2. D　3. B　4. A

三、判断题

1. √　2. ×　3. ×　4. ×　5. √　6. √　7. ×　8. √　9. ×　10. ×

第 3 章

一、填空题

1. 广义信道

2. 屏蔽双绞线 STP

3. 调制信道

4. 恒参信道

5. 信噪比

6. 带宽 B

7. 噪声

8. 人为噪声　自然噪声

二、选择题

1. B　2. B　3. B　4. D　5. A

三、判断题

1. ×　2. √　3. ×　4. ×　5. √　6. ×

第 4 章

一、填空题

1. 振幅（A）　频率（ω_c 或 f_c）　初相位（φ_0）

2. 匹配信道的频谱特性　减小无线通信中天线的尺寸　实现频分多路复用　提高抗干扰性能

3. 载波　边带　边带　载波

4. 包络检波法（非相干检波法）　相干解调法

5. 50%

6. 33.3%

7. 包络检波解调　载波　上下边带　2（二或两）

8. 滤波法　相移法

9. 调频　调相

10. 载波瞬时相位偏移　宽带调频（WBFM）　窄带调频（NBFM）　窄带调频（NBFM）

11. 大信噪比　正比

287

12. 28k 4k

13. 载波电话 调频立体声 电视 广播

14. 系统的非线性

15. 防护频带

二、选择题

1. A 2. A 3. C 4. C 5. B 6. A

三、判断题

1. × 2. √ 3. × 4. × 5. × 6. ×

第 5 章

一、填空题

1. 模数转换 数模转换

2. 抽样 量化 编码

3. 在时间上的 在幅度上的

4. 模拟 数字

5. 连续 离散

6. 小信号 大信号

7. 01111111 −2 016

8. 帧同步 信令

9. 32 TS0

10. $f_s \geqslant 2f_m$

11. 300~3 400 Hz 8 000 Hz

12. 125 256 32

13. 6 7

二、选择题

1. C 2. B 3. D 4. D 5. C 6. A

三、判断题

1. × 2. × 3. √ 4. × 5. ×

第 6 章

一、填空题

1. 单极性不归零码 单极性归零码 双极性不归零码 双极性归零码 传号交替反转码 差分码

2. 双极性不归零反相码 差分曼彻斯特码

3. 连续 离散 双 离散

4. 基带 频带

5. 2 Bd/Hz

6. $(f_N, 0.5)$点 奇对称

7. 均衡　扰码　扰码

8. 眼图

二、选择题

1. C　2. B　3. B　4. B　5. D

三、判断题

1. √　2. √　3. √　4. ×　5. ×　6. √　7. √　8. ×　9. √　10. √

第 7 章

一、填空题

1. 单峰　双峰

2. 相干解调　非相干解调

3. 固定相位　相位跳变

4. 一样　强

5. 极性比较法（相干解调）　相位比较法（差分相干解调）

6. 相位模糊　差分编码

二、选择题

1. C　2. C　3. D　4. D　5. D　6. A　7. B　8. C

三、判断题

1. √　2. √　3. ×　4. ×　5. √　6. √

第 8 章

一、填空题

1. 信道不理想造成的符号间干扰　噪声对信号的干扰

2. 随机　突发　纠正随机错误的码　纠正突发错误的码

3. 检错重发 前向纠错 混合纠错检错　反馈校验

4. 监督码　冗余度

5. k/n　$1-r/n$　降低

6. 非零码元 对应码位上具有不同二进制码元的个数　任意两个许用码组间的距离的最小值

7. 系统　非系统

8. 2^k　2^n-2^k

9. k　n　$n-k$　n

10. 1　r　相等

11. 封闭性　另一个许用码组

12. $x^5+x^3+x^2+x+1$

13. 树状图　网格图　状态图

14. 6

15. 分散化　突发错误

二、选择题

1. B 2. D 3. D 4. C 5. B 6. A

三、判断题

1. × 2. √ 3. √ 4. × 5. ×

第 9 章

一、填空题

1. 载波同步　位同步　群同步　网同步

2. 外同步法(插入导频法)　自同步法(直接法)

3. 窄带带通滤波器　锁相环　插入导频法　直接法

4. 载波　位

5. 效率　精度　同步建立时间　同步保持时间

6. 效率　相位误差(精度)　同步建立时间　同步保持时间　同步带宽

7. 起止　连贯式(或集中)　间歇式(或分散)

8. 最佳同步码　尖锐单峰

9. 漏同步概率　假同步概率　群同步平均建立时间

10. 主从同步法　相互同步法　码速调整法　水库法

二、选择题

1. D 2. D 3. C 4. B 5. C

三、判断题

1. √ 2. × 3. × 4. √ 5. × 6. √ 7. √ 8. × 9. × 10. √

参 考 文 献

[1] 樊昌信.通信原理.5版.北京:国防工业出版社,2001.

[2] 孙群中,李辉,牛建国.数据通信.北京:北京邮电大学出版社,2010.

[3] 黄葆华,沈忠良,张宝富.通信原理基础教程.北京:机械工业出版社,2008.

[4] 吴大正.信号与系统.3版.北京:高等教育出版社,2002.

[5] 孙青华,郑艳萍,张星.数字通信原理.北京:北京邮电大学出版社,2007.

[6] 姚先友.数字数据通信.北京:人民邮电大学出版社,2008.

[7] 孙青华.现代通信技术.北京:高等教育出版社,2011.

[8] 李文海,毛京丽,石方文.数字通信原理.北京:人民邮电出版社,2001.

[9] 王士林.现代通信调制技术.北京:人民邮电出版社,2004.

[10] 曹志刚.现代通信原理.北京:清华大学出版社,2003.

[11] 黄载禄,殷蔚华.通信原理.北京:科学出版社,2005.

[12] 张辉,曹丽娜.现代通信原理与技术.西安:西安电子科技大学出版社,2002.

[13] 王维一.通信原理.北京:人民邮电出版社,2004.

[14] 丁龙刚,马虹.通信原理.西安:西安电子科技大学出版社,2008.

[15] 张会生,陈树新.现代通信系统原理.2版.北京:高等教育出版社,2009.

[16] 江力.数字通信原理.西安:西安电子科技大学出版社,2009.

[17] 陈霞,杨现德.现代通信原理与技术.山东:山东科技大学出版社,2008.

[18] 冯玉珉.通信系统原理.北京:北京交通大学出版社,2003.

[19] 张玉平.通信原理与技术.北京:化学工业出版社,2009.

[20] 朱小龙.数字通信技术.北京:化学工业出版社,2004.